普通高等院校计算机基础教育“十四五”规划教材

Java 程序设计

王映龙　邓　泓　易文龙◎主　编
包　琳　苏　波　裴冬菊　邢国正◎副主编

中国铁道出版社有限公司
CHINA RAILWAY PUBLISHING HOUSE CO., LTD.

内 容 简 介

Java 不仅可以用来开发大型的桌面应用程序，而且特别适合于 Internet 的应用开发。目前，很多新的技术领域都涉及 Java。Java 是面向对象程序设计语言，涉及网络、多线程等重要的基础知识，因此 Java 也是学习面向对象编程和网络编程的首选语言。

本书共有 13 章，主要包括：程序设计及 Java 语言简介，Java 语言的基本语法及程序控制语句，Java 类和对象，继承与多态，抽象类与接口，Java 的数组、类库、异常的使用方法，Java 对象容器的使用方法，Java 的图形用户界面编程，文件、流和输入/输出技术，Java 多线程及防止死锁技术，Java 的反射机制，网络编程，以及 Java 如何利用 JDBC 访问数据库等。

本书语言通俗易懂，内容丰富翔实，突出了以实用为中心的特点，阐述内容时注重基础知识与工程实践应用相结合。使用本书进行学习，可帮助读者用较少的时间掌握较多的知识及工作经验、技巧，是本科和高职高专院校理想的教学教材，同时也可作为软件和信息技术工程人员的参考用书。

图书在版编目（CIP）数据

Java 程序设计/王映龙,邓泓,易文龙主编.—北京：中国铁道出版社有限公司, 2020.12（2024.7 重印）
普通高等院校计算机基础教育“十四五”规划教材
ISBN 978-7-113-27207-4

Ⅰ.①J… Ⅱ.①王… ②邓… ③易… Ⅲ.①JAVA 语言-程序设计-高等学校-教材 Ⅳ.①TP312.8

中国版本图书馆 CIP 数据核字（2020）第 163607 号

书　　名：Java 程序设计
作　　者：王映龙　邓　泓　易文龙

策　　划：曹莉群　　　　编辑部电话：（010）51873202
责任编辑：刘丽丽　贾淑媛
封面设计：刘　颖
责任校对：张玉华
责任印制：樊启鹏

出版发行：中国铁道出版社有限公司（100054，北京市西城区右安门西街 8 号）
网　　址：https://www.tdpress.com/51eds/
印　　刷：中煤（北京）印务有限公司
版　　次：2020 年 12 月第 1 版　2024 年 7 月第 3 次印刷
开　　本：787 mm×1 092 mm　1/16　印张：18.5　字数：494 千
书　　号：ISBN 978-7-113-27207-4
定　　价：49.00 元

前言

计算机语言从最初的机器语言、汇编语言发展到现在的高级语言，它的思想越来越接近现实世界。在高级语言中，从最初的 Fortran 语言发展到现在的 Java、C#等语言。如今，面向对象程序设计在整个程序设计中占据重要地位。它最突出的特点是封装性、继承性和多态性。本书介绍的 Java 语言是由 SUN 公司倡导的一门面向对象语言，它具有跨平台、健壮性、多线程等特性，越来越受编程者的喜爱。Java 不仅可以用来开发大型的桌面应用程序，而且还特别适合于 Internet 的应用开发，如 B/S 结构的 ERP 系统、金融系统、电子商务系统、网站等。目前，很多新的技术领域都涉及 Java。Java 是面向对象程序设计语言，涉及网络、多线程等重要的基础知识，因此，Java 也是学习面向对象编程和网络编程的首选语言。

本书编者多年从事 Java 程序设计课程的教学和教学改革工作，从实际教学的情况出发，结合学生反馈的问题，提出案例教学方法，着力培养学生独立编程能力和思考能力。

本书的章节编排与内容以人们学习与认知的过程为基础，注重内容的可读性和可用性，与实际工程需求相匹配。全书共 13 章。第 1 章对程序设计及 Java 语言进行了介绍；第 2 章介绍了 Java 语言的基本语法及程序控制语句；第 3～5 章分别介绍 Java 类和对象、继承与多态、抽象类与接口；第 6 章讲述 Java 的数组、类库、异常的使用方法；第 7 章介绍了 Java 对象容器的使用方法；第 8 章阐述了 Java 的图形用户界面编程；第 9 章介绍了文件、流和输入/输出技术；第 10 章介绍了 Java 多线程及防止死锁技术；第 11 章详细描述了 Java 的反射机制及其应用；第 12 章针对网络编程进行了阐述；第 13 章描述了 Java 如何利用 JDBC 访问数据库。

本书具有以下特点：

（1）内容力求简明，例题经过精心设计，既能帮助理解知识，又具有启发性；每章都包含了图、表、案例以及类和接口的说明，并配有上机实战和理论巩固题，实现教与学的统一。使读者在轻松和愉快的氛围中迅速理解与掌握 Java 程序设计的知识和方法，并应用到实践中去。

（2）语言通俗易懂，内容丰富翔实，突出了以实用为中心的特点，阐述内容时注重基础知识与工程实践应用相结合。使用本书进行学习，可帮助读者用较少的时间掌握较多的知识及工作经验与技巧。

（3）书中安排了大量的实例，同时在每章后面安排了相应的案例和习题。读者在学习之余，运用所学的知识实现每章的案例，再把各章的习题做一下，可达到巩固知识的效果。本书另一个特点是在相关章节后面通过 UML 工具对类进行建模分析，这样可使读者更形象地理解类中的属性、方法和类与类之间的关系。为了提高授课效果，采用“做中学，学中做”的教学方法，通过对实例、案例进行分析，达到师生之间的互动。读者也可以使用本书独立学习，多动手操作。

本书是高等院校各专业和高职高专院校理想的基础教学教材，同时也可作为软件和信息技术工程人员、使用 Java 的工程技术人员和科技工作者的参考用书。

本书由江西农业大学王映龙、邓泓、易文龙任主编，大连海洋大学包琳、江西农业大学苏波和裴冬菊、安徽工业大学邢国正任副主编，其中，第 1、2、6、9、10 章由王映龙、邓泓编写，第 3 章由邢国正编写，第 4、8、12、13 章由易文龙、裴冬菊编写，第 5、7 章由包琳编写，第 11 章由苏波编写；王映龙、苏波制订了本书的教学大纲、实验大纲，并对整本书进行了修改和补充。

本书在编写过程中，借鉴了很多教材的成功经验，参考了很多的文献，在此向参考文献的作者表示由衷的感谢。

由于编者学识有限，编写时间仓促，书中不足之处在所难免，恳请各位读者和专家批评指正。

编 者

2020 年 5 月

目录

第1章 概述

1995年，SUN公司正式发布的Java语言是一次Internet的技术革命，Java语言的诞生从根本上解决了Internet的异构、代码交换以及网络程序的安全性等问题。Java语言具有平台独立性、安全性、面向对象、动态性、分布性等卓越的特性，具备强大的网络功能。它是一种基本的、结构紧凑的先进技术，一经产生就引起了广泛的关注，并在很短的时间内蓬勃发展起来。近几年，企业级应用已经开始了飞速发展，各行各业都开始了自己的信息化平台的建设，电信、金融、制造、交通等行业都已经建设了自己的信息化平台，而且根据业务的需求，在未来几年内仍然有大量的信息化平台需要更新和建设，Java是一个普遍适用的软件平台，可用于Internet、Intranet及各种设备、系统、计算平台。国内外著名的软件IT企业都在使用Java技术来解决企业应用中的各种问题。

1.1 Java语言产生和发展的背景

Java语言源于SUN公司的一个叫“Green”的项目，该项目是为家用消费电子产品开发的一个分布式代码系统，其目的是对家用电器进行可编程控制，并和它们进行交互式信息交流。开始该项目组准备采用C++语言，但感觉C++语言太复杂，并且安全性差，无法满足项目设计的需要，最后决定开发一种新的编程语言，起名为Oak语言。Oak的设计目标是开发可靠、紧凑、易于移植的分布式嵌入系统。尽管Oak语言在技术上颇为成功，但由于商业上的原因，却未能在市场的激烈竞争中站稳脚跟。然而，Internet日新月异的发展却为Oak创造了新的生存空间。

Internet为人们提供了许多有用的信息，然而，Internet上的用户使用着各种各样的计算机，系统软件和应用软件也缺乏兼容性。Oak经过改进，成为一种非常适合网络开发的独特语言——Java，其与生俱来的特性刚好可以解决这道计算机界难题。它建立的虚拟环境运行标准解决了软件跨平台执行的问题，使不同的平台都能理解用Java编写的程序，Java语言成了网络世界的通用语言。

1.2 Java的主要特性

Java语言是简单的、面向对象的、分布式的、解释型的、安全的、结构中立的、可移植的、多线程的、健壮的、动态的。

1. 开发和使用简单性

Java的语法规则近似于C++语言，通过提供最基本的方法完成指定的任务。删除了C++中的易引发程序错误的一些特性，如指针、结构、枚举等，并能进行自动内存管理。这使程序员可以在实现程序功能方面投注更多的精力，而无须考虑诸如内存释放等枝节问题。Java虚拟机还能为程序链接本地甚至远程的类库，开发人员不必关注其细节。凡此种种，提供了应用开发的简单性。

2. 面向对象性

面向对象是Java语言最为重要的特性，是一种纯面向对象（Object-Oriented）的程序设计语言。与 C++不同，Java 对面向对象的要求十分严格，不允许定义独立于类的变量和方法（函数）。Java以类和对象为基础，任何变量和方法都只能包含于某个类的内部，这就使程序的结构更为清晰，为继承和重用带来便利。

3. 分布式

Java 语言中内置了 TCP/IP、HTTP、FTP 等协议类库，使 Java 程序可以非常容易地建立网络连接，并通过统一资源定位器 URL（Uniform Resource Locator）访问远程文件，如同访问本地文件一样方便。Java 的运行时系统能动态地通过网络装入字节码，动态使用新的协议控制软件。

4. 解释执行

Java 源程序经过编译生成一种称为字节码（bytecode）的中间代码，字节码并不专对一种特定的机器，是一种结构中立的中间文件格式，在 Java 虚拟机上解释执行。这是 Java 程序能够独立于平台运行的基础，这也使程序有利于增量链接，从而加快开发过程。

5. 安全性

对于网络应用来说，这一点是极为重要的。首先，Java 语言删除了指针和释放内存等功能，避免了非法内存操作。其次，通过 Java 的安全体系架构来确保 Java 代码的安全性，本地的类与远程的类分开运行，阻止远程系统对本地系统的破坏。当用户从网上下载 Java 代码在本地执行时，Java 的安全架构能确保恶意的代码不能随意访问用户本地计算机的资源，例如：删除文件、访问本地网络资源等操作都是被禁止的。

6. 平台独立性和可移植性

Java 作为一种网络语言，其源代码被编译成一种结构中立的中间文件格式，在 Java 虚拟机上运行。Java 的应用程序接口（API）和运行时系统是可移植性的关键。Java 为支持它的各种操作系统提供了一致的 API。在 API 界面上，所有 Java 程序将都不依赖于平台。Java 的运行时系统在解释执行程序时，将字节码转化为当前机器的机器码。程序开发人员无须考虑使用应用时的硬件条件和操作系统结构，用户只需有 Java 的运行时系统，就可运行编译过的字节码。

7. 多线程

Java 提供了内置的多线程支持，程序中可以方便地创建多个线程，各个线程执行不同的工作。比如，汽车的各组件可由不同供应商同时生产，这样就可大大提高汽车的生产速度。为了控制各线程的动作，Java 还提供了线程同步机制。这一机制使不同线程在访问共享资源时能够相互配合，保证数据的一致性，避免出错。

8. 健壮性

Java 能够检查程序在编译和运行时的错误。Java 也是一种强类型的语言，其类型检查比 C++还要严格，在编译时可捕获类型声明中的许多常见错误，防止动态执行时不匹配问题的出现。类型检查帮助用户检查出许多开发早期出现的错误。Java 提供了垃圾内存回收机制，有效地避免了 C++中最头疼的内存泄漏问题。

9. 动态性

Java 的动态特性是其面向对象设计方法的扩展。它允许程序动态地装入运行过程中所需要的类，保证了每当在类中增加一个实例变量或一个成员函数后，引用该类的所有子类都不需要重新编译。

1.3 Java 应用平台

Java 有 3 个版本：Java SE、Java EE 和 Java ME。

1. Java SE

Java SE 是 Java 的标准版，是 Java 各应用平台的基础，也是学习其他平台应用的基础，用于标准的应用开发。Java SE 是本书主要的介绍对象。

Java SE 由四部分组成：JVM、JRE、JDK 和 Java 语言。

JRE（Java Runtime Environment，Java 运行环境），运行 Java 程序所必需的环境的集合，包含 JVM 标准实现及 Java 核心类库。它不包含开发工具——编译器、调试器和其他工具。

如果只需要运行 Java 程序或 Applet，下载并安装它即可。如果要自行开发 Java 软件，就必须下载 JDK。在 JDK 中附带有 JRE。

注意：由于 Microsoft 对 Java 的支持不完全，请不要使用 IE 自带的虚拟机来运行 Applet，务必安装一个 JRE 或 JDK。

2. Java EE

Java EE 是 Java 的一种企业版，用于企业级的应用服务开发。Java EE 是一种简化企业解决方案的开发、部署、管理相关的复杂问题的体系结构。Java EE 技术的基础就是核心 Java 平台，Java EE 不仅巩固了标准版中的许多优点，例如“编写一次、随处运行”的特性、方便存取数据库的 JDBC API、CORBA 技术，以及能够在 Internet 应用中保护数据的安全模式等，同时还提供了对 EJB（Enterprise JavaBeans）、Java Servlets API、JSP（Java Server Pages）以及 XML 技术的全面支持。其最终目的就是成为一个能够使企业开发者大幅缩短投放市场时间的体系结构。

Java EE 体系结构提供中间层集成框架用来满足无须太多费用而又需要高可用性、高可靠性以及可扩展性的应用的需求。通过提供统一的开发平台，Java EE 降低了开发多层应用的费用和复杂性，同时提供对现有应用程序集成强有力支持，完全支持 Enterprise JavaBeans，有良好的向导支持打包和部署应用，添加目录支持，增强了安全机制，提高了性能。

3. Java ME

Java ME 是 Java 的微型版。Java ME 是一种高度优化的 Java 运行环境，主要针对消费类电子设备，例如蜂窝电话和可视电话、数字机顶盒、汽车导航系统等。与 Java SE 和 Java EE 相比，Java ME 总体的运行环境和目标更加多样化，但其中每一种产品的用途却更为单一，而且资源限制也更加严格。

Java EE、Java SE、Java ME 是 Java 针对不同的使用来提供不同的服务，也就是提供不同类型的类库。对于初学者，都是从 Java SE 入手的。

1.4 Java 开发运行环境的安装和配置

JDK（Java Development Kit）是 SUN 公司免费提供给 Java 程序员的开发工具包，它包含了所有编译、运行 Java 程序所需要的工具，JDK 还包含了 Java 运行环境以及可以供用户调用的应用程序编程接口（API）。下面将具体介绍安装 JDK 和配置环境变量的方法。

1.4.1 安装 JDK

以 Windows 7 平台的 JDK（名称为 JDK-8u102-windows-x64.exe）安装为例，最新版本的 JDK 可从 https://java.com/en/download/免费下载。JDK 安装包下载完毕后，就可以在需要编译和运行 Java 程

序的机器中安装 JDK 了。其具体步骤如下：

（1）双击“JDK-8u102-windows-x64.exe”文件开始安装。安装向导会要求接受许可协议，单击“接受”按钮接受许可协议，将打开设置 JDK 的安装路径和选择安装组件的对话框。选择所有安装组件和设置安装路径后，单击“下一步”按钮，开始安装 JDK。

（2）安装完 JDK 后，进入 JRE 的安装，将打开设置 JRE 的安装路径的对话框。

经过一系列的默认安装后，弹出安装结束的对话框，单击“完成”按钮结束安装。

1.4.2 Windows 系统下配置和测试 JDK

安装完 JDK 后，需要设置环境变量，具体步骤如下：

（1）在桌面“计算机”图标上右击，选择“属性”菜单项。弹出“系统”对话框，选择“高级系统设置”选项卡，弹出“系统属性”对话框，如图 1-1 所示。

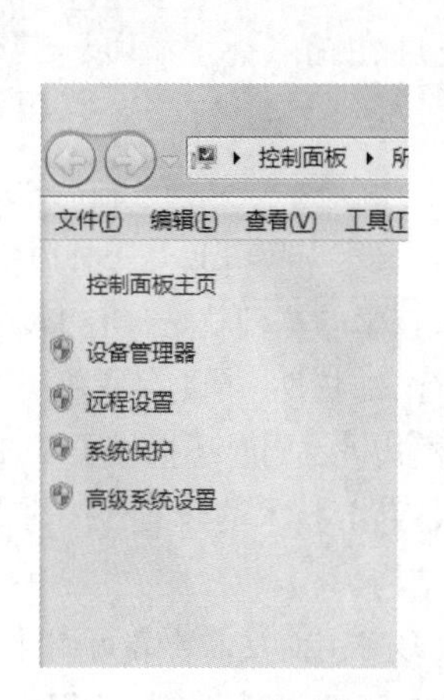

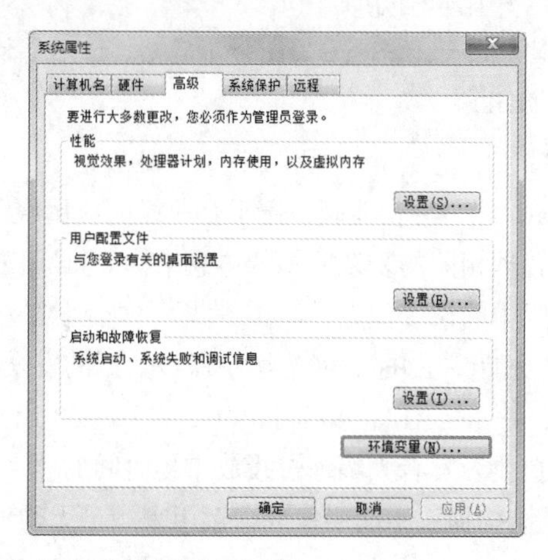

图 1-1　弹出“系统属性”对话框

（2）单击“环境变量”按钮，弹出“环境变量”对话框，如图 1-2 所示。

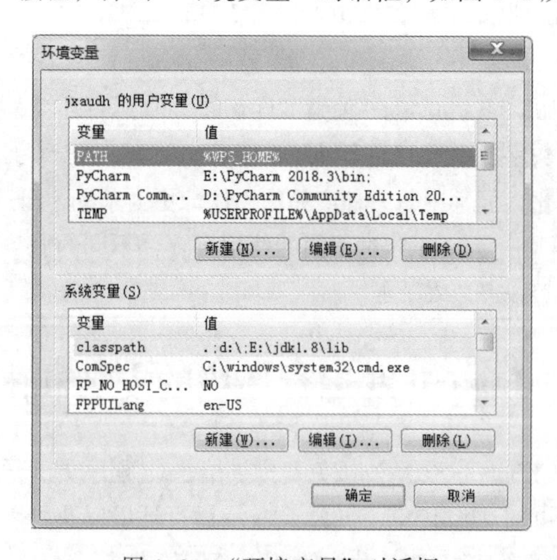

图 1-2　“环境变量”对话框

（3）编辑“Path”变量：在“系统变量”区域内双击“Path”变量，弹出“编辑系统变量”对话框，如图 1-3 所示。在变量值后面加上 JDK 安装地址，再加\bin。本书安装地址为“E:\JDK1.8”，所以输入“E:\JDK1.8\bin”。

（4）新建“classpath”变量：在“系统变量”区域内单击“新建”按钮，弹出“新建系统变量”对话框，如图 1-4 所示。在“变量名”编辑框中输入“classpath”，在“变量值”编辑框中输入“.;e:\JDK1.8\lib”。其中“.;”代表当前目录。

图 1-3　“编辑系统变量”对话框

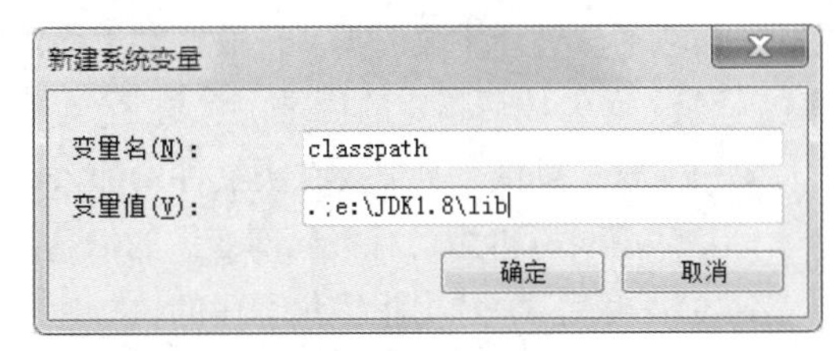

图 1-4　“新建系统变量”对话框

注意：在 JDK 6.0 以前的版本，“classpath”变量的值要设置到每个 jar 文件。例如，设为“.;e:\JDK1.8\lib\dt.jar”。

配置完成后，可以测试 JDK 是否能够在机器上运行。

选择“开始”菜单，在“运行”命令编辑框内输入“cmd”命令，如图 1-5 所示。按【Enter】键进入到 DOS 环境中，在命令提示符后面直接输入“javac”，按下【Enter】键，系统会出现 Java 的帮助信息，如图 1-6 所示。这说明已经成功配置了 JDK。

图 1-5　运行窗口

图 1-6　测试 JDK 安装及配置成功的 DOS 界面

1.4.3　JDK 的介绍

JDK 目的是为程序开发者提供编写、测试、执行程序的一套完备的工具体系。总体说来，JDK 由下面的七个部分组成。

1．编译器

编译器 javac 对扩展名为.java 的源文件进行翻译转换，生成扩展名为.class 的可执行的类文件。使用编译器的标准格式为：

```
javac [选项] 源文件名
```

javac 还可以带有某些特定的选项，主要包括：

- -classpath：这是设定编译器类路径名的另一种方法，使用时在-classpath 后加上选定的类路径。不同的是，用-classpath 选项设定的类路径是暂时的，只适用于当前被编译的文件。
- -d：通常编译生成的类文件放在被编译的源文件所在目录中，使用-d 选项后编译器将把类文件改放在-d 后指定的目录中。
- -g：Java 调试工具需要在类文件中加入额外的帮助信息，通常是有关行数的信息。使用-g 选项后就可以再添加有关局部变量的信息。
- -O：使用-O 选项将优化程序的执行速度，同时付出的代价是文件所占空间的增大，这对要求传送速度较高的程序（如 Applet）是不利的。
- -nowarn：使用-nowarn 选项将关闭编译器给出的警告信息，这些警告信息是编译器针对程序中能编译通过但存在潜在错误的部分提出的。
- -verbose：使用-verbose 模式将显示编译器工作的详细信息，譬如将给出编译的源文件名，列出为了编译这个源文件载入的类文件名。
- -deprecation：当使用比现有 JDK 版本陈旧的 API 编程，则选择该选项会给出对应的“过时”方法警告信息。

2．解释器

解释器执行编译产生的扩展名为.class 的类文件。在字节码下载和执行过程中，解释器负责维护它的完整性、正确性和安全性。使用解释器的命令行格式为：

```
java [选项] 类名 [参数]
```

被解释执行的类中必须有且仅有一个有效的 main()方法，相当于 C 和 C++中的 main()函数。而上述命令行中所带的参数将在执行时传递给相应类的 main()方法。java 也可以带上一定的选择项，主要有以下几种：

- -classpath：这个选项的作用与 javac 中同名选项的作用相同，可以暂时改变 Java 的搜索类路径。
- -cs 或-checksource：使用这两个选项中的任一个，将在执行指定类文件之前，检查初始源文件在最近一次编译后有无改动。如果改动过，则选重新编译源文件，然后解释执行。
- -verify：解释器将检验所有字节码。
- -noverify：解释器将不检验任何字节码。
- -verifyremote（默认选项）：解释器将通过类下载器在字节码下载时检验。

这是一组有关检验的选项。包括对字节码的安全性、完整性以及正确性的验证。这样做的好处是提高执行的可靠性，而缺点则是增加了执行时间。

- -noasyncgc：Java 的“垃圾回收”，用于回收内存，是一个独立的、低优先级的后台线程。使用-noasyncgc 可以关闭“垃圾回收”功能，而只允许程序调用或因运行系统缺乏内存而调用。这一选项通常使用于内存紧张而在程序中直接调用“垃圾回收”的情况。
- -verbosegc：使用该选项后，每次执行垃圾回收释放一个对象所占内存空间时，都将给出提示信息，用于监督废区收集的进行。
- -v 或-verbose：与 javac 的同名选项相同，将给出所有执行指定类文件时装入的类名。
- -debug：预备启动 jdb。
- -help：给出 java 使用的选项名或作用说明。

3. Applet 显示器

Java 的 Applet 显示器 appletviewer 用于运行并测试程序员开发的 Applet，展示 Web 页面中包含的 Applet，通常用于 Applet 开发过程中的测试。使用 appletviewer 的格式为：

```
appletviewer [选项] URL
```

其中，URL 是包含被显示 Applet 的 HTML 文件的通用源定位（Universal Resource Locator）。当 HTML 文件位于本地机上时，只需写出文件名。

appletviewer 可带的唯一选项是-debug。使用这一选项可显示指定 Applet，同时使用调试器 jdb 检验并调试 Applet。

4. 调试器

Java 调试器 jdb 用于监督检测 Java 程序的执行。jdb 的调用有两种方法。

一种方法是直接调用，格式为：

```
jdb 类文件名
```

这时调试器激活解释器装入类文件，然后在任何实际执行前解释器又将控制权转回交给调试器。调试器命令行可用以给解释器传递参数。

第二种方法是在某个 Java 程序的执行过程中启动 jdb。首先用 java 执行某类文件，只是加上-debug 选项，格式为：

```
java -debug 类文件名
```

然后解释器将显示用于启动调试器的口令，如：

```
Agent password=口令
```

稍后可以对正在运行的类程序使用口令启动 jdb：

```
jdb -password 口令
```

这样该程序将被挂起，控制权转给调试器。jdb 还可调试不在本机上运行的程序，所需输入命令为

```
jdb -host 运行机器名 -password 口令
```

调试器 jdb 对线程的调试检测尤其有用，因而我们将在后面有关线程的介绍中详细阐述。

5. 分解器

Java 的分解器 javap 将经编译生成的字节码分解，给出指定类中成员变量和方法的有关信息。使用格式为：

```
javap [选项] 类名
```

其中，类名无.class 后缀，它的用途在于：当用户从网上下载了某可执行的类文件而又无法取得源码时，对类文件加以分解，能迅速了解该类的组成结构，以便更好地理解和使用。

javap 可带的选项不多，其中较重要的有：

- -c：给出指定类实际编译生成的字节码。
- -h：生成可放入 C 语言文件的代码。
- -verbose：显示栈的大小、局部变量个数和方法参数信息。

6. 文档生成器

Java 的文档生成器 javadoc 接收源文件（扩展名为.java）输入，然后自动生成一个 HTML 文件，描述源文件的软件结构，给出有关的类、变量和方法的信息。SUN 公司使用它生成了 Java 的应用程序编程接口 API（Application Programming Interface）文档。javadoc 的使用格式有下面三种：

- javadoc [选项] 包名
- javadoc [选项] 类名

- javadoc [选项] 源文件名

javadoc 命令可带选项包括-classpath 和-d，其含义和作用都与前面在编译器和解释器中提到的相同。除此之外较重要的选项还有：

- -noindex：省略包（package）的索引。
- -notree：省略类和接口的层次树显示。
- -sourcepath：使用时在-classpath 后加上选定的类路径。指出分析的源文件的搜索路径，与类文件搜索路径 classpath 不同，且互不影响。

7. C 语言头文件生成器

Java 的 C 语言头文件生成器 javah 产生 C 语言的类文件和源文件，这些文件用来在 Java 的类中融入 C 语言的源方法。使用 javah 的格式为：

```
javah [选项] 类名
```

javah 与解释器 java 一样，接收类名（无.class 后缀）而非类文件名（有.class 后缀）。javah 可一次输入不止一个类名。它所带的选项主要有：

- -o<输出文件名>：该选项指示 javah 把生成的所有结果文件放在同一个输出指定的输出文件中。
- -td<临时目录名>：该选项指示 javah 将生成过程中产生的临时文件放入指定的临时目录中。不使用该选项时，这些临时文件默认放在名为 temp 的目录中。
- -stubs：使用该选项，javah 将生成 C 语言的存根文件（stubfiles）。

1.5 Java 程序工作原理

1.5.1 Java 程序的编译、执行过程

Java 程序是一个半编译、半解释执行的过程。Java 程序编译执行的过程如图 1-7 所示。

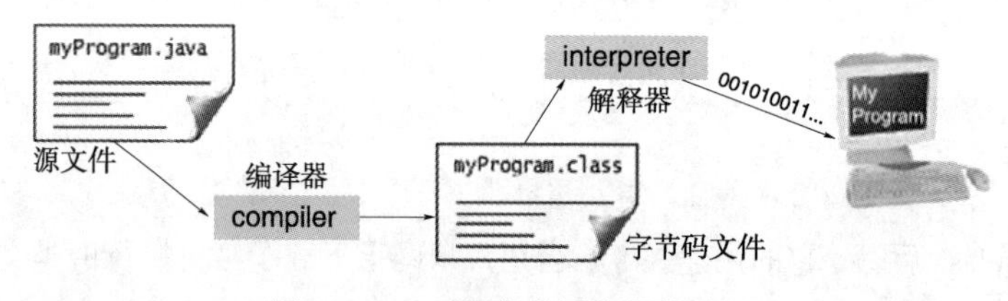

图 1-7 Java 程序编译执行的过程

（1）编写 Java 源文件。可使用 Windows 操作系统提供的记事本编写 Java 源文件，其扩展名为“.java”。例如：编写一个“myProgram.java”的源文件。

（2）编译 Java 源文件。将 Java 源文件通过编译器（compiler）编译成字节码文件，其扩展名为“.class”。例如：将“myProgram.java”文件编译成“myProgram. class”类文件，使用的命令为：

```
javac myProgram.java
```

（3）运行 Java 程序。Java 程序分为 Java Application（Java 应用程序）和 Java Applet（Java 小应用程序）。其中，Java 应用程序使用命令 java myProgram 运行。Java 小应用程序必须使用支持它的浏览器运行。

1.5.2 Java 虚拟机（JVM）

为了满足 Java 程序运行的需要，JDK 提供了由 Java 虚拟机（Java Virtual Machine，JVM）和 Java 应用程序接口（Java API）组成的平台，如图 1-8 所示。

Java API 是指经过编译的,可在程序中直接使用的 Java 代码标准库。Java 虚拟机负责解释和执行 Java 程序，是软件模拟的计算机，可以在任何处理器上（无论是在计算机中还是在其他电子设备中）安全并且兼容地执行保存在.class 文件中的字节码。

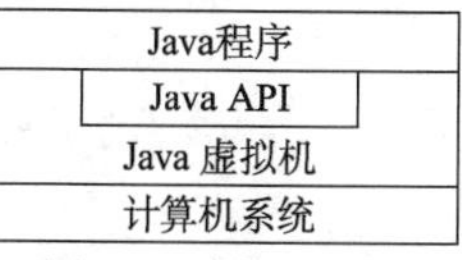

图 1-8　Java 平台

Java 的设计目的是应用于当前使用日益广泛、影响日益扩大的互连网络。然而网络是一个异构平台环境，可能存在多种不同的机型，如有 Intel 公司的 x86 系列，Apple/IBM/Motorola 公司的 Power PC 等。每一种机型都有其特定的中央处理机（CPU）芯片，各芯片的处理过程是不同的。因而通用软件通常需要为每一种类型的机器特别编写版本，以保证正确运行。为了克服这一困难，实现语言的通用性和易移植性，Java 采用了选择一个假设的处理机平台作为编译的目标机，再将编译结果在其他机型上解释执行。这个假设的处理机平台就是 JVM。

1.6　应 用 案 例

Java 程序分为 Java Application（Java 应用程序）和 Java Applet（Java 小应用程序）两种。下面分别介绍这两类程序的结构和运行过程。

1.6.1 Java Application 示例

【案例 1-1】输出字符串“Hello World!”。

（1）编写 Java Application 源文件，保存为 HelloWorld.java。源程序如下：

```
public class HelloWorld{
   public static void main(String[]  args){
      System.out.println("Hello  World!");
   }
}
```

说明：

① 关键字 class 用来声明一个类。类由类头和类体组成，public class HelloWorld 为类头，其中，HelloWorld 为类名。类体是由一对大括号括起来。关键字 public 表示它是一个公共类，一个 Java 应用程序最多只能有一个公共类。

② Java 应用程序可以定义多个类，每个类中可以定义多个方法，但是最多只能有一个公共类，main()方法也只能有一个。

③ 文件存储的扩展名必须为“.java”，且源文件名必须与程序中声明为 public 的类的名字完全一致，Java 区分大小写。

④ System.out 是 Java 提供的标准输出对象，println 是该对象的一个方法，用于向屏幕输出。

（2）编译 Java 源文件。将 Java 源文件通过编译器（compiler）编译成字节码文件，其扩展名为“.class”。命令如下：

```
c:\>javac  HelloWorld.java
```

（3）运行 Java 程序。使用 Java 解释器解释执行这个字节码文件。命令如下：

```
c:\>java  HelloWorld
```

（4）运行结果：

```
Hello  World!
```

1.6.2　Java Applet 示例

Java Applet 是一种特殊的 Java 程序，它的功能相对简单点，可以嵌入 HTML 网页并在浏览器中直接运行。使用 Applet 可以丰富网页的页面效果，使网页富有活力。通过下面的例子介绍 Java Applet 的开发、执行过程。

【案例 1-2】 编写一 Java Applet，显示字符串“Hello World!”，并用浏览器浏览网页。

（1）编写 Java Applet 源文件，保存为 HelloWorldApplet.java。源程序如下：

```
import java.awt.Graphics;
import java.applet.Applet;
public class HelloWorldApplet extends Applet{
   public String str;
   public void init( ) {
        str=new String("Hello World!");
   }
   public void paint(Graphics g){
        g.drawString(s, 50, 50); // 在浏览器中坐标为(50,50)的位置显示字符串 s
   }
}
```

说明：

① 所有的 Java Applet 程序都继承 Applet，并且覆盖父类中的 init()方法。

② Java Applet 程序是从 init()方法开始执行的。

③ paint()方法在 Component 第一次被显示或重画时调用，其参数 Graphics 是被显示的对象。

（2）编译 Java 源文件。将 Java 源文件通过编译器（compiler）编译成字节码文件，其扩展名为“.class”。命令如下：

```
c:\>javac  HelloWorldApplet.java
```

（3）编写 HTML 文件，保存为 index.html。

```
<HTML>
   <APPLET CODE=HelloWorldApplet.class  WIDTH=300  HEIGHT=300></APPLET>
</HTML>
```

使用<APPLET></APPLET>标签将 Java Applet 嵌入在 HTML 文件中。其中，CODE 指明字节码所在的文件，WIDTH 和 HEIGTH 指明 Applet 所占的大小。

（4）直接使用浏览器访问 index.html 文件就能够启动 Applet 程序，运行结果如图 1-9 所示。

（5）除了使用浏览器直接运行 Applet 程序外，在程序开发和调试阶段还可以使用 Java 自带的 appletviewer.exe 程序执行 Applet。该程序包含在 JDK 安装文件夹的 bin 文件夹中。使用 appletviewer 运行 Applet 程序的一般格式为：

```
c:\> appletviewer  index.html
```

运行结果如图 1-10 所示。

图 1-9 在网页中运行 Applet 程序

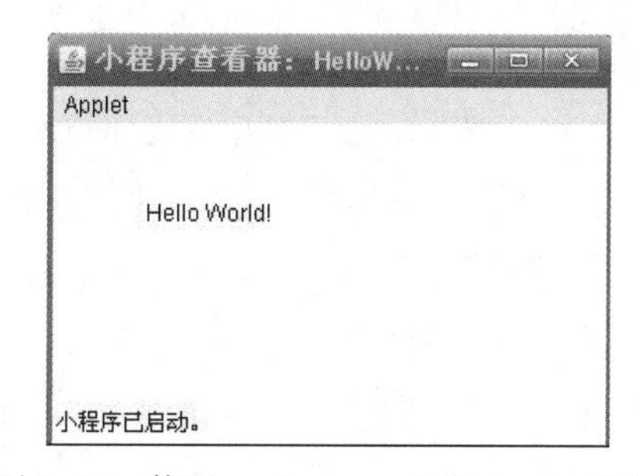

图 1-10 使用 appletviewer 运行 Applet 程序

小 结

本章介绍 Java 的起源和特点、JDK 的安装和配置、Java 程序的开发过程和运行原理，并通过举例介绍了 Java Application 和 Java Applet 的开发、执行过程。

Java 语言是简单的、面向对象的、分布式的、解释型的、安全的、结构中立的、可移植的、多线程的、健壮的、动态的。

Java 程序是一个半编译、半解释执行的过程。Java 虚拟机负责解释和执行 Java 程序。

Java 程序分 Java Application 和 Java Applet 两种程序。

通过本章的学习，读者应对 Java 语言有一个整体的了解，并能够较熟练地执行 Java Application 和 Java Applet 两种程序。

习 题

一、填空题

1. Java 源程序文件的扩展名是______________。
2. Java 源程序经编译后生成______________文件，其扩展名是______________。
3. Java 程序有 Java 应用程序和________________两类。
4. 方法的定义由方法头和________________两部分组成。
5. Java 中的字符使用______________编码。
6. 在 Java 语言中，将源代码翻译成______________时产生的错误称为编译错误，而将程序在运行中产生的错误称为运行错误。
7. Java 是目前最广泛的______________编程语言之一。
8. Java 具有简单、______________、稳定、与平台无关、解释型、多线程、动态等特点。
9. JDK 开发 Java 程序需三个步骤，分别为____________、编译 Java 源程序、运行 Java 源程序。
10. 编写 Java 程序，可以使用一个______________来编写源文件。
11. 把编写好的 Java 源文件保存起来，原文件的扩展名必须是______________。
12. 用 JDK 编译 Java 源程序，使用的命令是______________，编译源文件得到字节码文件。
13. Java 源程序编译后生成的字节码文件扩展名为______________。
14. Java 程序分为两类，即______________和 Java 小应用程序。
15. 用 JDK 工具，显示 Applet 程序运行结果的命令是______________。
16. 一个 Java 源程序是由若干个______________组成。

17. Java 应用程序中有多个类时，Java 命令后的类名必须是包含了______________方法的那个类的名字。

18. 在一个 Java 应用程序中 main()方法必须被说明为______________。

19. Java 源文件中有多个类，但只能有一个类是______________类。

二、判断题

1. Java 是高级语言。

2. Java 是面向对象的程序设计语言。

3. Java 是编译型的计算机语言。

4. 一个 Java 源程序中可以有多个公共类。

5. 一个 Java 源程序中可以有多个类。

6. 一个 Java Applet 源程序的主类能有多个父类。

7. Java 小程序（Applet）的主类的父类必须是类 Applet。

三、问答题

1. Java 语言的程序设计包含哪三个步骤？

2. 为什么说 Java 的运行与计算机硬件平台无关？

3. Java 有什么特点？

4. 试述 Java 开发环境的建立过程。

5. 什么是 Java API？它提供的核心包的主要功能是什么？

6. 如何编写和运行 Java 应用程序？

7. 为什么要为程序添加注释，在 Java 程序中如何为程序添加注释？

8. Java 工具集中的 javac、java、appletviewer 各有什么作用？

9. 如何建立和运行 Java Applet 程序？

10. Java 小应用程序（Applet）的主类的类头应如何写？小程序在什么环境下运行？

第 2 章 Java 语言程序设计基础

学习 Java 语言要从 Java 语言的基本语法学起。Java 程序设计语言同大多数程序设计语言一样，都具有一些基本特性。本章将详细介绍 Java 语言的基本语法，包括基本数据类型、表达式、操作符以及控制流。Java 程序设计语言建立在 C/C++程序设计语言基础上，虽然 Java 语言在语言基础方面与 C/C++有很多类似之处，但作为一种新型的独立语言，Java 在很多地方有其独特之处。对于熟悉 C/C++的读者，可以着重注意一下 Java 语言在语言基础方面与 C/C++的区别，这对于以后书写 Java 的程序将大有好处。若不熟悉 C/C++语言，请仔细阅读本章。本章的内容是书写 Java 程序的基础，而且有益于以后学习其他语言。

2.1 Java 语言程序结构

一个 Java 源程序可由一个或多个 Java 源程序文件组成。一个 Java 源程序文件称为一个编译单元。一个 Java 的编译单元由以下三部分组成：

（1）所属包的声明（package statement）。

（2）导入语句（import statement）。

（3）类和接口的声明（class and interface statement）。

Java 的每一个编译单元都可包含多个类和接口，但是每个编译单元最多只能有一个类或接口是公共的，并且该类名与文件名相同。编译单元中的其他类往往是 public 类的辅助类。经过编译后，编译单元中的每个类都会产生一个 class 文件。这些 class 文件是由一些不依赖于机器的指令组成，这些指令能被子 Java 虚拟机有效地解释执行。

Java 编译器能够识别 Java 程序的 5 个基本成分：分隔符、标识符、关键字、运算符、常量。Java 程序使用的是 Unicode 字符集，若采用其他字符集，则在编译时转成 Unicode。

2.2 分　隔　符

分隔符用来区分 Java 源程序中的基本成分，分为注释、空白符和普通分隔符三种。

1. 注释

注释不是程序的语句，编译器编译程序时将其忽略。注释是用来帮助程序员和读者进行交流和理解程序的。在 Java 语言中，注释有三种方式，前两种和 C/C++语言一样，第三种是 Java 语言特有的注释方式：

（1）// 注释内容。例如：//This is a comment.此方式称为行注释，可以用来标识单行注释。从“//”开始到本行结束的所有字符都作为注释而被 Java 编译器忽略。

（2）/*注释内容*/。例如：

```
/* This is a comment.
The name of this Application is
Hello.java */
```

此方式称为段注释，可以用来标识一行或多行注释。在“/*...*/”之间的所有字符都作为注释而被 Java 编译器忽略。

（3）/**注释内容*/。此方式称为文档注释。这是 Java 语言特有的注释方法，在“/**...*/”之间的所有字符都作为注释而被 Java 编译器忽略。文档注释一般放在一个变量或函数定义之前，注明在任何自动生成文档系统中调入该变更或函数。这些注释都是声明条目的描述。而且 javadoc 工具产生自动软件文档时将使用其中所注释的内容。

在程序中书写注释是一种非常好的习惯。这将方便以后的使用及修改。尤其对于 Java 这种面向对象的程序设计语言，书写注释可为类的继承和复用节约大量时间。

2．空白符

空白符包括空格、回车、换行和制表符（【Tab】键）。各种 Java 基本成分之间的多个空白符与一个空白符的作用相同。

3．普通分隔符

普通分隔符具有确定的语法含义，包括四种分隔符，注意区别使用。

- {} 大括号，用来定义类体、方法体、复合语句和数组的初始化。
- ；分号，是语句结束标志。
- ，逗号，区分方法的各个参数，区分变量说明的各个变量。
- ：冒号，用于语句标号。

2.3　标识符、关键字

Java 语言使用 16 位的国际字符集（Unicode）代替了标准 8 位 ASCII 字符集。Unicode 字符集定义了一套国际标准字符集，整个字符集共包括 65 536 个字符，兼容 ASCII 码。使用 Unicode 字符集主要目的是提供一些非拉丁字符。

1．标识符

标识符是除关键字以外的任意一串以合法字母、下画线（_）或美元符号（$）开头，随后可跟上字母、数字、下画线和美元符号组成的字符串。标识符用于对变量、类和方法的命名。true、false 和 null 不能作为标识符。和 C/C++中规定一样，使用关键字进行命名是不允许的。对变量、类等作适当的命名，最好是“见名识义”，这样可以大大提高程序的可读性，因此 Java 有如下的约定：

（1）类、接口：通常使用名词，且每个单词的首字母要大写。

（2）方法：通常使用动词，首字母小写，其后用大写字母分隔每个单词。

（3）常量：全部大写，单词之间用下画线分隔。

（4）变量：通常使用名词，首字母小写，其后大写字母分隔每个单词。

在 Java 中，与 C 语言代码相连时会产生“_”及“$”开头的标识符。所以一般情况下请不要使用“_”或“$”作为标识符的开始。尤其对于“$”符号，除特殊情况请勿使用。

下面是合法的标识符：

```
openOn   day_24_hours   _name   $value
```

下面是不合法的标识符：

```
24_hours   day-24-hours   boolean   value#
```

2. 关键字

关键字又称为保留字，是 Java 中具有特定含义的标识符。用户只能按系统规定的方式使用，不能用于用户自己的目的。关键字一律用小写字母表示。下面列出 Java 中的关键字，按用途划分为如下几组。

（1）用于数据类型：

```
boolean,byte,char,double,float,int,instanceof,long,new,short,void
```

（2）用于语句：

```
 break,case,catch,continue,default,do,else,finally,for,if,return,super,
switch,this,throw,throws,try,while
```

（3）用于方法、类、接口、包：

```
 class,extends,implements,import, interface,package
```

（4）用于修饰：

```
 abstract, final,native, private,protected, public,static,synchronized,
transient,virtual,volatile
```

（5）保留字（已经没有意义）：

```
 const,goto,generic,inner,opertor,outer,rest,var
```

2.4 基本数据类型

Java 语言的数据类型分为两大类：基本数据类型和引用数据类型。其中基本数据类型由 Java 语言定义，数据占用内存的大小固定，且在内存中存入的是数值本身，而引用数据类型在内存中存入的是引用数据的存放地址，并不是数据本身。

Java 语言中处理的数据有两种形式：常量和变量。每种数据形式包含四种基本的数据类型：整数型、浮点型、字符型和逻辑型，分别用来存储整数、小数、字符和逻辑型，下面将依次讲解这 4 个基本数据类型的特征及使用方法。

2.4.1 常量

在 Java 语言中，常量值是用数字或字符串来表示的。与 C/C++语言不同，在 Java 语言中不能通过#define 命令把一个标识符定义为常量，而是用关键字 final 来实现。常量定义的语法格式如下：

```
final  datatype  CONSTANTNAME=value;
```

说明：

（1）通常情况下，常量应在同一条语句进行说明和赋值，也可在构造方法中进行赋初值。

（2）final 是 Java 语言的关键字，表示常量不会改变。

例如：

```
final  int  AGE=5;
final  boolean  FLAG=true;
AGE=6;   //语法错误。AGE 已经定义为常量，不能修改
```

使用常量有以下好处：

（1）不必重复输入同一个值。

（2）需要修改其值时，只需在一个地方改动。

（3）程序易读性好。

1．整型常量

在Java语言中的整型有三种表示形式：十进制、八进制、十六进制。

（1）十进制整型常量由0~9的一组数字组成，不能有前缀，不能以0开头，没有小数部分，如150，–56等。

（2）八进制整型常量以0为前缀，其后由0~7的一组数字组成，没有小数部分，如0150，–056等。

（3）十六进制整型常量以0x或0X为前缀，其后由0~9的数字和A~F（大小写均可）字母组成，没有小数部分，如0x1A5，–0XF56等。

整型默认为int型，int型常量在计算机中占32位。对于长整型值（long），则要在数字后加L或l，它在计算机中占64位。

2．浮点型常量

在Java语言中的浮点型常量与C/C++语言中的浮点型常量相同，它有以下两种表示形式：

（1）十进制数表示法：由整数部分和小数部分组成的，小数点两边的数字不能同时省略且小数点不能省略，如6.0、53.67等。

（2）科学记数表示法：由数字后跟字母e（或E）来表示指数，其中，e（或E）前面必须有数字，后面的指数可为正数也可为负数，但必须为整数，例如：6.0e3、5.367E–1等。

Java语言中分双精度（double）浮点型常量和单精度（float）浮点型常量两种。数值后面加上d（或D）表示为双精度浮点型常量，加上f（或F）表示为单精度浮点型常量。不加Java语言默认为双精度浮点型常量。

3．布尔型常量

布尔型常量只有true和false两种值，必须为小写。其中true表示“逻辑真”，false表示“逻辑假”，而不对应于任何整数值。

4．字符型常量

字符型常量是用单引号括起来的一个字符，例如：'A'。在Java语言中采用的是Unicode字符集，是16位无符号整数，占2个字节。

Java语言提供了转义字符的定义。它们是为了控制输出显示或打印等功能而设定的，但自身并不显示或打印。这些转义字符以反斜杠“\”开头，其后的字符转变成其他含义。表2–1中为Java语言转义字符的描述。

表2-1　转义字符及其对应的功能

表示形式	对应的功能
\n	换行
\t	水平制表符
\b	退格
\r	回车
\f	走纸换页，只对打印有效
\\	反斜杠（\）
\'	单引号（'）
\"	双引号（"）

续表

表示形式	对应的功能
\ddd	1 到 3 位八进制数据所表示的字符
\uxxxx	1 到 4 位十六位进制数据所表示的 Unicode 字符

5. 字符串字符

字符串常量是用双引号("")括起来的字符序列。例如:"This is a String"。值得注意的是,在 Java 语言中,字符串是作为 Java 语言的一个类存放的,而不像 C++中实际上以数组形式存放。每创建一字符串常量,实际上就是创建了一个 String 类的实例。

2.4.2 变量

变量是用来存放数据且其值可以改变的量,它是 Java 语言程序中的基本存储单元。声明格式为:

```
datatype variableName1[=initvalue],[ variableName2[=initvalue],……];
```

说明:

(1)多个变量间用逗号隔开。

(2)变量名应为一个合法的标识符,Java 语言对变量名区分大小写。变量名应具有一定的含义,以增加程序的可读性。

(3)变量类型可以是整型、浮点型、布尔型、字符型和字符串型的任意一种数据类型。

(4)变量有一定作用域,作用域指明可访问该变量的一段代码。声明了一个变量的同时也就指明了变量的作用域。按作用域来分,变量可以有以下几种:

- 局部变量:在方法或方法的一块代码中声明,它的作用域为它所在的代码块。
- 类级变量:在类中声明,而不是在类的某个方法中声明,它的作用域是整个类。
- 方法参数:方法中声明的参数变量,它的作用域是这个方法。

(5)只有局部变量和类级变量可以赋初值,而方法参数的变量值是由调用者给出。

1. 整型变量

因所占字位的不同,整型分成四种类型:字节型(byte)、短整型(short)、标准型(int)、长整型(long)。表 2-2 列出了各类型变量所占内存的位数及其取值范围。

表 2-2 各类型变量所占内存的位数及其取值范围

类型名	变量宽度	取值范围
byte	8	−128~127
short	16	−32 768~32 767
int	32	−2 147 483 648~2 147 483 647
long	64	−9 223 372 036 854 775 808~9 223 372 036 854 775 807

int 是最常用的一种整数类型。当需要使用超过 int 类型的取值范围的大整数时,就使用 long 类型。byte 类型适合在分析网络协议或文件格式时,用于解决不同机器的字节存储顺序的问题。short 类型对数据的存储为先高字节、后低字节,这在某些机器上会出错,所以很少使用。

2. 浮点型变量

Java 语言中浮点型变量分双精度(double)浮点型变量和单精度(float)浮点型变量两种。表 2-3 列出了这两种类型变量所占内存的位数及其取值范围。

表 2-3　浮点型变量所占内存的位数及其取值范围

类 型 名	变 量 宽 度	取 值 范 围
float	32	−3.4e−38~3.4e+38
double	64	−1.7e−308~1.7e+308

数值后面加上 d（或 D）表示为双精度浮点型常量，加上 f（或 F）表示为单精度浮点型常量；不加 Java 语言默认为双精度浮点型常量。

3. 布尔型变量

Java 语言的布尔型变量可能取值只有 true（真）和 false（假）。一个变量值可以是 true 或 false，或者一个方法的返回值可以是 true 或 false，以及关系运算的结果可以是 true 或 false。

4. 字符型变量

由于 Java 语言采用 16 位的 Unicode 字符集，在 Java 语言中字符型是以 16 位无符号整数的形式存放的，取值范围是 0~65 535。既可以用字符型常量向字符型变量赋值，也可以将数值大小不越界的数值向其赋值。

【例 2-1】编写声明不同数据类型变量并输出的程序。

```
public class TestVariable {
   public static void main(String args[]) {
      byte  byteVariable=0x55;
      short  shortVariable=0x55ff;
      int  intVariable=1000000;
      long  longVariable=0xffffL;
      char  charVariable='a';
      float  floatVariable=0.23F;
      double  doubleVariable=0.7E-3;
      boolean  booleanVariable=true;
      System.out.println("字节型变量byteVariable = "+ byteVariable);
      System.out.println("短整型变量shortVariable = "+ shortVariable);
      System.out.println("整型变量intVariable = "+ intVariable);
      System.out.println("长整型变量longVariable = "+ longVariable);
      System.out.println("字符型变量charVariable = "+ charVariable);
      System.out.println("浮点型变量floatVariable = "+ floatVariable);
      System.out.println("双精度变量doubleVariable = "+ doubleVariable);
      System.out.println("布尔型变量booleanVariable = "+ booleanVariable);
   }
}
```

运行结果：

```
字节型变量byteVariable = 85
短整型变量shortVariable =22015
整型变量intVariable = 1000000
长整型变量longVariable =65535
字符型变量charVariable =a
浮点型变量floatVariable = 0.23
双精度变量doubleVariable =7.0E-4
布尔型变量booleanVariable =true
```

2.4.3 变量的赋值与类型转换

Java 语言支持两个不同数值类型之间的类型转换。在 Java 程序中无论是用常量、变量，还是用表达式赋值给另一个变量时，两者的数据类型必须一致。若不一致，则要进行数据的类型转换。类型转换有自动类型转换（或称隐式转换）和强制类型转换（或称显式转换）两种。

1. 自动类型转换

在自动类型转换时，不同类型的数据先转换为同一类型，然后进行运算。这种转换过程由 Java 编译系统自动进行，不需要程序另作特别说明。自动类型转换的原则是从在机器中占位少的类型向占位多的类型方向进行转换，其转换规则为：

（1）在算术表达式中只含有 byte、short 或 char 类型的数据。

如果在算术表达式中只含有 byte、short 或 char 类型的数据，运算时会首先将所有变量的类型自动转换为 int 型，然后再进行计算，计算结果的数据类型也是 int 型。

例如：

```
byte  b=12;
short  s=637;
char  c='x';
int  intResult=b*s-c;
long  longResult=b*s-c;
short  shortResult=b*s-c; //错误，b*s-c 计算结果为 int 型，不能自动转换为 short 型
```

在上述代码中，会首先将 b、s 和 c 的数据类型都转换成 int 型，然后进行计算，并且计算结果也是 int 型。因此可将表达式“b * s – c”直接赋值给数据类型占位比 int 型高的类型，如 long 型。但不能将表达式“b * s – c”直接赋值给数据类型占位比 int 型低的类型。

（2）在算术表达式中含有 int、long、float 或 double 类型的数据。

如果在算术表达式中含有 int、long、float 或 double 类型的数据，运算时，首先会将所有占位少的数据类型的变量自动转换为表达式中占位最高的数据类型，然后再进行计算，并且计算结果也为表达式中占位最高的数据类型。

例如：

```
byte  b=12;
short  s=637;
long  l=39485567;
long  longResult=l-b*s;
double  doubleResult=l-b*s;
int  intResult=l-b*s; //错误，l-b*s 计算结果为 long 型，不能自动转换为 int 型
```

在上述代码中，会首先将 b、s 和 l 的数据类型都转换成 long 型，然后进行计算，并且计算结果也是 long 型。因此可将表达式“l–b*s”直接赋值给数据类型占位比 long 型高的类型，如 double 型。但不能将表达式“l–b*s”直接赋值给数据类型占位比 long 型低的类型。

2. 强制类型转换

如果需要将占位高的数据类型的变量赋值给占位少的数据类型的变量时，要进行强制类型转换。格式如下：

```
(type) variableName;
```

type 是指转换后的数据类型。例如：

```
int  a=350;
byte  b;
b=(byte) a;
```

由于转换后的数据类型的取值范围小于转换前的数据类型的取值范围，所以在转换过程中可能会出现取模或截断现象。例如：double 型数据强制转换成 int 型，要截去小数部分。

说明：这种转换的使用可能会导致计算的溢出或精度下降，最好少使用此类型转换。

2.5 运算符与表达式

运算符是一个符号，用来操作一个或多个表达式以生成结果。表达式是指包含运算符与变量（常量）的式子，有时也可以把一个常量或变量看成一个表达式。这些运算符所操作的变量（常量）则称为操作数。

Java 语言的运算符根据所带的操作数的个数分为单目运算符、双目运算符和三目运算符。只带一个操作数的运算符是单目运算符；带两个操作数的运算符是双目运算符；带三个操作数的运算符是三目运算符。

Java 语言强调运算符执行顺序，对运算符的优先级、结合性和求值顺序作了明确的规定。运算符的优先级是指不同运算符在运算过程中执行的顺序，Java 语言严格按照由高到低的顺序执行各级运算。运算符具有结合性，大多数双目运算符的结合性均为自左向右，单目运算符为自右向左。结合性确定了同级运算符的运算顺序。

Java 语言提供了一组丰富的运算符，包括赋值运算符、算术运算符、关系运算符、逻辑运算符等几类。

2.5.1 赋值运算符

在 Java 语言中，使用等号（=）作为赋值运算符。赋值运算符的作用是设置变量的值，可以用常量对变量赋值，也可以用变量对变量赋值，还可以用任何表达式对变量赋值。用赋值运算符连接起来的式子称为赋值表达式。赋值表达式加上分号就构成了赋值语句。赋值语句的语法如下：

```
variable=expression1 [ =expression2 ……];
```

其中，variable 是一个变量，expression 是表达式。例：

```
int  num=25;
int  a, b, c;
a=b=c=num;
```

最后一条语句的执行顺序是从右向左执行，即 num 赋给 c，c 赋给 b，b 赋给 a。

2.5.2 算术运算符

Java 语言提供的算术运算符包括：加法（+）、减法（-）、乘法（*）、除法（/）和取余（%）。算术运算符是双目运算符。利用算术运算符连接起来的式子称为算术表达式。当一个表达式中存在多个算术运算符时，各个运算符的优先级与常规算术运算符相同，即先计算乘、除和取余，再计算加、减。同级运算符的顺序是从左向右。可利用圆括号改变表达式计算的先后顺序。

在进行算术运算时，要考虑是否有小数参与运算。

1. 没有小数参与运算

当整型数据和变量之间进行除法运算时，无论能否整除，运算结果都将是一个整数，并且只是简单地去除小数部分，而不是进行四舍五入。例如，10 除以 3 的结果是 3，5 除以 2 的结果是 2。

当整型数据和变量之间进行求余运算时，运算结果为数学运算中的余数。例如：10 除以 3 求余数的结果是 1，10 除以 5 求余数的结果是 0。

0 作为除数，虽然可以编译成功，但是运行会抛出 java.lang.ArithmeticException 异常。

2．有小数参与运算

在对浮点型数据或变量进行算术运算时，计算机计算的结果并不是非常精确，会与数学运算中的结果存在一定的误差，只能是尽量接近数学运算中的结果。不同数据类型的运算会得到不同的结果。例：

```
System.out.println(5.2f-1.9f);        //输出的运算结果为 3.2999997
System.out.println(5.2-1.9f);         //输出的运算结果为 3.300000023841858
System.out.println(5.2f-1.9);         //输出的运算结果为 3.299999809265137
System.out.println(5.2-1.9);          //输出的运算结果为 3.3000000000000003
```

如果被除数为浮点型数据或变量，无论是除法运算还是求余运算，0 都可作除数。例：

```
System.out.println(10.0/0);           //输出的运算结果为 Infinity
System.out.println(-10.0/0);          //输出的运算结果为-Infinity
System.out.println(10.0%0);           //输出的运算结果为 NaN
System.out.println(-10.0%0);          //输出的运算结果为 NaN
```

2.5.3 关系运算符

关系运算是比较运算，将两个值进行比较。关系运算符是双目运算符，确定一个运算数与另一个运算数之间的关系。关系运算的结果为 boolean 型，取值为 true 或 false。用关系运算符连接起来的式子称为关系表达式。

Java 语言提供了 6 种比较大小的关系运算符，如表 2-4 所示。

表 2-4　关系运算符

运　算　符	名　　称	用 途 举 例
<	小于	a<b，3<6
<=	小于或等于	a<=b，3<=6
>	大于	a>b，6>3
>=	大于或等于	a>=b，y>=x
==	等于	a==b，x==y*z
!=	不等于	a!=b，3!=6

关系运算符用于逻辑判断，比如 if 语句中的判断条件、循环语句中的控制条件等。

2.5.4 逻辑运算符

用逻辑运算符连接起来的式子称为逻辑表达式。Java 语言提供了 6 种比较大小的逻辑运算符，如表 2-5 所示。

表 2-5　逻辑运算符

运　算　符	名　　称	用 途 举 例
&	非简洁与	a&b
|	非简洁或	a|b
^	异或	a^b
!	逻辑非	!a，!b
&&	简洁与	(a>b)&&(x<y*z)
||	简洁或	(a>b)||(x<y*z)

逻辑运算符用于对 boolean 型数据、关系表达式和逻辑表达进行运算，运算结果仍为 boolean 型。逻辑运算的规则见表 2-6。

表 2-6　逻辑运算规则表

a	b	!a	a&b	a|b	a^b
true	true	false	true	true	false
true	false	false	false	true	true
false	true	true	false	true	true
false	false	true	false	false	false

利用非简洁与、非简洁或做运算时，运算符左右两边的表达式都先各自运算执行，然后两表达式的结果再进行与、或运算。利用简洁与、简洁或做运算时，如果只计算运算符表达式左边的结果即可确定与、或的结果，则右边的表达式将不会计算执行。

2.5.5　位运算符

位运算是对操作数以二进制位为单位进行的操作和运算，运算结果均为整数型。位运算符又分为逻辑位运算符和移位运算符。

1．逻辑位运算符

逻辑位运算符有“~”（按位取反）、“&”（按位与）、“|”（按位或）、“^”（按位异或），用来对操作数进行按位运算，逻辑位运算的规则见表 2-7。

表 2-7　逻辑位运算规则表

a	b	~a	a&b	a|b	a^b
1	1	0	1	1	0
1	0	0	0	1	1
0	1	1	0	1	1
0	0	1	0	0	0

按位取反运算是将二进制中的 0 修改为 1，1 修改为 0；在进行按位与运算时，只有当两个二进制位都为 1 时，结果才为 1；在进行按位或运算时，只要有一个二进制位为 1 时，结果就为 1；在进行按位异或运算时，当两个二进制位同时为 0 或同时为 1 时，结果为 0，否则结果为 1。

2．移位运算符

移位运算符“<<”（左移运算符）、“>>”（保留符号位的右移运算符）和“ >>>”（不保留符号位的右移运算符）三种。

- 左移运算符：将一个操作数的所有二进制位向左移若干位，位数由表达式的右操作数来决定，右边空出的位填 0，若高位左移后溢出，则舍弃溢出的数。例如，5<<1 结果为 10。
- 保留符号位的右移运算符：将一个操作数的所有二进制位向右移若干位，左边空出的位全部由最高位的符号位填充，右位舍弃。例如，–9>>1 结果为–5。
- 不保留符号位的右移运算符：将一个操作数的所有二进制位向右移若干位，左边空出的位全部由 0 填充，右位舍弃。例如，–9>>>1 结果为 2 147 483 643。

2.5.6　其他运算符

1．自动递增、递减运算符

Java 语言与 C 语言、C++一样，也提供了自动递增运算符（++）、自动递减运算符（--）。它们都是单目运算符。自动递增运算符的功能是将变量值自动加 1，自动递减运算符的功能是将变量值自动减 1。

++（或--）既可放在运算数之前，也可以放在其后面，但其运算结果也会不同。放在运算数前面的自动递增、递减运算符，会先将变量的值加 1 后再将该变量参与表达式的运算；放在运算数后面的自动递增、递减运算符，会先将该变量参与表达式运算后再将变量的值加 1。例：

```
int num1=2;
int num2=2;
System.out.println(num1++);  //输出结果为 2，先使用 num1 的值，再将 num1 加 1
System.out.println(++num2);  //输出结果为 3，先将 num2 加 1 等于 3，再使用 num2 的值
```

自动递增、递减运算符的运算数只能为变量，不能为数值和表达式，且该变量类型必须是整型、浮点或 Java 包装类型之一。

2. 三元运算符“? :”

三元运算符“? :”的运用形式如下：

```
逻辑表达式 ? 表达式1 : 表达式2
```

运算规则为：若逻辑表达式的值为 true，则执行表达式 1，整个表达式的值为表达式 1 的值；否则执行表达式 2，整个表达式的值为表达式 2 的值。例：

```
int  x=10;
y=x>5 ? 10 : 100;    //y 的值为 10
```

2.5.7 运算符的优先级别及结合性

当一个表达式中存在多个运算符进行混合运算时，会根据运算符的优先级别来决定执行顺序。运算符的优先级别及结合性等重要特性如表 2-8 所示。

表 2-8 运算符的重要特性

优先级	运算符	操作数	结合性
1	++, --, +（正号）, -（负号） ~ ! (type)	任意数值 整数 布尔型 任意数	从右向左
2	*, /, %	任意数值	从左向右
3	+（加）, -（减）	任意数值	从左向右
4	<<, >> , >>>	整数	从左向右
5	== , !=	任意数值	从左向右
6	&（按位与） &（逻辑与）	整数 布尔型	从左向右
7	^（按位异或） ^（逻辑异或）	整数 布尔型	从左向右
8	|（按位或） |（逻辑或）	整数 布尔型	从左向右
9	&&	布尔型	从左向右
10	||	布尔型	从左向右
11	?:	布尔型？任意值：任意值	从右向左
12	= , +=, -=, *=, /=, %= , &= , |= , ^=, ~=, <<= , >>= , >>>=	变量 OP 任意值	从右向左

说明：

（1）该表只包括基本类型的运算符，数组、字符串及其他引用类型的运算符在以后的章节进行介绍。

（2）该表中未包括括号“( )”，它的作用与数学运算中的括号一样，只是用来指定括号内的表达式要优先处理。

（3）该表中优先级按照从高到低的顺序书写，也就是优先级为 1 的优先级最高，优先级为 14 的优先级最低。

（4）结合性是指运算符结合的顺序，通常都是从左到右。从右向左的运算符最典型的就是负号，例如 3+-4，则意义为 3 加-4，符号首先和运算符右侧的内容结合。例如：x += 3 相当于 x = x + 3。

2.6 Java 语言流程控制结构

流程控制是编程的核心，是实现程序预期目的的关键。Java 语言所提供的流程控制语句几乎与 C 语言、C++一样，提供了顺序、选择、循环三种流程控制结构。

2.6.1 顺序结构

顺序结构是最简单、最基本的结构，在顺序结构内，顺序执行各个语句。程序运行通常是由上而下的顺序执行的，但有时程序会根据不同的情况，选择不同的语句块来运行，或是必须重复运行某一语句块，或是跳转到某一语句块继续运行。所以 Java 语言提供了顺序、选择、循环三种控制语句。

2.6.2 选择结构

1. if 语句

（1）简单 if 语句。

```
if(布尔表达式)
    语句;
```

在大多数情况下，在一个 if 语句中往往需要执行多行代码，这时，可以将这些代码放在一对大括号中，其语法格式如下：

```
if(布尔表达式){
    语句;
    ......
    语句;}
```

其执行过程是：首先计算布尔表达式的值，若为真 true，则执行块内语句，否则，if 语句终止执行，即不执行块内语句而执行 if 语句后面的其他语句。

【例 2-2】编写一个判断 71 分是否及格的程序。

```
public class IfDemo{
   public static void main(String args[]){
      int score=71;
      if(score>=60) {         //判断成绩是否大于等于 60,如为真执行输出"及格! "
         System.out.println("及格! ");
      }
      if(score<60) {          //判断成绩是否大于等于 60,如为真执行输出"不及格! "
         System.out.println("不及格! ");
```

```
        }
    }
}
```

输出结果：

```
及格!
```

（2）if-else 语句。

if-else 语句比 if 语句要先进一些，有多种选择的机会，其语法格式如下：

```
if(布尔表达式){
     语句(组)A;
}
else{
    语句(组)B;
}
```

其执行过程是：首先计算布尔表达式的值，若为真，则执行语句（组）A，否则执行语句（组）B。

【例 2-3】用 if-else 语句改写例 2-2。

```
public class IfElseDemo{
    public static void main(String args[]){
        int score=71;
        //判断成绩是否大于等于 60,如为真执行输出"及格! ",否则输出"不及格! "
        if(score>=60) {
            System.out.println("及格! ");
        }
        else {
            System.out.println("不及格! ");
        }
    }
}
```


输出结果：

```
及格!
```

（3）if-else-if 语句。

if-else-if 多分支语句用于针对某一事件的多种情况进行处理。通常表现为“如果满足某种条件，就进行某种处理，否则如果满足另一种条件才执行另一种处理”。其语法格式如下：

```
if(表达式 1){
     语句序列 1
}else if(表达式 2){
     语句序列 2
}else{
     语句序列 3
}
```

语句序列 1 在表达式 1 的值为 true 时被执行，语句序列 2 在表达式 2 的值为 true 时被执行，语句序列 n 在表达式 1 的值为 false、表达式 2 的值也为 false 时被执行。

例如：如果今天是星期一，上数学课；如果今天是星期二，上语文课；否则上自习。

条件语句为：

```
if(今天是星期一){
     上数学课
}else if(今天是星期二){
     上语文课
```

```
}else{
    上自习
}
```

（4）if语句的嵌套。

if语句中的任何一个子句可以是任意可执行语句，也可以是一条 if 语句，这种情况称为 if 语句的嵌套。嵌套的深度没有限制，if 语句的嵌套可以实现多重选择。其语法格式如下：

```
if(表达式 1){
    if(表达式 2){
        语句序列 1
    }else{
        语句序列 2
    }
}else{
    if(表达式 3){
        语句序列 3
    }else{
        语句序列 4
    }
```

在嵌套的语句中最好不要省略大括号。以提高代码的可读性。当出现 if 语句嵌套时，不管书写格式如何，else 都将与它前面最靠近的未曾配对的 if 语句相配对，构成一条完整的 if 语句。

【例 2-4】用 if 语句嵌套来判断 71 分处于什么阶段。条件为：成绩大于或等于 90 为优；成绩小于 90 且大于或等于 80 为良；成绩小于 80 且大于或等于 70 为中；成绩小于 70 且大于或等于 60 为及格；成绩小于 60 为不及格。

```
public class IfElseIfDemo {
    public static void main(String args[]){
        int score=71;
        if(score>=70) {             //判断分数是否大于或等于 70
            if(score>=80) {         //判断分数是否大于或等于 80
                if(score>=90) {     //判断分数是否大于或等于 90
                    System.out.println("优");
                }
                else{
                    System.out.println("良");
                }
            }
            else{
                System.out.println("中");
            }
        }
        else{
            if(score>=60) {         //判断分数是否大于或等于 60
                System.out.println("及格");
            }
            else{
                System.out.println("不及格");
            }
        }
    }
}
```

输出结果：

```
中
```

2. switch 语句

switch 语句是多分支语句，又称为开关语句。根据表达式的值来执行输出的语句。这样的语句一般用于多条件多值的分支语句中。语法格式：

```
switch(表达式){
    case 常量表达式1: 语句序列1
        [break;]
    case 常量表达式2: 语句序列2
        [break;]
    ……
    case 常量表达式n: 语句序列n
        [break;]
    default: 语句序列n+1
        [break;]
}
```

说明：

（1）switch 语句中表达式的值必须是整型或字符型。即 int、short、byte 和 char 型。当表达式的值与 case 的常量表达式的值相等时，执行 case 后的语句序列。

（2）当表达式的值没有匹配的常量表达式时，则执行 default 定义的语句序列，即"语句序列 n+1"。

（3）default 是可选参数，如果没有该参数，并且所有常量值与表达式的值不匹配，那么 switch 语句就不会进行任何操作。

（4）break 用于结束 switch 语句。

（5）当若干个 case 所执行的内容可用一条语句表示时，允许这些 case 共用一条语句。

【例 2-5】用 switch 语句嵌套来判断 71 分处于什么阶段。条件为：成绩大于或等于 90 为优；成绩小于 90 且大于或等于 80 为良；成绩小于 80 且大于或等于 70 为中；成绩小于 70 且大于或等于 60 为及格；成绩小于 60 为不及格。

```
public class SwitchDemo{
   public static void main(String  args[]){
      int score=71;
      int testScore=71/10;
      switch(testScore){                    //testScore作为判断条件
         case 10:                           //当testScore为10时
         case 9:                            //当testScore为9时
            System.out.println("优! ");
            break;
         case 8:                            //当testScore为8时
            System.out.println("良! ");
            break;
         case 7:                            //当testScore为7时
            System.out.println("中! ");
            break;
         case 6:                            //当testScore为6时
            System.out.println("及格! ");
            break;
         case 5:                            //当testScore为5时
         case 4:                            //当testScore为4时
         case 3:                            //当testScore为3时
```

```
            case 2:                          //当 testScore 为 2 时
            case 1:                          //当 testScore 为 1 时
            case 0:                          //当 testScore 为 0 时
               System.out.println("不及格! ");
               break;
            default :
               System.out.println("以上没有匹配的");
        }
    }
}
```

3. if 语句和 switch 语句的区别

if 语句和 switch 语句可以从使用的效率上来区别，也可以从实用性角度去区分。

如果从使用的效率上进行区分，在对同一个变量的不同值作条件判断时，使用 switch 语句的效率相对更高一些，尤其是判断的分支越多越明显。

2.6.3 循环结构

循环结构是指在一定条件下反复执行一个程序块的结构。循环结构也是只有一个入口、一个出口。根据循环条件的不同，循环结构分为当型循环结构和直到型循环结构两种。

（1）当型循环结构的功能是：当给定的条件 p 成立时，执行 A 操作，执行完 A 操作后，再判断 p 条件是否成立，如果成立，再次执行 A 操作，如此重复执行 A 操作，直到判断 p 条件不成立才停止循环。此时不执行 A 操作，而从出口 b 跳出循环结构。

（2）直到型循环结构的功能是：先执行 A 操作，然后判断给定条件 p 是否成立，如果成立，再次执行 A 操作；然后再对 p 进行判断，如此反复，直到给定的 p 条件不成立为止。此时不再执行 A 操作，从出口 b 跳出循环。

Java 语言中，实现循环结构的控制语句有 for、while、do ~ while 循环语句。

1. for 循环语句

for 语句是最常用的循环语句，一般用在循环次数已知的情况下。它的一般形式为：

```
for（初始化语句;循环条件;迭代语句）{
    语句序列
}
```

其中：

（1）初始化语句用于初始化循环体变量。

（2）循环条件用于判断是否继续执行循环体，其只能是 true 或 false。

（3）迭代语句用于改变循环条件的语句。

（4）语句序列称为循环体，当循环条件的结果为 true 时，将重复执行。

for 语句的执行过程：首先执行初始化语句，完成必要的初始化工作；再判断循环条件的值，若为真，则执行循环体。执行完循环体后再返回到迭代语句，计算并修改循环条件，这样一轮循环就结束了。第二轮循环从计算并判断循环条件开始，若表达式的值仍为真，则循环继续，否则跳出整个 for 语句执行 for 循环下面的句子。

可以用逗号语句来依次执行多个动作，逗号语句是用逗号分隔的语句序列。例如：

```
for(  i=0 , j=10 ; i<j ; i++ , j--  ){
   ......
}
```

在 for 循环中，可以通过只输入分号来省略相应的部分。也就是说，在 for 语句基本形式中的表达式 1、表达式 2 和表达式 3 都可以省略，但是分号不可以省略。三者均为空的时候，相当于一个无限循环。例如：

```
for( ; ; ){
    ……
}
```

【例 2-6】打印九九乘数表。

```
public class MultiTable {
   public static void main(String[] args){
        for (int i=1;i<=9;i++) {
            for (int j=1;j<=i;j++)
                System.out.print("  "+i+"*"+j+"="+i*j);
          System.out.println();
        }
    }
 }
```

运行结果：

```
1*1=1
2*1=2  2*2=4
3*1=3  3*2=6  3*3=9
4*1=4  4*2=8  4*3=12  4*4=16
5*1=5  5*2=10  5*3=15  5*4=20  5*5=25
6*1=6  6*2=12  6*3=18  6*4=24  6*5=30  6*6=36
7*1=7  7*2=14  7*3=21  7*4=28  7*5=35  7*6=42  7*7=49
8*1=8  8*2=16  8*3=24  8*4=32  8*5=40  8*6=48  8*7=56  8*8=64
9*1=9  9*2=18  9*3=27  9*4=36  9*5=45  9*6=54  9*7=63  9*8=72  9*9=81
```

2. while 循环

while 语句是用一个表达式来控制循环的语句，是实现“当型”循环，即先判断表达式，后执行语句。它的一般形式为：

```
while(表达式){
      语句序列
}
```

表达式用于判断是否执行循环，它的值只能是 true 或 false。当循环开始时，首先会执行表达式，如果表达式的值为 true，则会执行语句序列，也就是循环体。当到达循环体的末尾时，会再次检测表达式，直到表达式的值为 false，结束循环。

【例 2-7】使用 while 循环，计算数列 1,2,…,10 的和。

```
public class WhileDemo{
   public static void main(String args[]){
      int n=10;
      int sum=0;
      while(n>0){
         sum+=n;
         n--;
      }
      System.out.println("数列 1,2,…,10 的和为: "+sum);
   }
}
```

运行结果：

```
数列 1,2,…,10 的和为: 55
```

3. do-while 循环

do-while 语句用来实现“直到型”循环结构，即先执行循环体，然后判断循环条件是否成立。其一般形式如下：

```
do{
   语句; // 循环体
} while (循环条件);
```

其使用与 while 语句很类似，不同的是它首先无条件地执行一遍循环体，再来判断条件表达式的值，若表达式的值为真，则再执行循环体，否则跳出 do-while 循环，执行下面的语句。

【例 2-8】使用 do-while 循环，计算数列 1,2,⋯,10 的和。

```
public class DoWhileDemo{
   public static void main(String args[]){
      int n=10;
      int sum=0;
      do{
         sum+=n;
         n--;
      } while(n>0);
      System.out.println("数列 1,2,…,10 的和为: "+sum);
   }
}
```

运行结果：

```
数列 1,2,…,10 的和为: 55
```

4. 跳转语句

Java 语言除了支持选择语句、循环语句外，还支持另外两种跳转语句：break 语句和 continue 语句。可以使程序摆脱顺序执行而转移到其他部分的语句称之为跳转语句。Java 语言没有 goto 语句，程序的跳转是通过 break 语句和 continue 语句来实现的。

在 switch 语句中已经接触了 break 语句，通过它使程序跳出 switch 语句，而不是顺序地执行后面的语句。break 语句还可用在循环语句中，使用 break 语句直接跳出循环，忽略循环体的任何其他语句和循环条件测试。

【例 2-9】简单 break 语句应用举例。

```
public class BreakTest {
   public static void main( String args[] ) {
      int i;
      for ( i = 1; i <= 10; i++ ) {
         if ( i == 5 )   break; // count==5 时跳出循环
         System.out.println(i);
      }
   }
}
```

运行结果：

```
1
2
3
4
```

与 C/C++不同，Java 中没有 goto 语句来实现任意的跳转，因为 goto 语句破坏程序的可读性，而且影响编译的优化。但 Java 可用 break 语句来实现 goto 语句所特有的一些优点。

【例 2-10】 简单 continue 语句示例：求 100 以内被 9 整除的数。

```
public class ContinueDemo{
    public static void main(String args[]){
        int t=1;
        System.out.println("100 以内能被 9 整除的数为: ");
        for(int i=1;i<100;i++){
            if(i%9!=0){                        //当 i 的值不能被 9 整除时
                continue;
            }
            System.out.print(i+"\t");          //输出 i 的值
            t++;
        }
    }
}
```

运行结果：

```
100 以内能被 9 整除的数为:
9   18  27  36  45  54  63  72  81  90  99
```

2.7 应 用 案 例

【案例 2-1】 输出各种类型的基本信息。

```
public class PrimitiveTypeTest {
    public static void main(String[] args) {
        System.out.println("基本类型: byte 二进制位数: " + Byte.SIZE);
        System.out.println("包装类: java.lang.Byte");
        System.out.println("最小值: Byte.MIN_VALUE=" + Byte.MIN_VALUE);
        System.out.println("最大值: Byte.MAX_VALUE=" + Byte.MAX_VALUE);
        System.out.println();
        System.out.println("基本类型: short 二进制位数: " + Short.SIZE);
        System.out.println("包装类: java.lang.Short");
        System.out.println("最小值: Short.MIN_VALUE=" + Short.MIN_VALUE);
        System.out.println("最大值: Short.MAX_VALUE=" + Short.MAX_VALUE);
        System.out.println();
        System.out.println("基本类型: int 二进制位数: " + Integer.SIZE);
        System.out.println("包装类: java.lang.Integer");
        System.out.println("最小值: Integer.MIN_VALUE=" + Integer.MIN_VALUE);
        System.out.println("最大值: Integer.MAX_VALUE=" + Integer.MAX_VALUE);
        System.out.println();
        System.out.println("基本类型: long 二进制位数: " + Long.SIZE);
        System.out.println("包装类: java.lang.Long");
        System.out.println("最小值: Long.MIN_VALUE=" + Long.MIN_VALUE);
        System.out.println("最大值: Long.MAX_VALUE=" + Long.MAX_VALUE);
        System.out.println();
        System.out.println("基本类型: float 二进制位数: " + Float.SIZE);
        System.out.println("包装类: java.lang.Float");
        System.out.println("最小值: Float.MIN_VALUE=" + Float.MIN_VALUE);
        System.out.println("最大值: Float.MAX_VALUE=" + Float.MAX_VALUE);
```

```
        System.out.println();
        System.out.println("基本类型: double 二进制位数: " + Double.SIZE);
        System.out.println("包装类: java.lang.Double");
        System.out.println("最小值: Double.MIN_VALUE=" + Double.MIN_VALUE);
        System.out.println("最大值: Double.MAX_VALUE=" + Double.MAX_VALUE);
        System.out.println();
        System.out.println("基本类型: char 二进制位数: " + Character.SIZE);
        System.out.println("包装类: java.lang.Character");
        System.out.println("最小值: Character.MIN_VALUE="
                + (int) Character.MIN_VALUE);
        System.out.println("最大值: Character.MAX_VALUE="
                + (int) Character.MAX_VALUE);
    }
}
```

运行结果:

```
基本类型: byte 二进制位数: 8
包装类: java.lang.Byte
最小值: Byte.MIN_VALUE=-128
最大值: Byte.MAX_VALUE=127
基本类型: short 二进制位数: 16
包装类: java.lang.Short
最小值: Short.MIN_VALUE=-32768
最大值: Short.MAX_VALUE=32767
基本类型: int 二进制位数: 32
包装类: java.lang.Integer
最小值: Integer.MIN_VALUE=-2147483648
最大值: Integer.MAX_VALUE=2147483647
基本类型: long 二进制位数: 64
包装类: java.lang.Long
最小值: Long.MIN_VALUE=-9223372036854775808
最大值: Long.MAX_VALUE=9223372036854775807
基本类型: float 二进制位数: 32
包装类: java.lang.Float
最小值: Float.MIN_VALUE=1.4E-45
最大值: Float.MAX_VALUE=3.4028235E38
基本类型: double 二进制位数: 64
包装类: java.lang.Double
最小值: Double.MIN_VALUE=4.9E-324
最大值: Double.MAX_VALUE=1.7976931348623157E308
基本类型: char 二进制位数: 16
包装类: java.lang.Character
最小值: Character.MIN_VALUE=0
最大值: Character.MAX_VALUE=65535
```

Float 和 Double 的最小值和最大值都是以科学记数法的形式输出的，结尾的“E+数字”表示 E 之前的数字要乘以 10 的多少倍。比如 3.14E3 就是 3.14×1 000=3 140，3.14E-3 就是 3.14/1 000=0.003 14。

基本类型存储在栈中，因此它们的存取速度要快于存储在堆中的对应包装类的实例对象。从 Java 5.0（1.5）开始，Java 虚拟机可以完成基本类型和它们对应包装类之间的自动转换。因此我们在赋值、参数传递以及数学运算的时候像使用基本类型一样使用它们的包装类，但这并不意味着可以通过基本类型调用它们的包装类才具有的方法。另外，所有基本类型（包括 void）的包装类都使用了 final 修饰，因此我们无法继承它们扩展新的类，也无法重写它们的任何方法。

【案例 2-2】比较两个数的大小，并按从小到大的次序输出。

```
public class CompareTwo{
public static void main( String args[] ){
    double d1=23.4;
    double d2=35.1;
    if(d2>=d1)
        System.out.println(d2+" >= "+d1);
    else
        System.out.println(d1+" >= "+d2);
    }
}
```

运行结果：

```
35.1 >= 23.4
```

【案例 2-3】判断某一年是否为闰年。

闰年的条件是符合下面二者之一：①能被 4 整除，但不能被 100 整除；②能被 4 整除，又能被 100 整除。

```
public class LeapYear{
    public static void main( String args[] ){
        int year=1989;          //方法 1
        if( (year%4==0 && year%100!=0) || (year%400==0) )
            System.out.println(year+" is a leap year.");
        else
            System.out.println(year+" is not a leap year.");
        year=2000;              //方法 2
        boolean leap;
        if( year%4!=0 )
            leap=false;
        else if( year%100!=0 )
            leap=true;
        else if( year%400!=0 )
            leap=false;
        else
            leap=true;
        if( leap==true )
            System.out.println(year+" is a leap year.");
        else
            System.out.println(year+" is not a leap year.");
        year=2050;              //方法 3
        if( year%4==0) {
            if( year%100==0 ){
                if( year%400==0)
                        leap=true;
                else
                        leap=false;
            }
            else
                leap=false;
        }
        else
            leap=false;
```

```
        if( leap==true )
            System.out.println(year+" is a leap year.");
        else
            System.out.println(year+" is not a leap year.");
    }
}
```

运行结果：

```
1989 is not a leap year.
2000 is a leap year.
2050 is not a leap year.
```

该例中，方法 1 用一个逻辑表达式包含了所有的闰年条件，方法 2 使用了 if-else 语句的特殊形式，方法 3 则通过使用大括号{}对 if-else 进行匹配来实现闰年的判断。大家可以根据程序来对比这三种方法，体会其中的联系和区别，在不同的场合选用适合的方法。

【案例 2-4】根据考试成绩的等级打印出百分制分数段。

```
public class GradeLevel{
    public static void main( String args[] ){
        System.out.println("\n** first situation **");
        char grade='C'; //普通应用
        switch( grade ){
              case 'A' : System.out.println(grade+" is 85~100");
              break;
              case 'B' : System.out.println(grade+" is 70~84");
              break;
              case 'C' : System.out.println(grade+" is 60~69");
              break;
              case 'D' : System.out.println(grade+" is <60");
              break;
              default : System.out.println("input error");
        }
        System.out.println("\n** second situation **");
        grade='A'; //不加break语句
        switch( grade ){
              case 'A' : System.out.println(grade+" is 85~100");
              case 'B' : System.out.println(grade+" is 70~84");
              case 'C' : System.out.println(grade+" is 60~69");
              case 'D' : System.out.println(grade+" is <60");
              default : System.out.println("input error");
        }
        System.out.println("\n** third situation **");
        grade='B'; //具有相同操作
        switch( grade ){
              case 'A' :
              case 'B' :
              case 'C' : System.out.println(grade+" is >=60");
              break;
              case 'D' : System.out.println(grade+" is <60");
              break;
              default : System.out.println("input error");
        }
    }
}
```

运行结果：

```
** first situation **
C is 60~69
** second situation **
A is 85~100
A is 70~84
A is 60~69
A is <60
input error
** third situation **
B is >=60
```

从该例中我们可以看到 break 语句的作用。

【案例 2-5】求 100～200 间的所有素数。

```
public class PrimeNumber{
   public static void main( String args[] ){
        System.out.println(" ** prime numbers between 100 and 200 **");
        int n=0;
        outer:for(int i=101;i<200;i+=2) {    //外循环
             int k=15;
             for(int j=2;j<=k;j++){           //内循环
                if( i%j==0 )
                continue outer;
             }
             System.out.print(" "+i);
             n++; // output a new line
             if( n<10 )
                 continue;
             System.out.println();
             n=0;
        }
        System.out.println();
   }
}
```

运行结果：

```
** prime numbers between 100 and 200 **
101 103 107 109 113 127 131 137 139 149 151 157 163 167 173 179 181 191 193 197
199
```

小　　结

本章深入学习了 Java 语言的基础知识，主要包括常量和变量的区别、数据类型的分类和使用方法、不同数据类型之间相互转换的方法和需要注意的一些事项、运算符的分类和各种运算符的使用方法、运算符之间的优先级，以及选择语句、循环语句和跳转语句的语法。

通过对本章的学习，读者对程序的整个结构应有一定的理解，并掌握 Java 语言的各种数据类型及其使用，通过案例学习，熟练运用运算符，并灵活运用流程控制语句。

习　题

一、填空题

1. 用来标识类名、变量名、方法名、类型名、数组名、文件名的有效字符序列称为________。

2. Java 语言规定标识符由字母、下画线、美元符号和数字组成，并且第一个字符不能是________。

3. ________就是 Java 语言中已经被赋予特定意义的一些单词，不可以把这类词作为名字来用。

4. 使用关键字________来定义逻辑变量；使用关键字________来定义字符变量。

5. Java 中 byte 型数组在内存中的存储形式是________。

6. Java 中，实型变量的类型有 float 和________两种。

7. 对于 int 型变量，内存分配________个字节；对于 byte 型变量，内存分配________个字节；对于 long 型变量，内存分配________个字节；对于 short 型变量，内存分配________个字节；对于 float 型变量，内存分配________个字节；对于 double 型变量，内存分配________个字节。

8. Java 中关系运算符的运算结果是________型。

9. Java 中逻辑运算符的操作元必须是________数据。

10. Java 语言的控制语句有 3 种类型，即选择语句、________和跳转语句。

11. Java 中有两种类型的控制语句，即 if 和________。

12. 在同一个 switch 语句中，case 后的________必须互不相同。

13. do-while 循环和 while 循环的区别是________。

14. 在循环体中，如果想结束本次循环，可以用________语句。

15. 在循环体中，如果想跳出循环，结束整个循环，可以用________语句。

二、选择题

1. 以下的选项中能正确表示 Java 语言中的一个整型常量的是（　　）。

   A. 12.　　B. -20　　C. 1 000　　D. 4 5 6

2. 以下选项中，合法的赋值语句是（　　）。

   A. a = = 1;　　B. ++ i;　　C. a=a + 1= 5;　　D. y = int (i);

3. 若所用变量都已正确定义，以下选项中，非法的表达式是（　　）。

   A. a != 4||b==1　　B. 'a' % 3　　C. 'a' = 1/2　　D. 'A' + 32

4. 若有定义 int a = 2;，则执行完语句 a += a -= a * a; 后，a 的值是（　　）。

   A. 0　　B. 4　　C. 8　　D. -4

5. Java 语言是（　　）。

   A. 面向问题的解释型高级编程语言　　B. 面向机器的低级编程语言

   C. 面向过程的编译型高级编程语言　　D. 面向对象的解释型高级编程语言

6. 下列的变量定义中，错误的是（　　）。

   A. int i;　　B. int i=Integer.MAX_VALUE;

   C. static int i=100;　　D. int 123_$;

7. 以下的变量定义语句中，合法的是（　　）。

   A. float $_*5= 3.4F;　　B. byte b1= 15678;

   C. double a =Double. MAX_VALUE;　　D. int _abc_ = 3721L;

8. 以下字符常量中不合法的是（　　）。

A. '|'　　B. '\"'　　C. "\n"　　D. '我'

9. 若以下变量均已正确定义并赋值，下面符合 Java 语言语法的语句是（　　）。

A. b = a!=7;　　B. a = 7 + b + c=9;

C. i=12.3* % 4;　　D. a = a + 7 = c + b;

10. 下列程序段执行后 t5 的结果是（　　）。

```
int t1 = 9, t2 = 11, t3=8;
int t4,t5;
t4 = t1 > t2 ? t1 : t2+ t1;
t5 = t4 > t3 ? t4 : t3;
```

A. 8　　B. 20　　C. 11　　D. 9

11. 设 a, b, c, d 均为 int 型的变量，并已赋值，下列表达式的结果属于非逻辑值的是（　　）。

A. a!=b & c%d < a　　B. a++ = =a+b+c+d

C. ++a*b--+d　　D. a+b>=c+d

三、输出结果题

1. 以下程序段的输出结果为：__________。

```
public static void main(String[] args) {
    int nNum1 = 6;
    int nNum2 = 8;
    System.out.println();
    //nNum1 不自加短路原则
    System.out.println(((nNum1 < nNum2) && (--nNum1) > nNum2));
    System.out.println("nNum1 is " + nNum1);
    System.out.println(((nNum1 < nNum2) && (--nNum1) > nNum2));
    System.out.println("nNum1 is " + nNum1);
}
```

2. 阅读下面的程序，程序保存为 Test.java。

```
public class Test{
    public static void main(String[] args){
        System.out.println(args[2]);
    }
}
```

以上程序经编译后用 java Test 1 2 3 运行得到的输出结果是什么？

3. 以下程序段的输出结果为__________。

```
    int  x=0,y=4, z=5;
    if ( x>2){
        if (y<5){
            System.out.println("Message  one");
        }
        else {
            System.out.println("Message  two");
        }
    }
    else if(z>5){
        System.out.println("Message  three");
    }
        else {
            System.out.println("Message  four");
    }
```

4. 以下程序段的输出结果为__________。

```
public class MyFirst{
    public static void main(String args[]){
        int x = 1,y,total = 0;
        while(x <= 20){
            y = x * x;
            System.out.println("y =" + y);
            total = total + y;
            ++x;
        }
        System.out.println("Total is" + total);
    }
}
```

四、问答题

1. 什么是变量？什么是常量？
2. 什么叫表达式？Java 语言中共有几种表达式？
3. 下面哪些表达式不合法？为什么？

```
HelloWorld  2Thankyou  _First  -Month  893Hello
non-problem  HotJava   implements  $_MyFirst
```

4. while 与 do-while 语句的区别是什么？

五、编程题

1. 设计程序求 1 ~ 100 的和。
2. 请指出下面程序的错误。

```
swith(n){
case 1 :
    System.out.println("First");
case 2 :
    System.out.println("Second");
case 3 :
System.out.println("Third");
}
```

3. 水仙花数是指其个位、十位、百位三个数的立方和等于这个数本身，求出所有水仙花数。
4. 试利用 for 循环，计算 1+2+3+4+5+⋯+100 的值。
5. 利用 do-while 循环，计算 1！+2！+3！+⋯+100！的值。
6. 使用循环嵌套，编写一个输出如下图形的程序。

```
*
*  *
*  *  *
*  *  *  *
*  *  *  *  *
```

第3章 类和对象

编写程序是为了解决现实世界中的问题，程序设计是利用计算机语言描述现实问题的过程。面向对象程序设计（Object-Oriented Programming，OOP）是模拟现实世界的事物，利用接近人类自然思维的方式把事物抽象成各种对象的集合。

3.1 面向对象程序设计

利用以前学过的面向过程（如 C 语言）的软件开发方法，使用的基于过程的方法在分析、设计或实现方法是自顶向下、逐步细化。它要求开发人员按计算机的结构去思考，而不是按要解决的问题的结构去思考，同时必须要求开发人员在机器模型和实际问题模型之间进行对应。随着用户需求的不断增加，软件规模越来越大，传统的面向过程开发方法暴露出许多缺点，如软件开发周期长、代码复用率不高、工程难维护等。20 世纪 80 年代后期，人们提出了面向对象的程序设计方法。在面向对象程序设计中，将数据和处理数据的方法封装在一起，形成了类，再将类实例化（具体化），就形成了对象（见图 3-1），以后只要关注对象就可以。

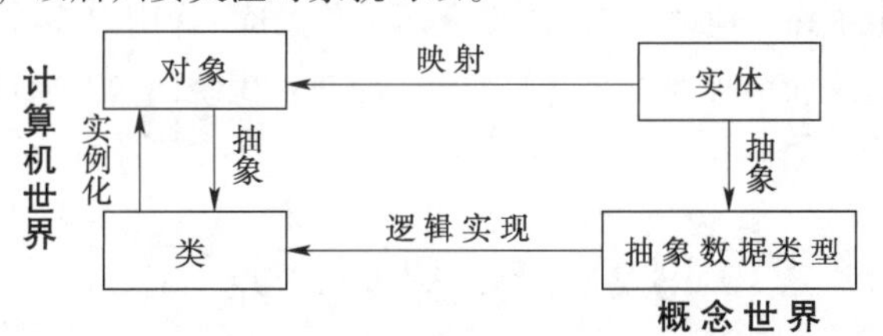

图 3-1　类与对象的关系

3.1.1 面向对象程序设计简述

传统的程序设计方法称为面向过程的程序设计，它是以具体的业务逻辑为基础，缺点是程序缺少对代码的重用性，缺少统一的编程接口，当代码的规模达到一定程度时，程序变得难以控制和管理，它的复杂性增加了开发人员的工作量。

面向对象的程序设计方法以一种更接近人类思维的方式去看待世界，按照现实世界的特点来管理复杂的事物，它根据实际的情况把生活中的对象抽象成相应的属性（对象的静态描述）和行为（对象的动态描述）组成的实体，对象之间通过相互调用来协调整工作。

面向对象程序设计中的概念主要包括：数据抽象、类、对象、封装、继承、多态、动态绑定、消息传递。通过这些概念，面向对象的思想得到了具体的体现。

（1）对象：将对象看做奇特的变量，它可以存储数据，还可以要求它在自身上执行操作。总的来说万物皆为对象。

（2）类：把具有相同类型的对象抽象出来。类好比是对象的一个模板，通过该模板造出来的对象是该类的一个实例。

（3）封装：将数据和代码捆绑在一起，避免外界的干扰和不确定性。对象的一些数据和代码可以是私有的（private），不能被外界访问。

（4）继承：它是让某个类型的对象获得另一个类型的对象的特征。通过继承可以实现代码的重用。同时它还可以拥有自己的新特性。

（5）多态：指不同事物具有不同表现形式的能力。多态机制使具有不同内部结构的对象可以共享相同的外部接口，通过这种方式减少了代码的复杂度。

（6）动态绑定：它是将一个过程调用与相应代码链接起来的行为。动态绑定是指给定的过程调用相关联的代码，只有在运行时期才知道的一种绑定，它是多态实现的具体形式。

（7）消息传递：对象之间需要相互作用，它通过的途径是对象之间传递消息。消息内容包括接收消息的对象的标识、需要调用的函数的标识，以及必要的信息。消息传递的概念使得对现实世界的描述更容易。

面向对象的设计语言大大提高了程序的重用性，简化了程序，使得计算机可以处理更复杂的应用需求。

3.1.2 Java 的面向对象

工欲善其事，必先明其理、利其器。为了更好地学习 Java 语言，有必要了解 Java 语言中所蕴涵的面向对象思想，并在设计和开发 Java 程序的过程中充分运用这些概念，让代码和模块能更好地适应项目需求的频繁变化。

Java 语言是一种比较纯面向对象的语言，它不仅具备面向对象语言的所有特点，而且相对其他的面向对象语言，还屏蔽了许多烦琐的操作，简化了编程难度。利用 Java 语言开发出来的代码具有结构清晰、维护容易和扩展简洁等优点。后面章节也是重点围绕面向对象最突出的三大特点来展开的——封装、继承、多态。

3.2 类 和 对 象

Java 语言和其他面向对象一样，引入了类和对象的概念，类是用来创建对象的图纸，它包含被创建对象的静态描述（属性）和动态描述（方法或函数）的定义。对象的静态描述是通过变量来体现的，也就是类的成员变量，对象的动态描述是通过方法来体现的，也就是类的成员方法。

3.2.1 类的产生

万物皆为对象，那么是什么决定了某一些对象的属性和行为呢？或者说是什么确定了对象的类型？那就是“类”类型。Java 的类分为两部分：系统定义的类和用户自定义的类。Java 的类库是系统定义的类，它是系统提供的已实现的标准类的集合，提供了 Java 与其他程序的运行接口。前面我们在配置 classpath 环境变量的时候，添加了 JDK 下面的 bin 目录的路径。在这个目录里面是一组由其他开发人员或 SUN 公司编写好的 Java 程序模块，每个模块通常对应一种特定的功能和任务。我们自己编写的程序需要完成其中某一功能时，就可以直接利用这些现有的类库，而不需要从头开始编写。

3.2.2 类的语法

1. 类的声明

类声明的基本格式如下：

```
[修饰符] class <类名> [extends 父类名][implements 接口列表]{
        ... //类体
}
```

（1）修饰符：可选，用于说明这个类是一个什么样的类，可选值为 public、abstract 和 final，当缺省时，Java 编译器会给它一个默认值。说明该类只能被同一个包中的其他类使用。关键字 public 指明该类可以被任何类使用，abstract 声明这个类为抽象类，不能被实例化，final 声明该类为最终的类，不能被继承。

（2）class<类名>：class 是声明类的关键字，类名是要声明类的名称，它必须是一个合法的 Java 标识符，如果此类中含有 main()方法，则此 Java 文件的名字也要与此类名相同。必须注意的是，在同一个 Java 文件中，定义了多个类，它的类修饰符只能声明含有 main()方法的类为 public。

（3）extends 父类名：extends 为继承的关键字，一个类可以继承另一个类里面的非私有的成员。但是在 Java 语言中只允许单继承，但是在现实世界里都是多重关系。我们就可以通过接口或者内部类来实现这种多重关系。

（4）implements 接口列表：implements 是实现接口的关键字。一个类可以实现一个或多个接口。如果是实现多个接口，我们是以逗号把接口名分隔开的。

例如定义一个 Student 类，具体代码为：

```
public class Student{ }
```

2. 类体

在类的声明中，大括号里的内容为类体。类体主要由成员变量与成员方法组成。在编程时，编写一个完全描述客观事物的类是不现实的。我们只要选择必要的属性和行为就可以。例如学生类，描述一个学生对象有很多的属性和行为，但是在编程时，有些属性和行为并用不到，所以我们只需写上用到的属性和行为就可以。

```
public class Student{
    //成员属性
    String name;            /姓名
    String classNo;         //所在的班级
    byte age;               //学生的年龄
    char sex;               //性别
    //成员方法
    public void goToClass(String name){
    System.out.println(name+"学生去上课了");
    }
}
```

1）声明成员变量和局部变量

在类体内，方法外定义的变量称为类的成员变量，在方法里面声明的变量或者方法的参数称为局部变量。类的成员变量也是类对对象的静态描述。声明格式如下：

```
[修饰符] [static] [final] <变量类型> <变量名>;
```

修饰符：可选，是指该变量的访问权限，取值为 public、protected 和 private。

static：可选，用于指定该成员变量为静态变量，静态变量不属于哪个对象的，而是属于类本身，通过“类名.变量名”去访问。

final：可选，说明该成员变量是常量。

<变量类型><变量名>：两者必选，变量类型声明该变量的数据类型，取值范围为 Java 中的任何一种数据类型。变量名必须是合法的 Java 标识符。

例如，在 Student 类中声明三个成员变量。

```
public class Student{
   public String name;                    //姓名
   public static int studentCount;        //学生数
   public final byte MAX_AGE=30;          //声明学生最大年龄并赋值
   public static void main(String []args){
          System.out.println(Student.studentCount);
          Student stu=new Student();      //实例化一名学生对象
          System.out.println(stu.name);
          System.out.println(stu.MAX_AGE);
   }
}
```

执行结果如下：

```
0
null
30
```

在运行时，JVM 只为静态变量分配一次内存，在加载类的过程中完成静态变量的内存分配。静态变量只属于某个类，不属于哪个对象，所以通过类名去访问。而非静态变量，每创建一个实例，就会为该实例的变量分配一次内存，要访问哪个对象的变量，就通过对象名去访问。

局部变量的定义格式与成员变量的格式相似。但是不能使用 public、protected、private 和 static 关键字去对局部变量进行声明。例如前面的成员方法的定义：

```
//成员方法
public void goToClass(String name){
  System.out.println(name+"学生去上课了");
}
        //String name 是声明为一个局部变量
```

成员变量与局部变量的作用范围是什么呢？这个比较好理解，成员变量是在类中声明的，在整个类中有效，局部变量是在方法内声明的，在方法里有效。

成员变量在定义的时候可以不用初始化，也可以通过后面所讲到的构造方法进来初始化，如果没有初始化，Java 编译系统会自动给它一个默认值。在 Java 语言中各种类型变量的初始值如表 3-1 所示。

表 3-1　Java 变量的初始值

类　型	初 始 值	类　型	初 始 值
byte	0	double	0.0D
short	0	char	'\u0000'
int	0	boolean	False
float	0.0f	引用类型	null
long	0L		

如果是局部变量的话，就必须初始化，否则编译会通不过。

2）成员方法

方法在 C 语言也叫函数，它是表示类中的行为，由它去加工或处理某些事，就是外界与对象的对话。方法由方法的声明和方法体构成，一般格式如下：

```
[修饰符]<方法返回值的类型><方法名>([参数列表]){
      //方法体
}
```

修饰符：可选，是指定方法的访问权限，取值可为 public、protected 和 private。

方法返回值的类型：必选，用于指定方法的返回值类型，该类型为 Java 的任意数据类型，如果没有返回值，可以用 void 来标识。

方法名：必选，是给方法取的名字，必需是合法的标识符。

参数列表：可选，参数列表表示方法的参数，可以根据实际情况进行编写，也可以没有参数。在方法声明时，此时的参数为形参，在调用时实参必须是这个类型才能编译通过。

实参是调用发生时实际传来的参数，无论实参是什么数据类型，总是复制一份给形参。

【例 3-1】求两个数的最大值。

```
public class MaxValue{
    //求最大值的方法
    public int doMaxValue(int a,int b){
          return a>b?a:b;
    }
    public static void main(String []args){
       MaxValue m=new MaxValue();
       System.out.println("这两个数的最大值是"+m.doMaxValue(3,5));
    }
}
```

程序运行结果如下：

```
C:\>javac MaxValue.java
C:\>java MaxValue
这两个数的最大值是 5
```

方法的名字不能与类同名，同名的方法是后面会讲到的构造方法。如果在同一个类里面出现多个同名方法，但返回值类型或者方法参数不同，或者参数类型不同，就会构成方法的重载(Overload)。

【例 3-2】求输出数的最大值。

```
public class OverloadMaxValue{
  //打印一个输出数的方法
  public void doMaxValue(int a){
      System.out.println(a);
  }
  //求输入两个数的最大值
  public int doMaxValue(int a,int b){
        return a>b?a:b;
  }
  public static void main(String []args){
        OverloadMaxValue m=new OverloadMaxValue();
        m.doMaxValue(30);
        System.out.println(m.doMaxValue(30,40));
  }
}
```

程序运行的结果如下：

```
C:\>javac OverloadMaxValue.java
C:\>java OverloadMaxValue
30
40
```

方法在重载时，编译器会根据参数的个数或者类型来决定所调用的方法。如果两个以上的方法定义中，方法的参数个数与类型相同但是只有方法的返回值不同，则不构成方法的重载，同时编译时也会报错。

3.2.3 构造方法

构造方法是一种特殊的方法，它的名字必须与它所在类的名字相同，并且没有返回值，也不需用 void 进行标识，一般构造方法声明为 public，如果声明为 private 那就没有意义，因为 private 只有本类的成员属性才能访问，如果在类外面就不能调用该访问进行实例化。当一个对象被创建时，它的成员变量也可以由构造方法进行初始化。比如前面我们定义的 Student 类，那么它的构造方法为 public Student() { }，但是前面我们并没有定义此构造方法，为什么在创建对象的时候，我们使用了 Student stu=new Student();? 那是因为当我们没有在类中定义构造方法时，Java 编译器自动给我们提供一个不带任何参数并且是空的构造方法。如果我们显式的在类中定义了构造方法，那么 Java 编译器不给我们提供默认的构造方法。一个类里面可以定义多个不同参数的构造方法。

3.2.4 main()方法

Main()方法是 Java 应用程序的入口方法，程序在编译后，运行时先从这里执行。其结构如下：

```
public static void main(String []args){
   //程序的执行过程
}
```

一般把 main()方法声明为 public 是为方便访问，static 关键字表明该访问是静态的，当 main()方法所在的类第一次加载时，可以分配内存空间，而且 main()方法是属于类的，并不属于哪个对象。main()方法里面的 String []args 字符串数组参数是可以从键盘上获得输入的字符，在 main()方法中以字符串数组的方式接收。

3.2.5 对象

在现实世界的事物中，一切皆为对象，它可以是有形的（例如一名学生、一位教师、一间教室等），也可以是无形的或无法整体触及的抽象事件（例如一条校规、一次上课、一次考试等）。对象是构成现实世界的一个独立单位，它具有静态特征和动态特征。静态特征可以用某种数据来描述（在程序中用变量来体现），动态特征是对象所表现的行为或对象所具有的功能（在程序中用方法或函数来体现）。

对象在 Java 语言中的生命周期分创建、使用和销毁三个阶段。

1. 创建对象

对象是类的实例。在 Java 中定义任何变量都需要指定变量的类型，对象也是一种特殊的变量，所以也要先声明该对象，也叫创建一个引用。声明对象的一般格式如下：

```
类名 对象名;
```

其中，类名是指已经定义好的类，对象名是对象的一个引用，必须是合法的 Java 标识符。声明一个 String 类的一个对象 str 的代码：

```
String str;
```

我们创建好了 str 这个引用后，初始值为 null，表示不指向任何内存空间。如果希望它能与一个新的对象相关的话，通常使用 new 关键字来实现这一目的。new 关键字是创建一个新的对象。把前面的代码改写成：

```
String string=new String("jxau");
```

其中，String（"参数"）是 String 类里面的一个带参数的构造方法。构造方法是来创建对象的，也是实例化对象，后面章节会讲到。String 类是 SUN 公司已经定义好的类，Java 除 String 类外，还提供了大量的现成类，具体可以查阅 Java SE API 帮助文档，我们也可以定义自己的类。

2. 使用对象

创建好了对象后，就可以访问对象里面的成员属性（变量），还可以调用对象的成员方法（函数）。语法格式如下：

```
对象名.成员属性
对象名.成员方法
```

【例 3-3】定义一个学生类，创建学生对象，给学生对象赋值，并调用学生上课的方法。

```
class Student{
    String no;              //学号
    String name;            //姓名
    int age;                //年龄
        public void goToClass(){
            System.out.println(name+"学生去上课! ");      //"+"表示字符串连接
        } //学生上课的方法
}
public class Test{
    //入口函数
    public static void main(String []args){
        Student stu=new Student();     //实例化一个学生对象
        stu.no="soft001";              //给这个对象赋初值
        stu.name="张三";
        stu.age=20;
        stu.goToClass();               //通过对象调用上课的方法
    }
}
```

例 3-3 列举了怎样创建对象和使用对象，其中类的定义后面会详细说出。所有的编程语言都有自己操纵内存中元素的方式。程序员必须注意将要处理的数据是什么类型，以及是直接操纵元素，还是间接的表示（例如 C 和 C++里的指针）来操纵元素。在 Java 里，可以把一切都看作对象，但操纵的标识符实际上是对象的一个“引用”（在底层是指针、内存地址）。

3. 销毁对象

在 C、C++等程序设计语言中，使用完了分配的内存后，需要手动释放该内存。在 Java 中，为了节省内存资源，也要去释放一些无用对象所占用的内存，但是这项工作不需要手动完成。Java 提供的垃圾回收机制可以自动判断对象是否还在使用，它可以自动销毁不再使用的对象，回收对象占用的内存空间。因为 Java 提供了一个系统级的线程，即垃圾收集器（Garbage Collection），来跟踪每一块分配出去的内存空间，当 Java 虚拟机处于空闲循环时，垃圾收集器线程会自动检查每一块分配出去的内存空间，然后自动回收每一块可以回收的无用的内存块。

Java 提供一名为 finalize()的方法（终止器），当对象即将被销毁时，可能会与一些东西相关连，要做一些后续工作，可以把这些操作写在 finalize( )方法里。这个终止器的作用类似于 C++里的析构函数，而且是自动调用的。但是两者的调用时机不一样，两者的表现行为也有很大的区别。C++的析构函数总是当对象离开作用域时被调用，即 C++析构函数的调用时机是确定的，而且是可知的。但是 Java 终止器却是在对象被销毁时调用的。一旦 Java 垃圾收集器准备好释放无用对象占用的存储空间，它首先调用那些对象的 finalize( )方法，然后才真正回收对象的内存。被丢弃的对象何时被销毁，是无法获知的。

3.2.6 this 引用

this 就是正在执行的当前对象。this 的另外一个用途是当方法的局部变量与类成员变量重名时，在方法里面就隐藏了类的成员变量。我们可以通过“this.类的成员变量”引用类的成员变量，因为 this 代表当前对象。例 3-4 说明 this 关键字的使用

【例 3-4】this 关键字的实例。

```
public class Student{
   //定义学生的姓名
   String name;
   //定义构造方法并初始化 name
   public Student(String name){
      this.name=name;
   }
   public static void main(String []args){
      Student stu=new Student("soft");
   }
}
```

上例中，在 Student 类的构造方法中存在局部变量 name 与类的成员变量同名，那么在方法体里面，根据就近原则只能看到方法的形参 name，而类的成员变量被隐藏，我们可以用 this 关键字来显示访问类中被隐藏的成员变量，因为 this 是当前对象。

一个类的多个构造方法之间也可以相互调用。当一个构造方法需要调用此类的另一个构造方法时，我们也可以使用 this 关键字，Java 要求这个调用语句是整个构造方法的第一行代码。使用 this 关键字来调用本类的其他构造方法，增加了代码的灵活性，减少了程序的维护工作。

【例 3-5】重新定义学生的类。

```
public class Student{
   //定义学生的姓名
   String name;
   //定义构造方法并初始化 name
   public Student(String name){
      this.name=name;
   }
   //定义一个不带参数的构造方法
   public Student(){
      this("soft");
   }
   public static void main(String []args){
      Student stu=new Student();
   }
}
```

3.2.7 static 关键字

类的成员属性或者方法如果用 static 修饰的话，表明该成员是静态的。有些方法在操作过程中，可能用不到 this 引用，这样的方法也可以定义为静态方法。静态方法的执行是不依赖于某个对象的，而是属于类本身。不必先创建对象，通过类名就可以调用静态方法。例如 Math.random( )。静态方法不能调用非静态的方法或变量。

用 static 修饰的变量也是属于某个类，而不是属于哪个对象，而且该变量无论创建了多少个对象，在内存中只有一份副本。静态变量在没有创建任何对象的时候就已经存在了。静态变量可以作为对象之间的共享数据。

3.2.8 Java 程序内存分析

Java 程序内存主要分为 2 个部分，栈内存区（Stack Segment）、堆内存区（Heap Segment）。我们先拿例 3-3 进行分析。该程序编译后，从 main( )方法入口，先分析第一条语句 Student stu=new Student(); 其实这条语句是下面两条语句的缩写。

```
Student stu;           //1
Stu=new Student();     //2
```

（1）在栈内存中定义一个名为 stu 的对 Student 类的对象引用变量。

（2）在堆内存开辟了一块空间用于存放该对象的一些属性。如果没有初始化，编译器会自动给其赋默认值。再将 1 定义的引用变量 stu 指向该空间。

接下来程序的后面三条语句：stu.no="soft001"; stu.name="张三"; stu.age=20;是对存放在堆内存里的 stu 指向的那个对象的属性进行赋值。stu.goToClass();这条语句是通过对象去调用方法。其实除了主要的栈、堆内存区之外，还有常量内存区（Constant Segment）、代码内存区（Code Segment）。goToClass() 方法的代码是存放在代码内存区里面，而不是像属性那样在堆内存区里面。我们只要理解对象与此对象的方法是通过自身一个隐含的 this 引用来调用。关于 this 后继会详细讲到。以上描述如图 3-2 所示。

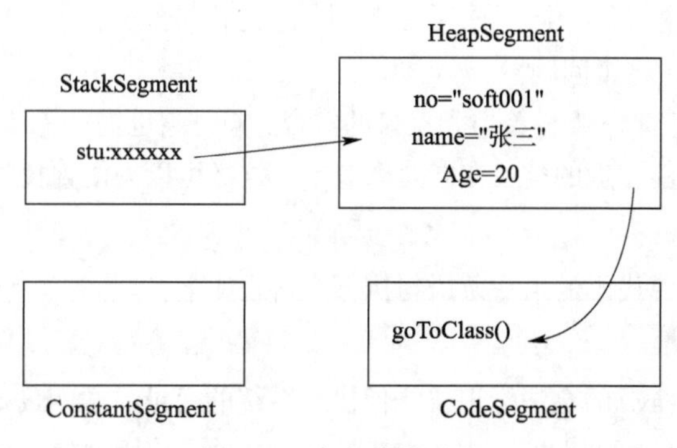

图 3-2 内存分配过程

如果掌握了 Java 内存分配情况，我们就很容易知道程序是怎么运行的，以及准确的运行结果。接下来，我们来分析一下下面的程序结果是什么。

```
String s1=new String("jxau");            //1
String s2=new String("jxau");            //2
System.out.println(s1==s2);              //3
System.out.println(s1.equals(s2));       //4   equals()是比较两个字符串是否相等的方法
```

第一行代码，在堆内存里开辟了一块空间用于存放字符串"jxau"，且 s1 指向它；第二行代码也在堆内存里面开辟了一块新空间用于存放字符串"jxau"，且 s2 指向它。两块存放字符串"jxau"的空间地址不一样，所以 s1 不等于 s2，则输出 false；最后一行代码输出为 true。

我们再来看一下如下代码：

```
String s1="jxau";
String s2="jxau";
System.out.println(s1 = s2);
System.out.println(s1.equals(s2));
```

这段代码的运行结果都是 true。那为什么第一个输出也是 true 呢？我们先介绍一个概念：常量池（常量区、Constant Segment）。常量池就是该类型所用到常量的一个有序集和，包括直接常量（string、integer 等常量）和对其他类型、字段和方法的符号引用。对于 String 常量，它的值是在常量池中的。而 JVM 中的常量池在内存当中是以表的形式存在的，对于 String 类型，有一张固定长度的 CONSTANT_String_info 表用来存储文字字符串值。注意：该表只存储文字字符串值，不存储符号引用。实际上，在 class 文件被 JVM 装载到内存当中时，就已经为"jxau"这个字符串在常量池的 CONSTANT_String_info 表中分配了存储空间。既然"jxau"这个字符串常量存储在常量池中，常量池是属于类型信息的一部分，类型信息也就是每一个被转载的类型，这个类型反映到 JVM 内存模型中是对应存在于 JVM 内存模型的方法区中，也就是这个类型信息中的常量池是存在于方法区中，方法区可以在一个堆中自由分配。

这也就说明了为什么 s1==s2，因为它们俩都是指向常量池中"jxau"串的引用，而像上例中 new 方法创建的 String 在新分配的堆内存中的内容"jxau"，只是常量池中"jxau"串的副本。所以，请大家不要用 new 方法来初始化 String 类型，直接赋值就可以了。

3.2.9 包的概念

在编写 Java 代码时，要求含有 main( )方法的类的名字与 Java 源文件名保持一致，在编译时也会自动生成该名字的字节码文件。如果写了大量的类，难免出现同名的情况。SUN 为了解决此文件名冲突就引入了包（package）。包相当于操作系统的目录，这样虽然文件名可能会重名，但是放在不同的目录下，就很好地解决了这个问题。

包按照规范化编程，它是一组相关类和接口的集合，同时它也提供了访问权限和命名管理机制。在编写 Java 代码时，把功能相近的类放在同一个包中，这样可以方便查找和使用。

1. 包的创建

一般创建包在 Java 的源代码的第一条语句执行。格式如下：

```
package 包名;
```

包名：必选，必须是 Java 的合法标识符。像操作系统的目录一样，目录里面可以有目录或者是文件，包也是如此，包里面也可以再有包，或者是 Java 文件。使用“包 1.包 2……包 n”进行操作，其中最左边的包是最外的包，右边的包是内层包。在开发中，一般把域名倒过来表示包，因为域名是都是唯一的。

【例 3-6】包的创建实例。

```
package cn.edu.jxau;
public class Student{
   //定义学生的姓名
   String name;
```

```
    //定义构造方法并初始化name
    public Student(String name){
      this.name=name;
    }
}
```

UML 图如图 3-3 所示。

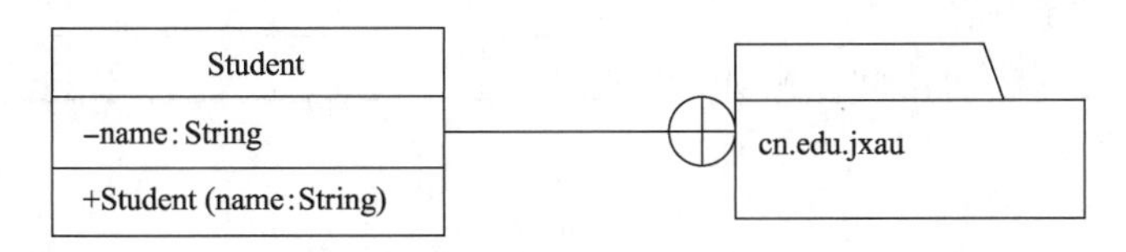

图 3-3　例 3-6 的 UML 图

在创建包的 Java 文件中，编译命令如下：

```
javac -d. Student.java
```

-d 是编译器自动按 cn.edu.jxau 包结构进行创建。后面的“.”代表在当前命令提示符目录下创建包。有时候为了编译简单，可以用通配符“*”来生成某个包（目录）里面所有的 Java 源文件。格式如下：

```
Javac -d. *.java
```

执行的命令如下：

```
java cn.edu.jxau.Student
```

在执行的时候，一定要根据包的层次结构来访问，否则会出现文件找不到的情况。

2. 包的使用

例 3-6 中，我们已经对 Student 类进行了打包。在同一个包中，可以访问所有的类，还可以访问其他包中所有的 public 类。访问不同包中的 public 类可以用“包.类名”直接访问，也可以直接通过 import 语句把包中的类引入进来。

方法一：

```
public class Test{
    public static void main(String []args){
        cn.edu.jxau.Student stu=new cn.edu.jxau.Student();
    }
}
```

方法二：

```
import cn.edu.jxau.Student;       //或者是 import cn.edu.jxau.*
public class Test{
    public static void main(String []args){
    Student stu=new Student();
    }
}
```

上述两种方法都可以访问到不同包里面的类，一般使用第二种方法来访问不同包中的类。在第二种方法中，“import cn.edu.jxau.*”中的*号表示导入 jxau 包下面的所有类。

3.2.10　访问权限控制

在 Java 语言中有 4 种访问权限修饰符，private、default、protected、public，从右到左访问权限

越来越严格。其中，类的修饰符一般为public或者是缺省（default）。如果把类声明为public，即公共类。表明它可以被所有其他的类访问。如果一个类没有访问修饰符，是缺省的类，说明它具有默认的访问控制特性。它只能被同一个包中的类访问。

类的成员变量及方法的访问权限如表3-2所示。

表3-2 访问权限

	同一个类中	同一个包中	不同包中的子类	不同包中的非子类
private	√			
default	√	√		
protected	√	√	√	
public	√	√	√	√

3.3 包 装 类

Java是一种面向对象语言，Java中的类把数据与方法封装在一起，构成一个自包含式的处理单元。但在Java中不能定义基本类，为了能将基本类视为对象来处理，并能连接相关的方法，Java为每个基本类都提供了包装类，这样可以把这些基本类转化为对象来处理。这些包装类有String、Beanlean、Byte、Short、Character、Integer、Long、Float等。我们可以通过Java SE API帮助文档全部找出。虽然Java可以直接处理基本数据类型，但是在有些情况下需要将其作为对象来处理，这时就需要将其转化为包装类。所有的包装类都有共同的方法。

（1）带有基本值参数并创建包装类对象的构造方法，如利用Integer包装类创建对象：Integer obj=new Integer(50)。

（2）带有字符串参数并创建包装类对象的构造函数，如new Integer("-50");。

（3）生成字符串表示法的toString()方法，如obj.toString()。

（4）对同一个类的两个对象进行比较的equals()方法，如obj1.eauqls(obj2);。

（5）生成哈希表代码的hashCode()方法，如obj.hasCode()。

（6）将字符串转换为基本值的parseType()方法，如Integer.parseInt(args[0]);。

（7）可生成对象基本值的typeValue()方法，如obj.intValue();。

在一定的场合，运用java包装类来解决问题能大大提高编程效率。

JDK 1.5以上，提供了一个很好的特性，可以自动进行“装箱”和“拆箱”。比如基本数据类型int转换成Integer包装类，double转换成Double包装类，可以不显式地写出代码，Java自动会完成转换。

（1）装箱（Boxing）代码如下：

```
double d=12.5;
Double dd=d;
```

（2）拆箱（Unboxing）代码如下：

```
Integer i=new Integer(50);
Int ii=i;
```

3.4 内 部 类

内部类是在JDK 1.1版本引入的，主要作用是将逻辑上相关联的类放在一起。简单来讲，定义在一个类内部的类叫内部类（Inner Class），包含这个内部类的类称为外部类（Outer Class）。那么内部类也是外部类的一个成员，内部类的访问权限修饰符可以声明为public、protected、private等，可以声明为 abstract（抽象）的类，它可以供其他内部类或外部类继承和扩展，也可以声明为 static、final（最终的，不允许被继承），也可以通过内部实现特定的接口。声明为 static 的内部类像一个独立的类，声明非 static 内部类，像外部类的成员属性或成员方法一样，不过不能在非 static 里面声明 static 属性或方法。内部类也可以访问外部类的所有不同访问权限的属性和方法，但是 static 内部类只能访问外部类的 static 属性和 static 方法。

学会使用内部类，是掌握 Java 高级编程的一部分，它可以让你更优雅地设计程序结构。使用内部类重要的好处如下：

（1）当我们需要在某一情形下实现一个接口，而在另一情形下不需要实现这个接口，则可以使用内部类来解决这一问题，让内部类来实现这个接口。

（2）Java 只允许单继承，现实世界对象与对象的关系都是多重关系，我们可以使用内部类来弥补 Java 的单继承来实现多重继承。

（3）内部类可以隐藏你不想让别人知道的操作。

【例 3-7】内部类举例。

```
class OuterClass{
    private static String university="jxau";
    private String name;
    private int age;
    public OuterClass(String name,int age){
        this.name=name;
        this.age=age;
    }
    public class Inner{
        private String school="soft";
        public void print(){
            //访问外部类的成员变量
            System.out.println(OuterClass.university);
            System.out.println(OuterClass.this.name);
            System.out.println(OuterClass.this.age);
            System.out.println(school);
        }
    }
}
public class InnerClassTest{
    public static void main(String []args){
        //实例化外部类一个对象
        OuterClass outer=new OuterClass("bks",29);
        //实例化内部类一个对象
        OuterClass.Inner inner=outer.new Inner();
        inner.print();
    }
}
```

执行结果如下：

```
E:\temp>javac InnerClassTest.java
E:\temp>Java InnerClassTest
jxau
bks
29
soft
```

UML 图如图 3-4 所示。

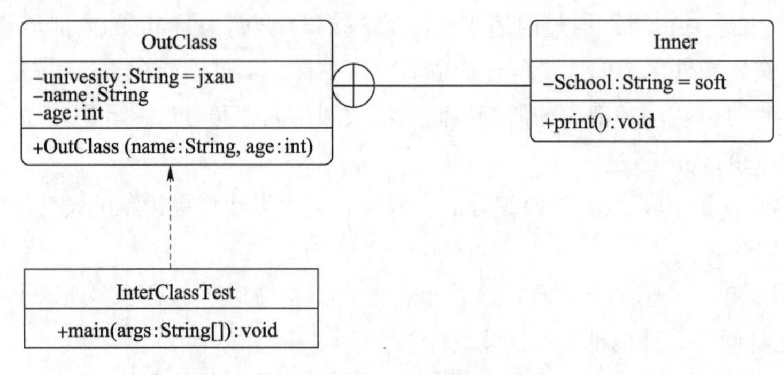

图 3-4　例 3-7 的 UML 图

内部类类似于外部类的实例方法，成员类有 public、protected、private、default 权限修饰符。一个成员类实例必然是它所属外部类的一个实例，成员类内部获得外部类实例代码如“OuterClass.this”的形式。另外，对于给定一个外部类实例 outer，可以直接创建其内部类实例，代码如“OuterClass.Inner inner=outer.new Inner();”，值得注意的是，成员类不能与外部类同名。不能在非静态的内部类中定义 static 属性、方法、类，但是常量除外（public static final）。那是因为一个成员类实例必然与一个外部类相关联，而 static 定义完全可以移到其外部类中去。成员类不能是接口（interface），因为成员类必须能被某个外部类实例化，而接口是不能实例化的。在创建非静态的内部类对象时，一定要先创建相应的外部类对象。因为非静态内部类对象有指向外部类对象的引用，它可以访问创建它的外部类对象的内部，甚至包括私有变量。非静态内部类不能声明它的 static 成员，它可以访问该类的非静态成员，也可以访问外部类中的静态和非静态的成员。下们来介绍一下静态的内部类。

静态的内部类就是在前面所讲的内部声明中加上关键字 static。如修改上例代码如下：

【例 3-8】静态的内部类举例。

```
class OuterClass{
   private static String university="jxau";
   private String name;
   private int age;
   public OuterClass(String name,int age){
      this.name=name;
      this.age=age;
   }
   public static class Inner{
      private String school="soft";
      public void print(){
         //访问外部类的成员变量
         System.out.println(OuterClass.university);
         System.out.println(school);
      }
   }
}
public class InnerClassTest{
   public static void main(String []args){
      //直接实例化内部类的一个对象
      OuterClass.Inner inner=new OuterClass.Inner();
      inner.print();
   }
}
```

执行结果如下：

```
E:\temp>javac InnerClassTest.java
E:\temp>Java InnerClassTest
jxau
soft
```

public 修饰的静态内部类其实跟外部类没有太大的区别，以“OuterClass.inner”的方式来引用某个这样修饰的静态内部类。静态内部类的特性如下：

（1）静态内部类没有了指向外部类的引用。

（2）静态内部类可以定义任何静态和非静态的成员。

（3）静态内部类里的静态方法中，可以直接访问该类和外部类的静态成员，该类和外部类中成员通过创建对象访问。

（4）静态内部类里的非静态方法中，可以直接访问该类中的所有非静态、静态成员和直接访问外部类中的静态成员，外部类中的非静态成员就得通过对象去访问。

（5）像静态方法和静态属性一样，静态内部类有 public、protected、private、default 权限修饰符。

3.5 匿 名 类

匿名类，一般把它叫做匿名内部类，是一个没有名字的内部类。它经常用在后继章节介绍的 Java 处理的匿名适配器中。匿名内部类由于没有名字，所以它没有构造方法，但是如果这个匿名内部类继承了一个只含有带参数构造函数的父类，创建它的时候必须带上这些参数，并在实现的过程中使用 super 关键字显式地调用相应的内容。初始化匿名内部类的成员变量方法如下：

（1）如果是在一个方法的匿名内部类，可以利用这个方法传进想要的参数，但是这些参数必须被声明为 final。

（2）将匿名内部类改造成有名字的局部内部类，然后通过构造方法去初始化。

（3）在这个匿名内部类中使用初始化代码块。

【例 3-9】匿名内部类在按钮注册事件的应用。

```
//创建一个"退出"按钮
JButton jb=new JButton("退出");
//给这个按钮注册事件
jb.addActionListener{
    new ActionListener(){
    public void actionPerformed(ActionEvent e){
        System.exit(-1);
        }
    }
};
```

上例中，因为 ActionListener 是一个接口，在后继章节会讲到，接口不能被实例化，在这里我们在接口后，分号“;”前面通过匿名内部类将接口实现。这样简化了编程，增强了代码的灵活性。

3.6 应用案例

【案例 3-1】Java 中按值传递图例讲解。

先看下面的例子：

```
public class TestSample {
    public static void link(int i) {
        i=2;
    }
    public static void main(String[] args) {
        int i=1;
        link(i);
        System.out.println(i);
    }
}
```

在主函数中定义基本整型变量 i，并赋予值 1。把 i 作为参数传给方法 link，在 link 中改变 i 的值为 2。但是在主函数中输出 i 时，i 的值仍然为 1。为什么会这样？这就是 Java 的按值传递，在理解按值传递的概念时，要区分几种情况。

根据传递的参数，分成基本变量传参和引用变量传参。

（1）基本变量传参，也就是上面的例子。图 3-5 中，实箭头代表赋的初值，虚箭头代表改变后的值。

可以看到，main()和 link()中的 i 是两个不同的变量，它们的相同点就是把值，也就是 1 传了过来。

如果把 link()中 i 的值变成 2，main()中的 i 的值是不会跟着变的。再有就是 link()中的 i 是局部变量，它的生命周期仅是在方法 link()中，运行完 link()后，这个变量 i 就失效，会被回收器回收。

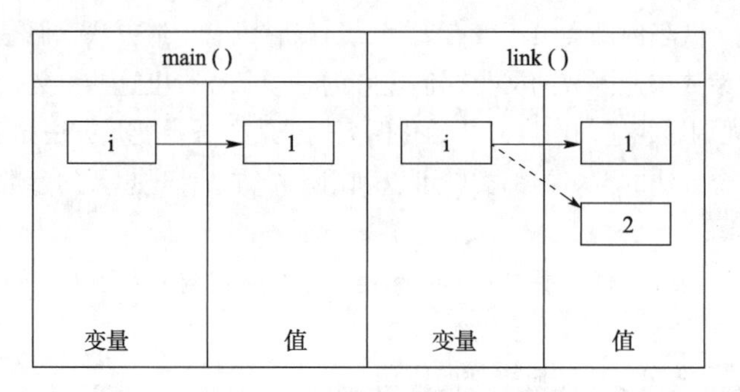

图 3-5 值传递变量参内存图

（2）引用变量传参，这里面还要分成两种情况。

一种是给形参赋予一个新的变量，看下面的例子：

```
public class Car{
}
public class TestSample {
    public static void link(Car i) {
        i=new Car();
    }
    public static void main(String[] args) {
        Car i=new Car();
        link(i);
        System.out.println(i);
    }
}
```

main()方法定义一个 Car 型变量 i，传到 link()方法中，然后改变了 i 的值，返回 main()后，输出 i 的值，它仍然是一个 Car，不会改变。

如图 3-6 所示，方法 link()中的变量 i，一开始是引向 Car 类型的一个实例的，后来使用 i=new Car()语句，把 i 引向了另一个 Car 型的对象实例。这个操作丝毫不会影响到 main()方法中的 i。

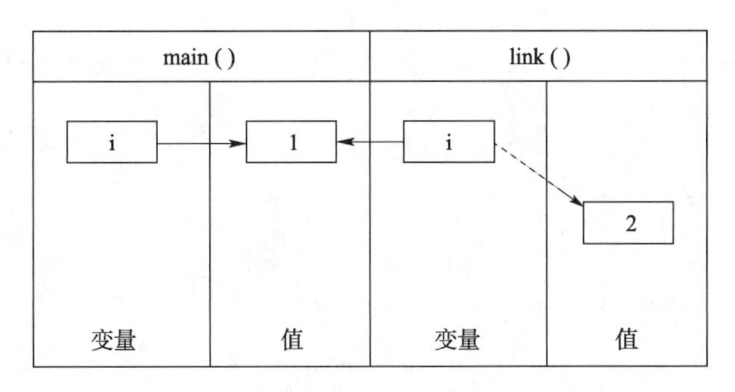

图 3-6　引用传递变量内存图(一)

注意：并不只是使用 new 这个关键字才能使变量改变引用。string 是一个特例，比如：

```
string s="hello";
s=s+" world";
```

新的 s 已经改变了它的引用对象，就像 s=new String(s+" world");一样。

再看另一种情况，形参并不会改变引用对象，而是改变原来引用对象的值。看例子：

```
class Car{
    public void addABS(){ }
}
public class TestSample{
    public static void link(Car i){
        i.addABS();
    }
    public static void main(String[] args){
        Car i=new Car();
        link(i);
        System.out.println(i);
    }
}
```

main()方法定义一个 Car 型变量 i，传到 link()方法中，然后对 i 进行 addABS()方法的操作。返回到 main()，再输出 i，发现 i 已经变成了一个加装了 ABS 的 Car 了。以上几种情况中，只有这种情况才能对实参进行修改。如图 3-7 所示，无论是 main()还是 link()中的 i，一直都是指向同一个实例，在 link()中对此实例的任何修改，都会影响到实参 i 的值。希望大家在传参的时候要分清情况，区别对待。

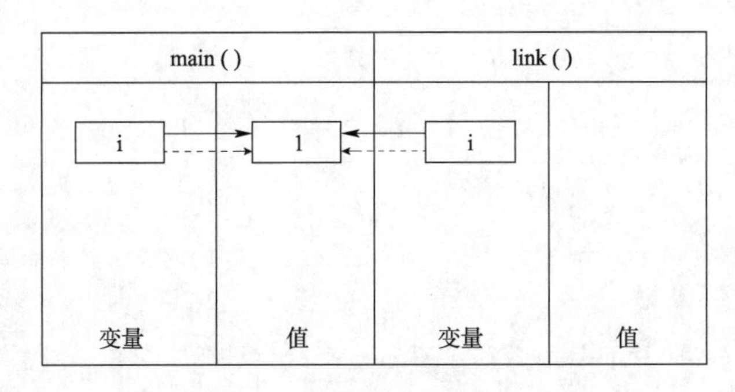

图 3-7　引用传递变量内存图(二)

【案例 3-2】编写一个程序，实现设置上月电表读数、设置本月电表读数、显示上月电表读数、显示本月电表读数、计算本月用电数、显示本月用电数、计算本月用电费用、显示本月用电费用功能，并编写测试类。

```
class Cal{
double lastdegree;
double thisdegree;
double perdegreeprice;
final int lastmonth=0;
final int thismonth=1;
void writenumber(int month,double degree){
    if(month==0){
    this.lastdegree=degree;
    System.out.println("Lastmonth degree is :"+this.lastdegree);
    }else if(month==1){
        this.thisdegree=degree;
        System.out.println("Thismonth degree is :"+this.thisdegree);
    }else{
        System.err.println("The month is wrong !");
    }
  }
void setprice(double perprice){
    this.perdegreeprice=perprice;
    System.out.println("Per degreeprice is :"+this.perdegreeprice);
    double totaldegree=this.thisdegree-this.lastdegree;
    System.out.println("The total degree is :"+totaldegree);
    double totalprice=this.perdegreeprice*totaldegree;
    System.out.println("The total price is :"+totalprice);
    }
}
public class Price {
    public static void main(String[] args) {
    Cal cal=new Cal();
    cal.writenumber(0,200);
    cal.writenumber(1,300);
    cal.setprice(0.59);
    }
}
```

【案例 3-3】编写一个音乐类，属性包括音乐名称、音乐类型，其方法实现音乐信息的显示，并编写测试类。

```
class mymusic{
  int mymusicID;
  String mymusicname;
  String mymusicstyle;
  void setID(int ID){
    mymusicID=ID;
  }
  void setname(String name) {
    mymusicname=name;
  }
  void setstyle(String style){
    mymusicstyle=style;
  }
```

```
    void disply() {
      System.out.println("音乐名称: "+mymusicname);
      System.out.println("音乐编号: "+mymusicID);
      System.out.println("音乐类型: "+mymusicstyle);
    }
  }
  public class Music{
    public static void main(String[] args) {
      mymusic mm = new mymusic();
      mm.setname("你那该死的温柔");
      mm.setID(13);
      mm.setstyle("mp3");
      mm.disply();
    }
  }
```

小　结

本章介绍了面向对象程序设计的基本概念，它具有封装性、继承性和多态性特点。类是对象的抽象，它是对对象的静态描述（属性）和动态描述（行为）。在类中可以定义其静态成员和非静态成员，静态成员属于类本身，非静态成员属于对象。在 Java 中引入包的概念解决了类的命名冲突，以及可以对类进行分类管理。在类的成员中可以通过访问修饰符对其成员进行访问控制。最后介绍了内部类与匿名类的概念及使用。

习　题

一、填空题

1. 类的定义由类头和______________两部分组成。

2. ______________是组成 Java 程序的基本要素，封装了一类对象的状态和方法。

3. 类的实现包括两部分：类声明和______________。

4. 类体有两部分构成：一部分是______________的定义，另一部分是方法的定义。

5. 在类体中，变量定义部分所定义的变量称为类的______________。

6. 成员变量在整个类内都有效，______________变量只在定义它的方法内有效。

7. 用修饰符______________说明的成员变量是类变量。

8. 变量的名字与成员变量的名字相同，则成员变量被______________，该成员变量在这个方法内暂时失效。

9. Java 中成员变量又分为实例成员变量和______________。

10. 用修饰符 static 说明的成员变量是______________。

11. 局部变量的名字与成员变量的名字相同，若想在该方法内使用成员变量，必须使用关键字______________。

12. 方法定义包括两部分：______________和方法体。

13. 在 Java 中，当一个方法不需要返回数据时，返回类型必须是______________。

14. Java 中类的方法分为______________和类方法。

15. 在类方法中只能调用类变量和类方法，不能调用______________方法。

二、选择题

1. 在编写实现文件读写功能的Java程序时，需要在程序的开头写上语句（　　）。
   A. import java.applet.* ;　　B. import java.awt.* ;
   C. import java.io.* ;　　D. import java.awt.event.* ;
2. 有一个类A，以下为其构造函数的声明，其中正确的是（　　）。
   A. void A(int x){...}　　B. A(int x){...}
   C. a(int x){...}　　D. void a(int x){...}
3. 下列方法定义中，正确的是（　　）。
   A. int x(int a,b)
   { return (a-b); }
   B. double x(int a,int b)
   { int w; w=a-b; }
   C. double x(a,b)
   { return b; }
   D. int x(int a,int b)
   { return a-b; }
4. 下列类定义中，不正确的是（　　）。
   A. class x { .... }
   B. class x extends y { .... }
   C. static class x implements y1,y2 { .... }
   D. public class x extends Applet { .... }
5. 对于下列代码：

```
public class Parent {
  public int addValue( int a, int b) {
      int s;
      s = a+b;
      return s;
  }
}
class Child extends Parent {
}
```

下述（　　）方法可以加入类Child。
   A. int addValue(int a, int b){// do something...}
   B. public void addValue (int a, int b){// do something...}
   C. public int addValue(int a){// do something...}
   D. public int addValue(int a, int b) {//do something...}
6. 在编写实现文件读写功能的Java程序时，需要在程序的开头写上语句（　　）。
   A. import java.applet.* ;　　B. import java.awt.* ;
   C. import java.io.* ;　　D. import java.awt.event.* ;
7. 以下关于构造函数的描述错误的是（　　）。
   A. 构造函数的返回类型只能是void型
   B. 构造函数是类的一种特殊函数，它的方法名必须与类名相同
   C. 构造函数的主要作用是完成对类的对象的初始化工作
   D. 一般在创建新对象时，系统会自动调用构造函数
8. 关于修饰符static，以下叙述错误的是（　　）。
   A. static方法不可被覆盖

B. static 可以用来修饰类

C. static 方法不可以直接访问非静态的方法，否则编译出错

D. static 方法只能访问类变量或方法参数，不可直接访问成员变量

9. 给出如下代码:

```
class Test{
        //定义成员 a
        public static void fun() {
                // some code...
    }
}
```

要在函数 fun()中直接访问 a，以下成员变量 a 定义正确的是（　　）。

A. public int a　　B. static int a　　C. int a　　D. protected int a

10. 编译并运行以下程序，以下描述正确的是（　　）。

```
class  ATestOftoString{
   protected  String  toString(){
      return  super.toString();}
}
```

A. 编译通过运行无异常　　B. 编译通过但运行时出错

C. 行 2 出错，不能成功编译　　D. 不能成功编译，行 3 出错

三、输出结果题

阅读下面的程序，程序保存为 Test.java。

```
public class Test{
   short mValue;
   public static void main(String[] args){
      int a=32;
      int b=56;
      Test os=new Test(a+b);
      os.Show( );
   }
   protected Test(short aValue) { mValue=aValue; }
   public void Show( ) { System.out.println(mValue); }
}
```

上面的程序编译是否成功？如果编译出错，指出哪行出错，并说明理由；如果编译正确，运行结果是什么？

四、问答题

1. 什么是对象？什么是类？对象与类的关系是什么？
2. 类的定义中包括那些基本信息？
3. 如何运行被打包后的字节码文件？
4. 类变量与实例变量的区别有哪些？
5. 类方法与实例方法的区别有哪些？
6. 什么叫构造函数重载？
7. 什么是方法，及方法的作用有哪些？
8. Java 中引入包的优点是什么？
9. 如何将需要的外部类引入程序中？如何引用包中的某个类？如何引用整个包？

五、编程题

1. 编写一个完整的 Java Application 程序，包括：①复数类 Complex；②主类 Test。将每组测试数据相加并显示结果，三组测试的复数为：1+2i 和 1-2i；1+2i 和 3+4i；1+2i 和-1+2i。

其中，复数类 Complex 必须满足如下要求：

（1）复数类 Complex 的属性

- realPart：int 型，代表复数的实部。
- imaginPart：int 型，代表复数的虚部。

（2）复数类 Complex 的方法

- Complex( )：构造函数，将复数的实部和虚部都置 0。
- Complex(int r , int i)：构造函数，将复数的实部初始化为 r，将虚部初始化为 i。
- Complex complexAdd(Complex a)：将当前复数对象与形参复数对象 a 相加，所得的结果仍是一个复数对象，返回给此方法的调用者。
- public String toString( )：把当前复数对象的实部 a、虚部 b 组合成"a+bi"的字符串形式；若实部为 0，虚部不为 0，则返回"bi"；若虚部为 0，则返回"a"。

2. 创建一个名为 Rectangle 的类来表示一个使用宽度和高度作为变量的矩形，矩形的宽度和高度由构造方法来确定。为 Rectangle 类创建下列方法：

（1）getArea()返回矩形的面积，要求长和高的范围为 0~50。

（2）getPerimeter()返回矩形的周长。

（3）Draw 使用星号（*）作为描绘字符画出该矩形（假设宽度和高度为整数）。

（4）在另一个类 TestRectangle 中编写 main()方法来测试 Rectangle 类。

第 4 章 继承与多态

在面向对象程序设计语言中，封装、继承与多态是其中最突出的特点。封装是将对象的内部结构进行隐藏，继承可以更有效地组织程序结构，实现代码的重用，明确类与类之间的联系，提高程序的可维护性。通过多态性可以处理基类和派生类的对象行为。

4.1 继　　承

继承是复用程序代码的有效途径，在我们生活中存在大量继承的范例，例如：子女从父母那里继承了财产，这里的继承就是子女拥有了父母所给予他们的东西。在我们面向对象程序设计中，继承的含义也差不多，所不同的是，它们发生在类与类之间，是子类拥有父类非私有的成员，可以形象地来讲，是把除父类私有成员和父类构造方法以外的所有代码复制一份到子类中，这样减少了代码，增加了代码的复用。

在面向对象程序设计过程中，构造类的层次结构一般有两种。

（1）自顶向下：从最根本的类开始向下分解，不断得到新的派生类型。例如，从“动物”中细化“脊椎动物”和“无脊椎动物”，两者又可以进一步细分，比如“脊椎动物”又可以分为“哺乳类”“爬行类”等。“哺乳类”又可以细分“人”“狗”等具体类别。

（2）自底向上：对具体类型再进行抽象，得到新的基础类型。例如：对“飞机”“火车”“汽车”等类别再进行归类，得到更抽象的“交通工具”。

4.1.1 继承的基本语法

在 Java 中，用关键字 extends 来表示两个类之间继承关系，其格式如下：

```
class 子类名 extends 父类名{
    …
}
```

【例 4-1】定义两个类，一个是动物的类，另一个是人的类。

```
class Animal {
    String nickName;  //动物的昵称
    //动物叫的方法
    public void speak(){
    System.out.println("Animal is speaking!");
    }
}
class People{
    String nickName;
```

```
    public void speak(){
    System.out.println("Animal is speaking!");
}}
```

上面定义好的两个类中，人的类里面的代码几乎和动物类一样，人是动物一种，为了减少代码的重复编写，我们可以使用继承，格式如下：

```
class People extends Animal{  }
```

UML图如图4-1所示。

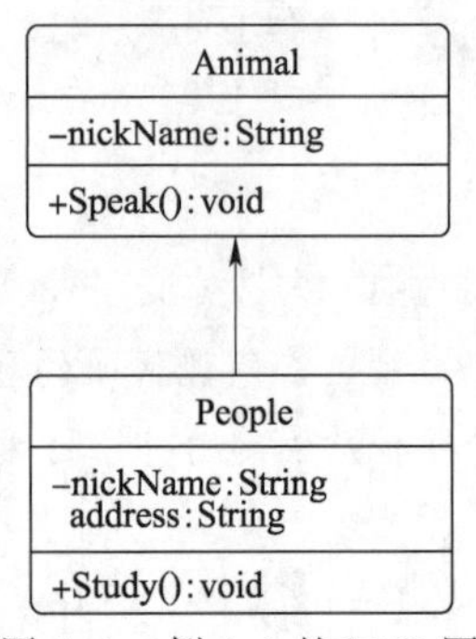

图4-1　例4-1的UML图

虽然人的类里面什么代码都没有写，但是已经从动物类那里继承，那么人就拥有了动物类里面的非私有的成员。私有的成员属于某个类自己的，外面的类不能访问本类私有的成员。在上面示例中，我们把被继承的类Animal称为父类、基类或超类，继承的类称为子类、派生类，而且在Java语言中只允许单继承，就是说每个子类只有一个直接的父类，但是在现实世界中，对象与对象之间是一种网状结构，有着多重继承的关系。比如：中国人是人的一种，中国人又是动物的一种，那么中国人可以从动物类继承又可以从人这一类继承。Java语言是通过接口或者内部类来实现这种多重继承关系。尽管每个类只能有直接继承的一个父类，但是它可以有多个间接的父类，例如：

```
class People extends Animal{  }
class ChinesePeople extends People{  }
```

如果程序改成以下多重继承的格式，编译器将不能通过。

```
class ChinesePeople extends People,Animal{  }
```

编译器默认不管是系统定义的类还是我们自定义的类，都是直接或间接地继承了Object类，因此Obejct类是所有的类的父类，则我们在任何类中都可以直接使用Object类中的成员。

4.1.2　成员变量的隐藏和方法覆盖

在上节例子中People类继承了Animal类，那么People拥有了除父类中私有方法、父类的构造方法外的成员，People类也拥有自己新的成员。例如：

```
class People extends Animal{
    String nickName;        //隐藏了从父类继承过来的变量nickName
    String address          //住处
    //学习的方法
    public void study(){
        …
    }
}
```

如果子类对父类继承过来的成员不太满意，可以在子类中对被继承过来的成员变量进行隐藏或者对方法进行覆盖。比如上例中 People 类中再次声明了一个与父类 Animal 同名的成员变量，则此成员变量隐藏了父类同名的成员变量，隐藏表示同时存在，只是父类的那个成员变量是看不见的，下列代码分别对 People 的两个同名成员变量进行访问。

```
public class Test{
  public static void main(String []args){
      People p=new People();
      p.nickName="张三";      //访问的是 People 类中重新定义的成员变量
      Animal an=new People();
      An.nickName="李四";     //访问的是在 People 类中从父类继承进来，被隐藏的成员变量
    }
}
```

再看从父类 Animal 继承过来的 speak()方法就不太适合 People 这个类。因为人是讲话，但是继承过来的这个方法是“Animal Speak!”，那么就要对这个方法进行覆盖（重写）。代码如下：

```
class People extends Animal{
    String address  //住处
    //学习的方法
    public void study(){
      …
    }
    //覆盖父类的 speak ( ) 方法
    public void speak(){
        System.out.println("People Talk!");
    }
}
```

从上例可以看出，覆盖父类的方法，要求是方法的声明要完全相同（返回值、方法名、参数列表相同），如果有一个不同，编译器会认为是重新定义了一个方法。例如：

```
public void speak(String name){…}
```

且子类被覆盖的方法的访问权限不能比父类的方法更严格，如子类的覆盖方法如下：

```
private void speak(){…}
```

子类缩小了父类方法的访问权限，这也是错误的，编译器也通过不了。还有很多其他原因，比如：子类覆盖的方法不能抛出比父类方法更多的异常、父类静态方法不能被子类覆盖成非静态方法（子类只能隐藏父类静态方法）、子类也不能把父类非静态方法覆盖成静态方法等。

4.1.3 super 关键字

在上例中，我们访问子类 People 被隐藏的 nickName 成员变量，可以声明一个父类的对象，然后把子类的引用传递给它，再来调用被隐藏的成员变量。还有一种方法就是通过关键字 super 来显式地指明访问成员。在前面章节我们讲到过 this，this 是用来引用当前对象，super 是用来引用当前父类对象。

super 关键字一般在以下三种情况下使用：

（1）用来访问父类中被隐藏的成员变量。

（2）用来调用父类中被重写的方法。

（3）用来调用父类的构造方法。

【例 4-2】super 的用法。

```
class Animal{
   //显式地定义 Animal 类的构造方法
   Animal(){
      System.out.println("一只动物被构造");
   }
   String name;  //定义动物的名称
   //定义动物叫的方法
   public void speak(){
      System.out.println("Animal Speak!");
   }
}
class Dog extends Animal{
   //显式地定义 Dog 类的构造方法
   Dog(){
      System.out.println("一只狗被构造");
   }
   String name;//隐藏了父类同名的成员变量
   //覆盖了父类叫的方法
   public void speak(){
      System.out.println("Wang Wang!");
   }
}
public class Test{
   public static void main(String []args){
      Dog g=new Dog();
      g.speak();
   }
}
```

程序的执行结果如下:

```
D:\>java Test
一只动物被构造
一只狗被构造
Wang Wang!
```

UML 图如图 4-2 所示。

在例 4-2 中，我们在 main()方法里面只是构造了 Dog 类的对象（一只狗），然后通过 Dog 对象去调用 Dog 类的 speak()方法，而结果是先构造了父类对象，再来构造子类对象，再来调用 speak()方法。其实这很容易想通的，因为在现实世界中，在有儿子之前必须先有父亲，在我们的程序中也一样，在有子类对象之前必须先构造父类对象，程序是通过 super 关键字隐式地调用了父类的构造方法，代码如下:

```
  class Dog extends Animal{
   //显式地定义 Dog 类的构造方法
   Dog(){
       super();//调用父类的构造方法
      System.out.println("一只狗被构造");
  }
String name;//隐藏了父类同名的成员变量
   //覆盖了父类叫的方法
```

```
    public void speak(){
        System.out.println("Wang Wang!");
    }
}
```

如果父类含有不带参数的构造方法，那么 super()这句话写不写都可以，如果不写，编译器会自动加上；如果父类没有不带参数的构造方法，我们就要在子类的构造方法体里面的第一条代码显式地写上 super（重载父类构造方法的参数）。

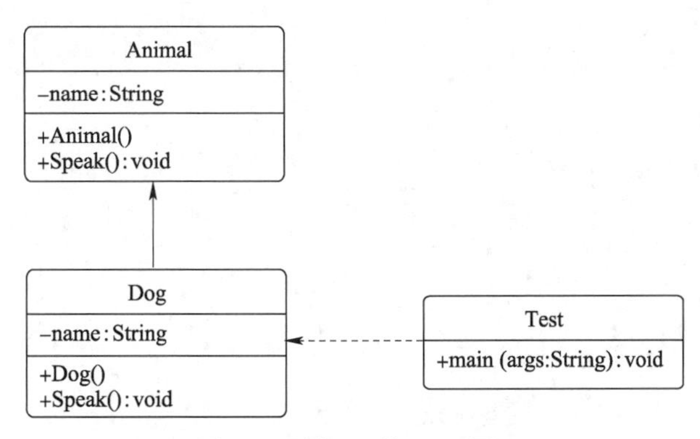

图 4–2　例 4–2 的 UML 图

【例 4-3】通过 super 关键字来调用父类的成员。

```
class Animal{
    String nickName;
    //显示的定义 Animal 类的构造方法
    Animal(){
        System.out.println("一只动物被构造");
    }
    String name;  //定义动物的名称
    //定义动物叫的方法
    public void speak(){
        System.out.println("Animal Speak!");
    }
}
class Dog extends Animal{
    //显示的定义 Dog 类的构造方法
    Dog(){
        super();//调用父类的构造方法
        super.nickName="Kelly"; //调用基类的成员变量
         super.speak(); //调用基类的成员方法。
        System.out.println("一只狗被构造");
    }
String name;//隐藏了父类同名的成员变量
    //覆盖了父类叫的方法
    public void speak(){
        System.out.println("Wang Wang!");
    }
}
public class Test{
    public static void main(String []args){
```

```
        Dog g=new Dog();
        g.speak();
    }
}
```

程序的执行结果如下：

```
D:\>java Test
一只动物被构造
Animal Speak!
一只狗被构造
Wang Wang!
```

UML 图与图 4-2 相同。

实现子类的构造方法时，先调用父类的构造方法，实现子类的 finalize()方法时，先调用子类的，再来调用父类的 finalize()方法，这些我们只需了解就可以，因为对象的析造都有 Java 虚拟机自动完成。

4.1.4 继承设计原则

在 Java 开发中，使用继承性一般遵循以下两条原则：

（1）尽量将公共的属性（成员变量）和行为（成员方法）放在父类中，这样可以通过类的继承实现代码的复用。

（2）某类是另外的类，如果该类的成员对此类适用，不需要过多地进行属性的隐藏和方法的覆盖，可以使用继承关系，但是修改太多就失去了继承的意义。

4.2 多　态　性

“多态性”一词最早用于生物学，指同一种族的生物体具有相同的特性。在面向对象程序设计语言中，多态性是指同一操作作用于不同的类的实例，将产生不同的执行结果，即不同类的对象收到相同的消息时，得到不同的结果。多态性包含编译时的多态性和运行时的多态性。

1. 编译时多态性

编译时多态性的表现，一般为方法的重载，一个类中存在多个相同名字的方法，但方法的参数不同（方法的数据类型、个数和顺序不同），在编译时，根据方法传递过来的实参进行重载。

【例 4-4】编译时多态举例。

```
class Polymorphism{
    //狗叫的方法
    public void speak(Dog g){
        ......
    }
    //猫叫的方法
    public void speak(Cat c){
        ......
    }
}
```

UML 图如图 4-3 所示。

同一种 speak()的方法，当传递的对象不同就产生不同的状态。

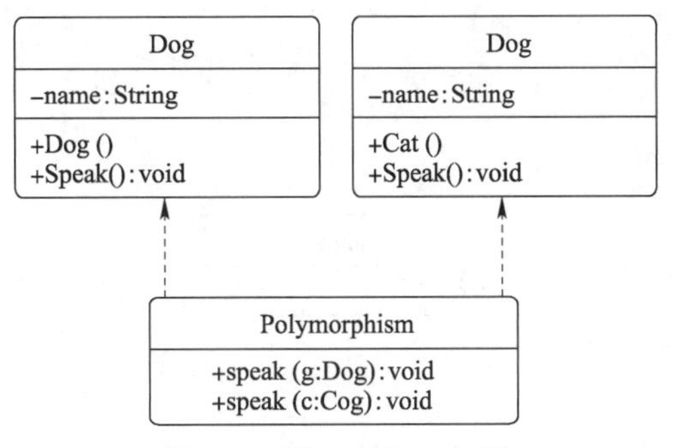

图 4-3　例 4-4 的 UML 图

2. 运行时多态性

运行时多态性也叫动态绑定。当子类从父类继承过来的成员方法，子类不适合时，子类需要重新定义合适自己的成员方法来对父类继承过来的方法进来覆盖。把子类的引用传递给父类对象，然后通过父类的对象去调用子类覆盖父类的方法。最后执行的结果是，哪个类的对象传递父类就调用哪个类的方法。

【例 4-5】运行时多态举例。

```
class Animal{
    //定义动物叫的方法
    public void speak(){
        System.out.println("Animal Speak!");
    }
}
class Dog extends Animal{
    //覆盖了父类叫的方法
    public void speak(){
        System.out.println("Wang Wang!");
    }
}
class Cat extends Animal{
    //覆盖了父类叫的方法
    public void speak(){
        System.out.println("Meow Meow!");
    }
}
public class Test{
    public static void DoSpeak(Animal an){
        an.speak();
    }
    public static void main(String []args){
        Animal a1=new Dog();
        Animal a2=new Cat();
        Animal a3=new Animal();
        DoSpeak(a1);
        DoSpeak(a2);
        DoSpeak(a3);
    }
}
```

程序的执行结果如下：

```
D:\>java Test
```

```
Wang Wang!
Meow Meow!
Animal Speak!
```

UML 图如图 4-4 所示。

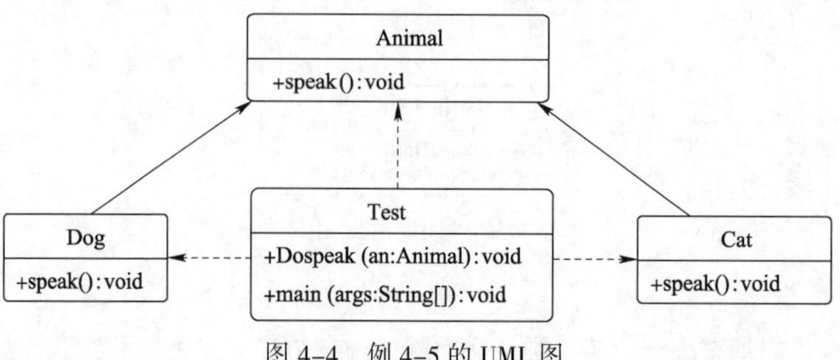

图 4-4　例 4-5 的 UML 图

可以看出，Java 虚拟机在程序运行时调用 DoSpeak( )方法，根据传递的对象不同产生不同的状态。因为狗、猫是动物的一种，所以可以把狗、猫作为动物的一个对象传递给方法，系统自动隐式地转换成动物的对象，这比较合乎自然规律。如果从动物类对象转化为猫类或者是狗类对象时，系统不能自动转换。它需要我们判断该对象指向了谁的引用，然后再通过该引用对象类型进行强制转换。

4.2.1　向上转型和向下转型

子类对象看成父类的对象，叫作向上转型。比如例 4-5 中，狗可以看作动物，猫也可以看做动物。如果把父类对象经过判断后转换成子类的类型，称为向下转型。其中判断的关键字是 instanceof，举例如下：

```
public static void main(String []args){
    Animal an=new Dog();
    Dog g;
    if(an instanceof Dog){
        g=(Do)an; //经过判断后可以把动物的对象转换成狗
    }
}
```

4.2.2　final 类

所有的类都是直接或者间接从 Object 类继承，Object 类是所有类的祖先。如果一个类使用 final 类修饰的话，该类不能再被继承，即不能有子类。继承性虽然给我们带来了很多好处，同时也破坏了类的封装，有时为了程序的安全性，可以将一些重要的类声明为 final 类。SUN 提供的 System 类、String 类都是 final 类。定义 final 类的基本格式如下：

```
final class 类名{
    … …
}
```

【例 4-6】final 类的举例。

```
public final class FinalDemo{
    private String msg="这是 final 类";
    public static void main(String []args){
        FinalDemo fd=new FinalDemo();
```

```
        System.out.println(fd.msg);
    }
}
```

如果把一个方法加上修饰符 final 的话，那表示该方法不能被覆盖。例如：

```
public final void speak(){… …}
```

用 final 修饰符也可以修饰静态变量、成员变量和局部变量，分别表示静态常量、实例常量和局部常量，不能被修改。

【例 4-7】final 修饰的变量。

```
public class People{
    public static final int MAX_AGE=100; //表示静态常量
    public final Date Birthday;          //表示实例常量
}
```

4.3 应用案例

【案例 4-1】设计一个类 Test，里面有三个静态的内部类 animanals、Dog 和 Cat，Dog 和 Cat 类从 animanals 类继承，并重写父类相关的方法实现多态性。

```
public class Test {
    static class animanals {
        protected String name;
        animanals(String name) {
            this.name=name;
        }
        public void Sleep() {
        }
        public void Speak() {
        }
    }
    static class Dog extends animanals {
        Dog(String name) {
            super(name);
        }
        public void Sleep() {
            System.out.println("狗的睡觉方式");
        }
        public void Speak() {
            System.out.println("狗的吼叫方式");
        }
    }
    static class Cat extends animanals {
        Cat(String name) {
            super(name);
        }
        public void Sleep() {
            System.out.println("猫的睡觉方式");
        }
        public void Speak() {
            System.out.println("猫的吼叫方式");
```

```
        }
    }
    public static void main(String args[]) {
        animanals a=new Dog("旺财");
        a.Sleep();
        a.Speak();
        animanals a1=new Cat("汤姆");
        a1.Sleep();
        a1.Speak();
    }
}
```

UML 图如图 4-5 所示。

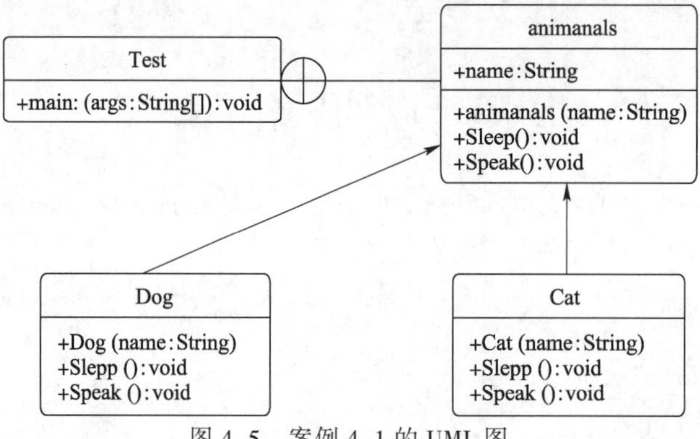

图 4-5　案例 4-1 的 UML 图

【案例 4-2】 编写两个类，getToKnowConstructingOrder 类从 parent 继承，根据以下程序分析子类与父类程序执行的顺序。

```
class parent {
    int i=9;// 定义初始化
    int j;
    parent() {
        System.out.println("i="+i);
        j=39;
        System.out.println("j="+j);
    }
    static int x=prt("static parent.x initialized.");// 静态定义初始化
    static int prt(String s) {
        System.out.println(s);
        return 47;
    }
}
public class getToKnowConstructingOrder extends parent {
    int k = prt("getToKnowConstructingOrder.k initialized.");// 定义初始化
    getToKnowConstructingOrder() {
        prt("k="+k);
        prt("j="+j);
    }
    // 静态定义初始化
    static int y=prt("getToKnowConstructingOrder.y initialized.");
    static int prt(String s) {
```

```
        System.out.println(s);
        return 63;
    }

    public static void main(String[] args) {
        prt("getToKnowConstructingOrder constructor.");
        getToKnowConstructingOrder s=new getToKnowConstructingOrder();
    }
}
```

执行结果：

```
static parent.x initialized.                    1
getToKnowConstructingOrder.y initialized.       2
getToKnowConstructingOrder constructor.         3
i = 9                         4
j = 39                        5
getToKnowConstructingOrder.k initialized.       6
k = 63                        7
j = 39                        8
```

UML 图如图 4-6 所示。

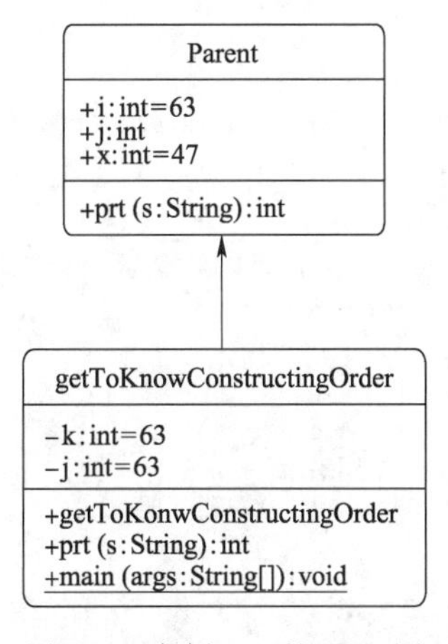

图 4-6　案例 4-2 的 UML 图

详细运行过程分析：首先，要执行 getToKnowConstructingOrder 里面的 main()，需要加载 main() 所在的.class 文件，在加载的过程中，JVM 发现 getToKnowConstructingOrder 有父类，所以首先加载 parent 类的.class 文件，形成 parent 类对象，实现对 parent 类中静态成员的初始化，于是出现了结果 1，然后 parent 类的.class 文件加载完毕，重新回来继续加载 getToKnowConstructingOrder 类的.class 文件，形成 getToKnowConstructingOrder 类对象，该对象对 getToKnowConstructingOrder 类中的静态成员完成初始化，出现了结果 2。

由于执行 main()函数需要的所有类的.class 文件都已经完成了加载，开始执行 main()函数，于是出现了结果 3，要实例化一个 getToKnowConstructingOrder 实例（即完成非静态成员的定义初始化，接着完成调用构造函数），必须先实例化一个 parent 类，于是出现了结果 4、5，此时父类的实例化完成，回来接着进行子类的实例化，于是出现了结果 6、7、8。

这里还有一些细节：子类不会自动调用父类的静态方法，除非用 super.prt()。

Java 程序执行包括加载类和实例化类两个阶段。

加载类阶段与实例化类阶段都是按照先父类、后子类的顺序进行。

加载类完成，立即形成 Class 类的一个对象，名字就是所加载类的类名，然后，该 Class 类的对象完成所加载类的静态成员的初始化。

JVM 启动的时候就加载了 Class 类，并且分配空间，完成了相关的初始化。

一个类的静态成员并不存在于 new 声明的堆区空间中，而是存在该类对应的 Class 类对象的空间里。

【案例 4-3】设计四个类，类 Father 从 Grandfather 继承，类 Son 从 Father 继承，分析它们间的构造方法执行过程。

```
class Grandfather {
    public Grandfather() {
        System.out.println("This is Grandfather!");
    }
    public Grandfather(String s) {
        System.out.println("This is Grandfather" + s);
    }
}
class Father extends Grandfather {
    public Father() {
        System.out.println("This is Father!");
    }
    public Father(String s) {
        System.out.println("This is Father!" + s);
    }
}
class Son extends Father {
    public Son() {
        System.out.println("This is Son!");
    }
    public Son(String s) {
        System.out.println("This is Son" + s);
    }
}
public class Construct {
    public static void main(String[] args) {

        Son son=new Son();
        System.out.println("**********************************");
        Son son1=new Son("**==**");
    }
}
```

执行结果：

```
This is Grandfather!
This is Father!
This is Son!
**********************************
This is Grandfather!
This is Father!
This is Son**==**
```

UML 图如图 4-7 所示。

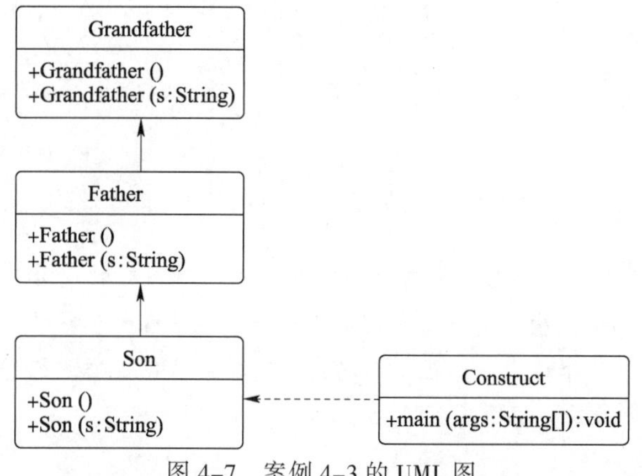

图 4-7　案例 4-3 的 UML 图

从控制台输出的结果可以看出，当执行子类时，都是去找它的父类的默认的构造方法，先执行父类的构造方法，再执行子类的本身。

针对以上情况，我们现在做个修改，改其中的一个类的代码如下：把 Grandfather 类显式写出的默认构造方法注释掉。

```
public class Grandfather {
    // public Grandfather(){
    // System.out.println("This is Grandfather!");
    // }
    public Grandfather(String s) {
        System.out.println("This is Grandfather" + s);
    }
}
```

如果用的是 IDE 开发工具，可以很快就发现，继承这个 Grandfather 类的 Father 类已经报错了。

我们可以得出结论：

如果不指定的情况下，子类有多个构造方法的时候，父类可以没有构造方法，或者最少有一个显式写出的默认构造方法供子类构造方法调用。

如果要指定子类调用父类的某个构造方法，则要把代码改写如下：

```
public class Father extends Grandfather {
    public Father() {
        super("**ss**");
        System.out.println("This is Father!");
    }
    public Father(String s) {
        super(s);
        System.out.println("This is Father!" + s);
    }
}
```

作为子类的 Father 类，指定了调用父类 Grandfather 类的 Grandfather(String s)构造函数。执行 Construct.java 控制台输出为：

```
This is Grandfather**ss**
This is Father!
This is Son!
**********************************
```

```
This is Grandfather**ss**
This is Father!
This is Son**==**
```


小 结

本章介绍了类的继承的基本概念和基本语法。子类可以对父类的成员进行隐藏或者覆盖。关键字 this 是指当前对象，super 是指父类对象。父类不允许子类继承或者不想子类覆盖其成员时，需要使用关键字 final。最后重点介绍了多态性中的动态绑定，它是在程序运行时，根据传递子类引用不同，执行不同的操作，从而增加程序的灵活性。

习 题

一、填空题

1. 在 Java 程序语言中，它允许在一个 class 中有几个方法，都有相同的名字，这种用法称为______________。

2. Java 中______________方法与类名相同，没有返回值，在创建对象实例时由 new 运算符自动调用。

3. Java 中常量定义的修饰符是______________。

4. ______________是一种由已有的类创建新类的机制。

5. Java 中由继承而得到的类称为______________，被继承的类称为父类。

6. Java 中不支持______________继承。

7. 在类的声明中，通过使用关键字______________来创建一个类的子类。

8. Java 中，一个类可以有______________个父类。

9. 子类自然地继承了其父类中不是______________的成员变量作为自己的成员变量。

10. 当子类中定义的成员变量和父类中的成员变量同名时，子类的成员变量______________了父类的成员变量。

11. 子类通过成员变量的隐藏和方法的______________可以把父类的状态和行为改变为自身的状态和行为。

12. 如果一个类的声明中没有使用 extends 关键字，这个类被系统默认为是______________的子类。

13. ______________类不能被继承，即不能有子类。

二、填空题

1. 在某个类 A 中存在一个方法：void GetSort(int x)，以下能作为这个方法的重载的声明的是(　　)。

A. Void GetSort(float x)　　B. int GetSort(int y)
C. double GetSort(int x, int y)　　D. void Get(int x,int y)

2. 为了区分重载多态中同名的不同方法，要求(　　)。

A. 采用不同的形式参数列表　　B. 返回值类型不同
C. 调用时用类名或对象名做前缀　　D. 参数名不同

3. 下列选项中，用于在定义类头时声明父类名的关键字是(　　)。

A. return　　B. interface　　C. extends　　D. class

4. 下列说法是正确的是：（　　）

A. 子类不能定义和父类同名同参数的方法

B. 子类只能继承父类的方法，而不能重载

C. 重载就是一个类中有多个同名但有不同形参和方法体的方法

D. 子类只能覆盖父类的方法，而不能重载

5. 关于类的继承，以下说法错误的是（　　）。

A. 在 Java 中类只允许单一继承

B. 在 Java 中一个类可实现多个接口

C. 在 Java 中一个类可以同时继承一个类和实现一个接口

D. Java 允许多重继承

6. Java 语言的类间的继承关系是（　　）。

A. 多重的　　B. 单重的　　C. 线程的　　D. 不能继承

7. 为了区分重载多态中同名的不同方法，要求（　　）。

A. 采用不同的形式参数列表　　B. 返回值类型不同

C. 调用时用类名或对象名做前缀　　D. 参数名不同

8. 设有下面两个类的定义：

```
class Person {
    long   id;     // 身份证号
    String name;   // 姓名
}

class Student extends Person {
    int score;  // 入学总分
    int getScore(){
        return score;
    }
}
```

则类 Person 和类 Student 的关系是（　　）。

A. 包含关系　　B. 继承关系

C. 关联关系　　D. 上述类定义有语法错误

9. 在 Java 中，一个类可同时定义许多同名的方法，这些方法的形式参数个数、类型或顺序各不相同，传回的值也可以不相同。这种面向对象程序的特性称为（　　）。

A. 隐藏　　B. 覆盖　　C. 重载　　D. Java 不支持此特性

10. A 派生出子类 B，B 派生出子类 C，并且在 Java 源代码中有如下声明：

```
1.        A  a0=new  A();
2.        A  a1 =new  B();
3.        A  a2=new  C();
```

以下哪个说法是正确的？（　　）

A. 只有第 1 行能通过编译

B. 第 1、2 行能通过编译，但第 3 行编译出错

C. 第 1、2、3 行能通过编译，但第 2、3 行运行时出错

D. 第 1 行、第 2 行和第 3 行的声明都是正确的

11. 假设 A 类有如下定义，设 a 是 A 类的一个实例，下列语句调用哪个是错误的？（　　）

```
class A{
   int i;
   static String s;
   void method1() {  }
   static void method2() {  }
}
```

A. System.out.println(a.i); B. a.method1();

C. A.method1(); D. A.method2();

三、程序输出题

1. 阅读下面的程序:

```
public class test{
    public static void main(String argv[]){
        Bird b=new Bird();
        b.Fly(3);
    }
}
class Bird{
    static int Type = 2;
    private void Fly(int an_Type){
        Type = an_Type;
        System.out.println("Flying..."+Type);
    }
}
```

上面的程序编译是否成功?如果编译出错,指出哪行出错,并说明理由;如果编译正确,运行结果是什么?

2. 阅读下面的程序:

```
abstract class Base{
    abstract public void myfunc();
    public void another(){
        System.out.println("Another method");
    }
}
public class Abs extends Base{
    public static void main(String argv[]){
        Base b=new Abs();
        b.another();
    }
    public void myfunc(){
        System.out.println("My Func");
    }
    public void another(){
        myfunc();
    }
}
```

以上程序经编译后,运行结果是什么?

3. 写出以下程序的运行结果。

```
public  class  Test_2{
    public static void main(String[ ]  args){
        System.out.println( fun(3, 4, 5) );
    }
    static int  fun(int x, int y, int z){
        return  fun( x, fun(y,z) );
    }
    static  int  fun(int x,int y){
        return x*y;
```

```
    }
}
```

4. 阅读以下程序，写出输出结果。

```
class  First{
   public  First(){
      aMethod();
   }
   public  void  aMethod(){
      System.out.println("in  First  class");}
   }
public  class  Second  extends  First{
   public  Second(){
      aMethod();
   }
   public  void  aMethod(){
      System.out.println("in  Second  class");
   }
   public static void main(String[ ]  args){
      new  Second( );
   }
}
```

5. 阅读下面的程序，写出输出结果。

```
import  java.io.*;
public  class  Test {
   public static void main(String args[]){
      Cylinder c=new Cylinder(2, 5);
      System.out.println(c.toString());
   }
}
class  Circle{
   final float PI=3.14159f;
   double radius;
   public Circle (double  r){
      radius=r;
   }
   public double getRadius() {
      return radius;
   }
   public double  findArea() {
      return PI*getRadius()*getRadius();
   }
}
class Cylinder extends Circle {
   double heigth;
   public Cylinder(double r, double h ){
      super(r);
      heigth=h;
   }
   public double findvolume(){
      double volume;
      volume=this.findArea()*heigth;
```

```
        return volume;
    }
    public String toString(){
        String slt="";
        slt="The cylinder information:radius="+
        String.valueOf(this.radius)+",heigth="+
        String.valueOf(this.heigth)+",volume="+
        String.valueOf(this.findvolume());
        return slt;
    }
}
```

6. 阅读下面的程序：

```
class Super{
    public int i=0;
    public Super(){
        i=1;
    }
}
public class Sub extends Super{
    public Sub(){
        i=2;
    }
    public static void main(String args[]){
        Sub s=new Sub();
        System.out.println(s.i);
    }
}
```

上面的程序经编译后，运行结果是什么？

7. 阅读下面的程序：

```
class ValHold{
    public int i=10;
}
public class ObParm{
    public static void main(String argv[]){
        ObParm o = new ObParm();
        o.amethod();
    }
    public void amethod(){
        int i=99;
        ValHold v=new ValHold();
        v.i=30;
        another(v,i);
        System.out.print(v.i);
    }
    public void another(ValHold v, int i){
        i=0;
        v.i=20;
        ValHold vh=new ValHold();
        v= vh;
        System.out.print(v.i);
        System.out.print(i);
    }
}
```

上面程序编译是否成功？如果编译出错，指出哪行出错，并说明理由；如果编译正确，运行结果是什么？

8. 请写出下面程序的运行结果。

```
public class Test extends TT{
    public void main(String args[]){
        Test t=new Test("Tom");
    }
    public Test(String s){
        super(s);
        System.out.println("How do you do?");
    }
    public Test(){
        this("I am Tom");
    }
}
class TT{
    public TT(){
        System.out.println("What a pleasure!");
    }
    public TT(String s){
        this();
    System.out.println("I am "+s);
    }
}
```

四、问答题

1. 阅读下面的程序（或程序片段），回答问题。

现有类说明如下:

```
class A{
        int x=10;
        int GetA(){return x;}
}
class B extends A
{
        int x=100;
        int GetB(return x;}
}
```

问题:

（1）类 A 与类 B 是什么关系？

（2）类 B 是否能继承类 A 的属性 x？

（3）若 b 是类 B 的对象，则 b.GetA()的返回值是什么？

（4）若 b 是类 B 的对象，则 b.GetB()的返回值是什么？

（5）类 A 和类 B 都定义了 x 属性，这种现象称为什么？

2. 构造方法在类中的作用是什么？

3. 在创建派生类的对象的时候，基类与派生类中构造方法的调用顺序是怎样的？

4. 什么是方法的重载？

五、编程题

编写一个完整的 Java Application 程序。包含类 Circle、类 Cylinder、类 Test，具体要求如下：

（1）类 Circle:

① 属性：radius， double 型，表示圆的半径。

② 方法：

- Cirle(double r)：构造函数，将半径初始化为 r。
- double findArea()：返回圆的面积。
- double getRadius ()：返回圆的半径。

（2）类 Cylinder，继承 Circle 类，并有以下属性和方法：

① 属性：length，double 型，表示圆柱体的高。

② 方法：

- Cylinder(double r, double l)：构造函数，给圆柱体的半径和高赋初值。
- double findVolume()：返回圆柱体的体积。
- toString()：返回圆柱体的半径、高、体积等信息。

（3）主类 Test:

① 生成 Cylinder 对象。

② 调用对象的 toString()方法，输出对象的描述信息。

第 5 章 抽象类与接口

抽象是从现实事物中抽取出共同的、本质性的特征上，而舍弃其非本质的特征。类是对对象的抽象，抽象类是对类再一次抽象，它是实现程序多态性的一种手段。接口只是一个行为的规范或规定。

5.1 抽 象 类

前面章节中我们讲到类的继承，当子类从父类继承过来的方法不太适合时，需要对父类的方法进行覆盖。通过继承的设计原则，我们通常把一些具有公共属性和行为的类再一次抽象，形成一个公共的父类，子类从父类继承时，对父类的方法进行覆盖，这样的好处就是当子类的引用传递给父类对象时，通过父类对象调用的方法，可以根据是谁传递的引用来执行谁的方法，就形成了多态，使我们的代码更加灵活。但此时父类的方法一般都会被子类覆盖，那么我们没有必要在父类实现此方法，只需声明此方法就可以。只有声明没有实现的方法叫抽象方法，包含抽象方法的类叫抽象类。在现实世界中，可以定义成抽象类的例子很多。比如，苹果、香蕉、梨等类别再一次抽象成水果类。

在 Java 语言中，用关键字 abstract 修饰的类叫抽象类，用 abstract 修饰的方法叫抽象方法，其格式如下：

```
abstract  class  类名{
    //表示抽象方法
    public abstract void 方法名();
    … …
}
```

【例 5-1】定义一个抽象类。

```
abstract class Fruit{
   public abstract void eat();
}
```

抽象类不能直接被实例化，所以抽象类只能作为基类。在现实世界中，也找不出水果这个个体，平时把苹果、香蕉、梨等叫成水果，只不过是自动向水果对象转化了。

如果将例 5-1 中的抽象类直接实例化：

```
Fruit f=new Fruit();
```

编译器会提示 Fruit 是抽象的，无法对其进行实例化。只能对抽象类的对象进行声明，然后通过子类的引用传递给它。

【例 5-2】水果类有个子类叫苹果，它实现水果类中抽象的方法。

```
abstract class Apple extends Fruit{
    public abstract void eat(){
        System.out.println("Apple is very good!");
    }
}
//测试类
public class Test{
    public static void main(String []args){
        Fruit f=new Apple();
        f.eat();
    }
}
```

程序的执行结果是：Apple is very good!

UML图如图5-1所示。

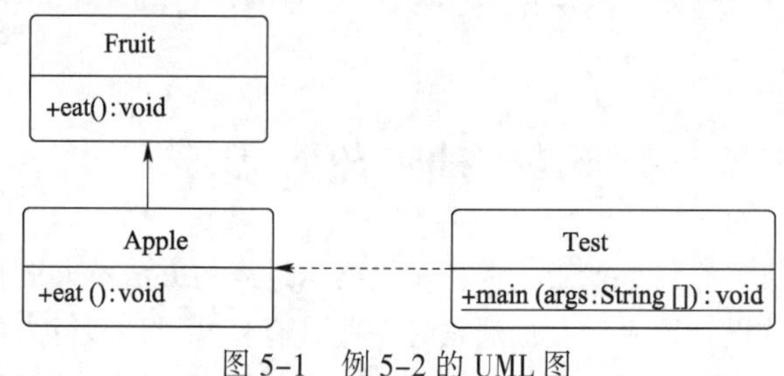

图5-1　例5-2的UML图

例5-2中，Apple类中的eat()方法对父类的抽象方法eat进行了实现（覆盖）。那什么叫抽象方法呢？

抽象方法只有方法声明，没有方法的实现，即没有一对大括号，但在声明的时候一定要加上关键字abstract，如果在声明的时候没有加上abstract，那么方法一定要有一对大括号。含有抽象方法的类一定是抽象类，但是抽象类不必一定含有抽象方法。当一个抽象类被子类继承时，子类要么实现父类所有抽象方法，或者子类也要被声明为抽象的。抽象类只能被当成基类，被子类去继承，而不能声明为final。

5.2　接　　口

在一个面向对象的系统中，系统的各种功能是由许多不同对象协作完成的。各个对象内部是如何实现的，对系统设计人员来讲不那么重要，而对象之间的协作关系则成为系统设计的关键。接口技术越来越受到人们重视，也成为面向对象技术的一个重要组成部分。其实接口可以理解为是一种规范、约束，它的作用是将"做什么""怎么做"进行分离。虽然代码量增加了，但是这样做给Java带来更大的灵活性，程序可维护性增强。程序像计算机一样可以拆分成很多组件，计算机的哪个组件不太好可以直接拔出来更换，程序也是一样，觉得这个子类实现得不好，可以重新修改，而前台的代码可以不变。当然接口的好处不仅是这些，还有很多用处，下面会详细讲到。

5.2.1　接口的定义

接口主要就是方法定义和常量值的集合。接口是一种特殊的抽象类，这种抽象类里面的方法全部都是抽象方法。接口的定义语法如下：

```
[访问修饰符] interface <接口名>{
```

```
    常量数据成员声明;
    抽象方法声明;
}
```

既然接口也是一种特殊的类，那么接口也可以继承接口。但是与类不同的是：类只允许单继承，接口可以继承多个接口。在上述语法中，访问修饰符可以是 public，也可以缺省，缺省状态的修饰符只能在同一个包里面才能访问。常量数据成员定义如下：

```
public static final int MAX_AGE=90;
```

抽象方法声明定义如下：

```
public abstract void test();
```

上述代码也等价于：

```
int MAX_AGE=90;
void test();
```

根据平时程序开发的习惯，建议大家用后者。

【例 5-3】接口定义举例。

```
interface IFood{
    int MAX_WEIGHT=2;
    void eat();
}
```

UML 图如图 5-2 所示。

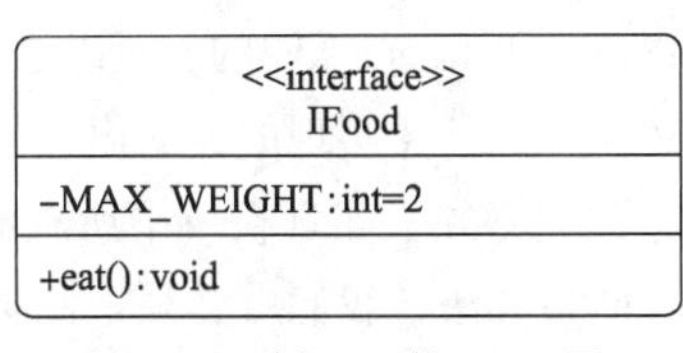

图 5-2　例 5-3 的 UML 图

5.2.2　接口的实现

接口只是定义了某一特定功能的规范，而并没有真正地实现此功能，我们可以使用类来实现此接口，也可以让此接口被其他接口继承。接口的实现和类的继承差不多，只不过这里用到的关键字是 implements。基本语法如下：

```
[修饰符] class <类名> [extends 父类名] [implements接口列表]{
    //接口全部方法的覆盖
}
```

其中：

修饰符：子类的访问权限，如果子类没有完全实现接口的方法时，此类则为抽象类，必须声明为 abstract，如果一个类里面含有抽象方法，则此类必须声明为抽象类。

每个类只支持单继承，并且可以实现多个接口，当一个类既要继承某个类又要实现某些接口，我们必须把继承类写在前面，实现接口放在继承后面。如果实现多个接口，可以用逗号把接口与接口之间分隔开来。

【例 5-4】编写一个实现接口 IFood 的类。

```
class IFoodImpl implements IFood{
        public void eat(){
            System.out.println("Food is very good!");
        }
```

```
    }
    public class Test{
        public static void main(String []args){
            IFood food=new IFoodImpl();
            food.eat();
        }
    }
```

UML 图如图 5-3 所示。

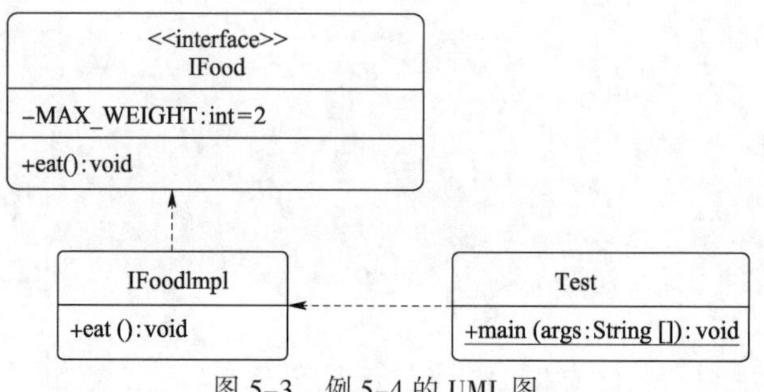

图 5-3　例 5-4 的 UML 图

例 5-4 讲的是 IFood 接口被类 IFoodImpl 类实现，当一个类去实现某个接口应注意以下几点：

（1）虽然实现与继承差不多，但是在一个类实现某个接口时，应在此类声明的部分用 implements 关键字来声明要实现的接口。

（2）因为接口中所有方法都是 public abstract 声明的，所以子类去实现（覆盖）接口中抽象方法时，我们不能缩小它的访问权限，必须要把子类实现的方法声明为 public。

（3）当一个类实现某个接口时，此类必须去实现接口中所有的抽象方法，否则如果接口中某个抽象方法没有实现，那么此类就含有抽象方法，我们就必须把此类声明为抽象的。

5.3　抽象类与接口的应用

接口是一种特殊的抽象类，但两者有很大的差别。可能有很多读者在何时使用抽象类与接口之间很模糊，甚至很随意选择使用抽象类或者是的接口。

其实抽象类与接口选择并不是随意的，而是有原则性的。对象的行为和对象的实现这两个概念很重要。如果某个实体可以有多种实现方式时，则在设计实体行为的描述方式时，应当达到这样一个目标：在使用实体的时候，无须详细了解实体行为的实现方式。也就是说，要把对象的行为和对象实现分离开来。但是抽象类与接口都可以不提供具体的实现方法，在分离对象的行为和对象的实现时，应该怎样选择呢？

在接口和抽象类的选择上，必须遵循这样一个原则：行为模型应该总是通过接口而不是抽象类定义的。

比如要为某品牌热水器设计一个软件，该软件包含一个加热装置（Device）实体。我们对该加热装置的温度比较关心，可以把加热装置的行为定义如下：

```
public abstract Device{
    public abstract double getTemperature();
}
```

以 Device 抽象类为基础可以构造多种具体实现，例如太阳光加热装置（SunDevice）、电加热装置（ElectricityDevice）等，对于太阳光热水器，需要有太阳的照射，客户要求还得加一个行为，取得照射时间，代码如下：

```
public abstract SunDevice extends Device{
    public abstract double getTime();
}
```

同样对于电加热装置，是依靠电来进行驱动的，客户也要求加一个取得耗电量的行为，代码如下：

```
public abstract ElectricityDevice{
    public abstract double getElectricity();
}
```

如果我们要检查某台热水器是电热水器还是太阳能热水器，只要通过以下代码就能知道：

```
if(热水器对象 instanceof  SunDevice)
```

或者是

```
if(热水器对象 instanceof  Electricity)
```

不管是哪种类型的热水器，温度这个参数都很重要，所以在所有派生的抽象类中都从基类继承过来了 getTemperature()方法，最后软件设计完交付使用。

随着时间的推移，该品牌热水器又推出了新的系列，它是一种既有太阳光加热又有电加热的光电热水器。太阳光加热和电加热本身没有变化，但是新的加热装置同时支持这两种行为。我们在考虑如何定义新型加热装置时，接口和抽象类的差别就开始显现出来。新的目标是在增加新型加热装置的前提下尽量少改动代码。我们给新的光电热水器定义一个 DoubleDevice 抽象类。如果让 DoubleDevice 直接从抽象类 Device 派生，那么通过 instanceof 判断，它既不是 SunDevice 的对象也不是 Electricity 的对象，如果让 DoubleDevice 直接从 SunDevice 或者是从 Electricity 继承，那么它也不能同时满足既是太阳光热水器又是电热水器。如果要实现，就必须让 DoubleDevice 同时从两个抽象类（Sundevice、Electricity）继承，但是在 Java 中类只允许单继承，抽象类更是如此。我们可以想想为什么会出现这样问题，其根本原因在于使用抽象类不仅意味着定义特定的行为，而且意味着定义实现的模式。也就是说，应该定义一个加热装置如何获得行为的模型，而不仅仅是声明加热装置具有的某一行为。下面通过接口建立行为模型。

【例 5-5】接口建立行为模型。

```
public interface Device{
    public double getTemperature();
}
public interface SunDevice extends Device{
    public abstract double getTime();
}
public interface ElectricityDevice extends Device{
    public abstract double getElectricity();
}
```

现在这种新型热水器的加热装置可以描述为：

```
public abstract DoubleDevice implements SunDevice,Electricity{   }
```

UML 图如图 5-4 所示。

DoubleDevice 只继承行为定义，而不是行为的实现模式，在使用接口的同时仍旧可以使用抽象类，不过这时抽象的作用是实现行为，而不是定义行为。只要实现行为的类遵循接口定义，即使它改变了父抽象类，也不用改变其他代码与之交互的方式。特别是对于公用的实现代码，抽象类有它的优点。抽象类能够保证实现的层次关系，避免代码重复使用。然后，即使在使用抽象类的场合，也不要忽视通过接口定义行为模型的原则。从实践的角度来看，如果依赖于抽象类来定义行为，往往导致过于复杂的继承关系，而通过接口定义行为能够更有效地分离行为与实现，为代码的维护和修改带来方便。

总之，抽象类用来实现行为，接口用来定义行为。

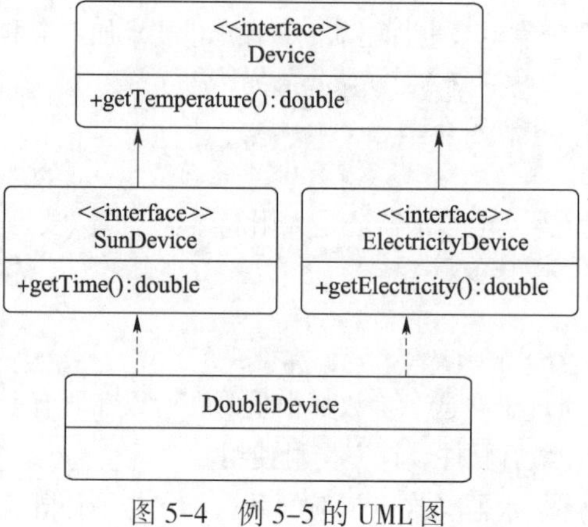

图 5-4 例 5-5 的 UML 图

5.4 应用案例

【案例 5-1】利用面向对象程序设计的思想来实现两个数的加法和减法——以复数为例。

```
//定义两个数操作的接口
interface IOperator{
        //声明一个数的加法
    void addition(Object o1,Object o2);
        //声明一个复数的减法
    void subtraction(Object o1,Object o2);
        //声明一个打印结果的方法
    void printResult(Object o);
}
//定义一个复数类型
class Complex{
    private int real;          //复数的实部
    private int imaginary;     //复数的虚部
    //定义访问实部、虚部的方法
    public int getReal(){
        return real;
    }
    public void setReal(int real){
        this.real=real;
    }
    public int getImaginary(){
        return imaginary;
    }
    public void setImaginary(int imaginary){
        this.imaginary=imaginary;
    }
}
//实现接口的复数操作
class OperatorComplexImpl implements IOperator{
        public void addition(Object o1,Object o2){
            Complex c=new Complex();
```

```
            Complex c1=(Complex)o1;
            Complex c2=(Complex)o2;
            c.setReal(c1.getReal()+c2.getReal());
            c.setImaginary(c1.getImaginary()+c2.getImaginary());
            printResult(c);
        }
        public void subtraction(Object o1,Object o2){
            Complex c=new Complex();
            Complex c1=(Complex)o1;
            Complex c2=(Complex)o2;
            c.setReal(c1.getReal()-c2.getReal());
            c.setImaginary(c1.getImaginary()-c2.getImaginary());
            printResult(c);
        }
        //打印复数的方法
        public void printResult(Object o){
            Complex c=(Complex)o;
            System.out.println(c.getReal()+"+"+c.getImaginary()+"i");
        }
}
public class ObjectDemo{
        public static void main(String []args){
            //初始两个复数
            Complex c1=new Complex();
            c1.setReal(2);
            c1.setImaginary(3);
            Complex c2=new Complex();
            c2.setReal(3);
            c2.setImaginary(4);
            IOperator o=new OperatorComplexImpl();
            o.addition(c1,c2);
            o.subtraction(c1,c2);
        }
}
```

程序的运行结果如下：

```
C:\1>javac ObjectDemo.java
C:\1>java ObjectDemo
5+7i
-1+-1i
```

【案例 5-2】饲养员给动物喂食物。体现 Java 中的面向对象思想、接口（抽象类）的用处。

```
package com.wepull.demo;
interface Animal{
    public void eat(Food food);
}
class Cat implements Animal{
    public void eat(Food food){
        System.out.println("小猫吃"+food.getName());
    }
}
class Dog implements Animal{
    public void eat(Food food){
        System.out.println("小狗啃"+food.getName());
```

```
    }
}
Abstract class Food{
    protected String name;
    public String getName() {
        returnname;
    }
    Public void setName(String name) {
        this.name=name;
    }
}
class Fish extends Food{
    public Fish(String name) {
        this.name=name;
    }
}
class Bone extends Food{
    public Bone(String name) {
        this.name=name;
    }
}
class Feeder{
    public void feed(Animal animal,Food food)
    {
        animal.eat(food);
    }
}
Public class TestFeeder {
    Public static void main(String[] args) {
        Feeder feeder=new Feeder();
        Animal animal=new Dog();
        Food food=new Bone("肉骨头");
        feeder.feed(animal,food); //给狗喂肉骨头
        animal=new Cat();
        food=new Fish("鱼");
        feeder.feed(animal,food); //给猫喂鱼
    }
}
```

【案例 5-3】编写一个复数类 Complex。该类有属性 realpart 和 imaginpart，分别表示实部和虚部。该类还有修改设置（set）和读取（get）属性 realpart()和 imaginpart()的方法。编写一个抽象类 Compute。该类有属性 a 和 b，它们的数据类型为 Complex，代表参加运算的 2 个复数。该类还提供一个子类进行计算的抽象方法 abstract void solve()。编写一个 ComplexAdd 类，它继承自抽象类 Compute。该类有继承自父类的属性 Complex a,b 及方法 void solve()计算两个复数相加并输出结果。编写一个 ComplexSub 类，它继承自抽象类 Compute。该类有继承自父类的属性 Complex a,b 及方法 void solve()计算两个复数相减并输出结果。编写一个测试类 TestComplex，其包含 main()方法。定义两个复数，实现两个复数的加减运算。

```
package example;
import java.util.Scanner;
 class Complex {
 private int realPart;
```

```
    private int imaginPart;
    public int getRealPart() {
     return realPart;
    }
    public void setRealPart(int realPart) {
     this.realPart=realPart;
    }
    public int getImagPart() {
     return imaginPart;
    }
    public void setImagPart(int imagPart) {
     this.imaginPart=imagPart;
    }
    public Complex plus(Complex c){
     int real=this.realPart+c.realPart;
     int imag=this.imaginPart+c.imaginPart;
     Complex result=new Complex();
     result.setRealPart(real);
     result.setImagPart(imag);
     return result;
    }
    public Complex minus(Complex c){
     int real=this.realPart-c.realPart;
     int imag=this.imaginPart-c.imaginPart;
     Complex result=new Complex();
     result.setRealPart(real);
     result.setImagPart(imag);
     return result;
    }
    public String format(){
     if(this.imaginPart<0){
      return this.realPart+(this.imaginPart+"i");
   }else{
      return this.realPart+"+"+this.imaginPart+"i";
     }
    }
    }
    public class TestComplex{
    public static void main(String[] args) {
     System.out.println("请输入第一个复数(格式: a+bi): ");
     Scanner in=new Scanner(System.in);
     String complex1=in.nextLine();
     System.out.println("请输入第二个复数(格式: a+bi): ");
     String complex2=in.nextLine();
     Complex c1=new Complex();
     Complex c2=new Complex();
     String[] c1Arr=complex1.split("\\+");
     int real1=Integer.parseInt(c1Arr[0]);
     int imag1=Integer.parseInt(c1Arr[1].substring(0, 1));
     c1.setRealPart(real1);
     c1.setImagPart(imag1);
     String[] c2Arr=complex2.split("\\+");
```

```java
 int real2=Integer.parseInt(c2Arr[0]);
 int imag2=Integer.parseInt(c2Arr[1].substring(0, 1));
 c2.setRealPart(real2);
 c2.setImagPart(imag2);
 System.out.println("第一个复数+第二个复数:"+c1.plus(c2).format());
 System.out.println("第一个复数-第二个复数:"+c1.minus(c2).format());
}}
```


小　结

本章介绍的是抽象类与接口。虽然接口是一种特殊的抽象类，但是两者之间存在很大的不同。接口里面的方法全部都是 public、abstract 来修饰的，而抽象类则不同，它可以有抽象方法也可以没有抽象方法。当子类对父类的方法不“满意”需要对父类方法重写时，此时我们可以将父类方法声明为抽象方法，从而避免在定义的时候我们去实现它。抽象类是把类作成对象进行一步抽象。它只允许单继承，而接口允许一个类实现多个接口，接口可以多继承。接口的引入是对代码的解耦合，因为它只需描述系统能做什么，至于怎么做由实现类来实现。

习　题

一、填空题

1. ______________类不能创建对象，必须产生其子类，由子类创建对象。

2. 对于______________方法，只允许声明，而不允许实现。

3. 如果一个类是一个 abstract 类的子类，它必须具体实现______________的 abstract 方法。

4. Java 中为了克服______________的缺点，Java 使用了接口，一个类可以实现多个接口。

5. 使用关键字______________来定义接口。

6. 接口定义包括接口的声明和______________。

7. 定义接口时，接口体中只进行方法的声明，不允许提供方法的______________。

8. 一个类通过使用关键字______________声明自己使用一个或多个接口。

9. 如果一个类使用了某个接口，那么这个类必须实现该接口的______________。

10. 接口中的方法被默认的访问权限是______________。

11. 如果接口中的方法的返回类型不是 void 的，那么在类中实现该接口的方法时，方法体至少要有一个______________语句。

二、问答题

1. 什么是接口？为什么要定义接口？接口与类有何异同？

2. 如何定义接口？使用什么关键字？

3. 一个类如何实现接口？实现接口的类是否一定要重写该接口中的所有抽象方法？

三、编程题

1. 编写一个完整的 Java Application 程序。包含接口 ShapeArea，以及 MyRectangle 类、MyTriangle 类和 Test 类，具体要求如下：

（1）接口 ShapeArea:

- double getArea()：求一个形状的面积。

- double getPerimeter (): 求一个形状的周长。

（2）类 MyRectangle，实现 ShapeArea 接口，并有以下属性和方法:

① 属性:

- width: double 类型，表示矩形的长。
- height: double 类型，表示矩形的高。

② 方法:

- MyRectangle(double w, double h): 构造函数。
- toString()方法 : 输出矩形的描述信息，如“width=1.0,height=2.0, perimeter=6.0, area=2.0”。

（3）类 MyTriangle，实现 ShapeArea 接口，并有以下属性和方法。

① 属性:

- a,b,c: double 型，表示三角形的三条边。
- s: 周长的 1/2 [注: 求三角形面积公式 s=(x+y+z)/2 ，开方可用 Math.sqrt(double)方法]。

② 方法

- MyTriangle(double x, double y, double z): 构造函数，给三条边和 s 赋初值。
- toString():

输出矩形的描述信息，如 “three sides:3.0,4.0,5.0,perimeter=12.0,area=6.0” 。

2. 用面向对象的思想定义一个接口 Area，其中包含一个计算面积的方法 CalsulateArea()，然后设计 MyCircle 和 MyRectangle 两个类都实现这个接口中的方法 CalsulateArea()，分别计算圆和矩形的面积，最后写出测试以上类和方法的程序。

第 6 章 数组、Java 类库、异常

与其他编程语言一样，Java 语言中也存在数组。所谓数组，就是一组类型相同的有序数据，这些数据按顺序存放在内存一片连续的地址中。所有这些数据用一个标识符命名，称为数组名，数组中的每个数据叫数组元素。数组的所有元素属于同一类型。数组类型可以是基本类型，如 int，double 等，也可以是引用类型。数组可以是一维数组或多维数组。

Java 语言提供了用于语言开发的类库，称为 Java 基础类库（Java Foundational Class，JFC），也称为应用程序编程接口（Application Programming Interface，API），分别放在不同的包中。Java 语言提供的包主要有 java.lang、java.io、java.math、java.util、java.applet、java.awt、java.awt.datatransfer、java.awt.event、java.awt.image、java.beans、Java.NET、java.rmi、java.security、java.sql 等。

异常是在运行时发生的错误，使用 Java 的异常处理子系统，就可以用一种结构化的可控方式来处理运行时的错误。Java 定义了许多语言特性来处理运行时的错误，也可自定义异常程序模块来处理异常。了解 Java Exception 机制对 Java 开发人员来说是必要的。

6.1 数　　组

数组是一种最为常见的数据结构，是有序数据的集合，是由数目固定、相同类型的元素组成，用一个统一的数组名和下标来唯一地确定数组中的元素。Java 语言将数组作为对象来处理，数组是一种引用类型，从 java.lang.Object 继承而来，故 Object 类中的所有方法均可用。数组分一维数组和多维数组。

6.1.1 一维数组

和变量一样，数组必须先定义，后使用。定义数组时指定数组的名称、数据类型，还要为它分配内存，初始化。

1. 一维数组的声明

一维数组的声明有两种格式：

```
type[ ] arrayName;
```

或

```
type arrayName [ ];
```

其中：type 是数组的类型，可以是基本类型也可以是引用类型；arrayName 是数组名，可以是任意的 Java 合法的标识符。

上面两种声明数组格式的作用是相同的，前一种方式更符合原理，后一种方式是为了适应 C/C++

程序员。例如：

```
int[ ] months;
```

或

```
int months[ ];
```

与其他语言不同，Java 语言声明一个数组，是不需要指定数组大小的。因为 Java 编译器在处理数组的声明语句时，是不会实际创建数组对象或为数组分配任何空间。经过声明的数组名不能直接使用，必须经过初始化并为其分配内存后才能使用。

2. 一维数组的创建

包括数组在内，Java 语言中的所有对象都是在运行时动态创建的，创建新对象的方法之一是用关键字 new 构成数组的创建表达式。在用 new 创建数组时，可以指定数组的类型和数组元素的个数。

（1）对于简单类型的数组，其格式如下：

```
type[ ] arrayName=new type [arraySize];
type arrayName [ ]=new type [arraySize];
```

其中：arraySize 表示数组长度，通常为整型常量，用以指明数组元素的个数。

例如：

```
int[ ] months=new int[12];
```

或先声明数组，再对数组进行初始化：

```
type[ ] arrayName;
arrayName=new type [arraySize];
```

例如：

```
int[ ] months;
months=new int[12];
```

（2）对于复合（引用）类型（类、接口、数组）的数组，需要经过以下两步进行内存空间的分配。

首先，为数组分配空间，每一个数组元素都是一个引用，格式为：

```
arrayName [ ]=new type [arraySize];
```

然后为每一个数组元素分配所引用的对象空间，格式为：

```
arrayName [i]=new 数组元素对象的构造函数;
```

例如：

```
String stringArray[]; //定义一个 String 类型的数组
stringArray=new String[3];
```

上述语句给数组 stringArray 分配 3 个引用空间，初始化每个引用值为 null。

```
stringArray[0]=new String("how");
stringArray[1]=new String("are");
stringArray[2]=new String("you");
```

3. 一维数组的初始化

可以在声明数组名时，给出数组的初始值，程序便会利用数组初始值创建数，组并对它的各个元素进行初始化。格式如下：

```
type arrayName [ ] = {element1[,element2,……]};
```

初始化时，不能同时指定数组的大小，Java 会根据初值的多少自动计算数组的大小。

例如：初始化一个整型数组：

```
int months[]={31, 28, 31, 30,31, 30, 31, 31, 30,31, 30,31};
```

上述语句创建了一个包含 12 个元素的数组 months，12 个元素分别为 31、28、31、30、31、30、31、31、30、31、30、31。

创建数组时，如果没有指定初始值，系统会根据数组的不同数据类型，指定不同的默认值。各种数据类型的默认值如下：

（1）基本类型数值数据，默认的初始值为 0。

（2）boolean 类型数据，默认值为 false。

（3）引用类型元素的默认值为 null。

4. 一维数组的引用

当数组初始化后就可通过数组名与下标来引用数组中的每一个元素。一维数组元素的引用格式如下：

```
arrayName[index]
```

其中，arrayName 表示数组名，index 表示数组下标。数组下标必须是 int、short、byte 或者 char 类型中的一种。并且从 0 开始计数，上界为数组元素的个数（即长度）减 1。

例如，a[10]有 10 个元素，下标值的范围为 0~9，这些元素分别表示为：

```
    a[0],a[1],a[2],……,a[9]
```

在 Java 语言中，在程序运行时会自动检查数据元素的下标是否越界，如越界，系统会给出错误信息，抛出 ArrayIndexOutOfBoundsException 异常。

【例 6-1】编写一个应用程序，求 Fibonacci 数列的前 10 个数。

Fibonacci 数列的定义为：$F_1=F_2=1$；当 $n\geqslant 3$ 时，$F_n=F_{n-1}+F_{n-2}$。

```
public class Fibonacci {
    public static void main(String args[ ]) {
        int i;
        int f[ ]=new int[10];
        f[0]=1;
        f[1]=1;
        for(i=2;i<10;i++) {
            f[i]=f[i-1]+f[i-2];
        }
        for(i=1;i<=10;i++) {
            System.out.print("F["+i+"]="+f[i-1]);
        }
    }
}
```

运行结果如下：

```
F[1]=1  F[2]=1  F[3]=2  F[4]=3  F[5]=5  F[6]=8  F[7]=13  F[8]=21  F[9]=34  F[10]=55
```

一维数组有一个重要的属性 length，代表元素的个数即为数组的长度，所以可以通过 arryName.length 进行引用。length 只有在数组创建后才能访问。

【例 6-2】编写一个应用程序。在屏幕上输出整型数组的各元素。

```
public class IntArray {
    public static void main(String[] args){
        int myArray[]={1,2,3};
        for(int i=0; i<myArray.length;i++)
            System.out.println(myArray[i]);
        //myArray[3]=100;      //将产生数组越界异常
    }
```

```
}
```

运行结果：

```
1
2
3
```

如果程序最后一句不被注释，将会抛出 ArrayIndexOutOfBoundsException 异常。

当数组元素的类型是某种对象类型时，则构成对象数组。因为数组中每一个元素都是一个对象，故可以使用成员运算符“.”访问对象中的成员。

【例 6-3】使用对象数组示例。

```
class Student {        //定义类 student
    String name;       //姓名
    int age;           //年龄
    public Student(String pname,int page) {   //构造方法
        name=pname;
        age=page;
    }
}
public class Array{//定义主类
    public static void main(String [] args) {
        Student [] e=new Student[5];              //声明 Student 对象数组
        e[0]=new Student("张三",25);              //调用构造方法，初始化对象元素
        e[1]=new Student("李四",30);
        e[2]=new Student("王五",35);
        e[3]=new Student("刘六",28);
        e[4]=new Student("赵七",32);
        System.out.println("平均年龄 "+getAverage(e));
        getAll(e);
    }
    static int getAverage(Student [] d) {     //求平均年龄
        int sum=0;
        for (int i=0;i<d.length;i++)
        sum=sum+d[i].age;
        return sum/d.length;
    }
    static void getAll(Student [] d) {        //输出所有信息
        for (int i=0;i<d.length;i++)
            System.out.println(d[i].name+d[i].age);
    }
}
```

运行结果：

```
平均年龄 30
张三 25
李四 30
王五 35
刘六 28
赵七 32
```

分析：本例中定义了一个类 Student。并在主类的 main()方法中声明了 Student 的对象数组：

```
Student [] e=new Student[5];
```

通过使用语句：

```
    e[0]=new Student("张三 ",25);
```

调用构造方法初始化对象元素，使用 e[0].name 的形式来访问这个对象的 name 成员。

5. 数组的复制

一个简单的赋值语句并不能完成数组复制工作，在 Java 中，可以使用赋值语句复制基本类型的变量，却不能复制对象，如数组。将一个对象赋值给另一个对象，只会使两个对象指向相同的内存地址。

【例 6-4】编写应用程序。进行数组名之间的复制。

```
public class Arrays {
    public static void main(String[] args) {
        int[] a1={ 1, 2, 3, 4, 5 };
        int[] a2;
        a2=a1;          //数组名之间进行复制
        for(int i=0; i<a2.length; i++){
            a2[i]++;
        }
        for(int i=0; i<a1.length; i++) {
            System.out.println( "  a1["+i+"]="+a1[i]);
        }
    }
}
```


运行结果：

```
a1[0] = 2  a1[1] = 3  a1[2] = 4  a1[3] = 5  a1[4] = 6
```

对于引用类型的变量，Java 虚拟机在内存空间中存放的并不是变量所引用的对象，而是对象在堆内存中存放的地址，所以引用变量最终只是指向被引用的对象，而不是存储引用对象的数据，因此两个引用变量之间的赋值，就是将一个引用变量存储的地址复制给另一个引用变量，从而使两个变量指向同一个对象。本例中的赋值语句 a2=a1，相当于将 a1 的引用变量存储的地址赋给了 a2，a1 和 a2 指向同一个对象，因此将 a2 中的每个元素加 1，也就是 a1 中的每个元素加 1。

赋值数组有以下四种方法：

（1）用循环语句复制数组的每一个元素，如：

```
for(int i=0;i<sourceArray.length;i++)
        targetArray[i]=sourceArray[i];
```

（2）使用 Object 的 clone()方法，如：

```
int[] targetArray=(int[])sourceArray.clone();
```

在数组中覆盖了 object 的 clone()方法，该方法的作用是得到数组对象的一个副本。

（3）使用 System 类中的静态方法 arraycopy()，arraycopy()的语法如下：

```
arraycopy(sourceArray,srcpos,targetArray,tarpos,length);
```

其中：

sourceArray 为被复制的数组。

srcpos 为起始位置，第一个元素为 0。

targetArray 为目标数组。

tarpos 为复制到目标数组的起始位置。

length 为复制的长度。

（4）因 arraycopy()方法必须明确自行新建立一个数组对象。所以在 Java 1.6 版本中，Arrays 类新增了静态方法 copyOf()，copyOf()可以直接返回一个新的数组对象，而其中包括复制的内容，其语法如下：

```
Type[] copyOf(Type[] original, int newLength)
```

功能：复制指定的数组，截取或用 0（null）填充，以使副本具有指定的长度。

其中：

Type 为数组的类型。

original 为源数组。

newLength 为新数组的长度。如果新数组的长度超过源数组，则多出来的元素会保留数组默认值。

6.1.2 二维数组

如果数组的元素类型也是数组，这种结构就是多维数组。多维数组的维数没有限制，可以为二维、三维等。最常用的二维数组是特殊的一维数组，它的每个元素都是一个一维数组，又称为数组的数组。表示矩阵或表格需要使用二维数组。

1. 二维数组的声明

二维数组的声明和一维数组类似，也有两种格式：

```
type[ ][ ] arrayName;
```

或

```
type arrayName[ ][ ];
```

例如，声明：

```
int[ ][ ] months;
```

或

```
int months[ ][ ];
```

months 可以存储一个指向二维整数数组的引用，其初始值为 null。

2. 二维数组的创建

创建每一行的列数都相同的二维数组的格式如下：

```
type[ ][ ]arrayName=new type [row] [column];
```

或

```
type arrayName[ ][ ]=new type [row] [column];
```

其中：row 表示二维数组的行数，column 表示二维数组的列数。

例如：

```
int[ ][ ] months=new int[12][10];
```

或先声明数组，再对数组进行初始化：

```
type[ ][ ] arrayName;
arrayName =new type [row] [column];
```

例如：

```
int[ ][ ] months;
 months=new int[12][10];
```

与 C/C++语言不同的是，Java 语言允许多维数组的每一维长度不相同，对于各行列数不相同的二维数组，可以按照下面的格式创建：

```
type[ ][ ] arrayName;
```

```
arrayName =new type[row][ ];     //指定行数
arrayName[0] =new type [column0 ];   //指定 0 行的列数
arrayName[1] =new type [column1];    //指定 1 行的列数
......
arrayName[n] =new type [columnN];    //指定 n 行的列数
```

其中：column0，column1，…，columnN 的值可以不相同。

例如：

```
String s[ ][ ];
s=new String[2][ ];
s[0]=new String[2];
s[1]=new String[3];
```

上述语句创建了一个 2 行的二维字符串数组，其中第一行 2 列，第二行 3 列。

3. 二维数组的初始化

同一维数组一样，多维数组也可以在声明中用初始化值进行初始化，例如，定义一个 2 行 3 列的二维数组：

```
boolean holidays[][]={ { true, false, true }, { false, true, false } };;
```

也可以对各行长度不同的二维数组进行初始化：

```
boolean holidays[][]={
        { true, false, true },            // 二维数组的第 1 行为 3 列
        { false, true },                  // 二维数组的第 2 行为 2 列
        { true, false, true, false } }; // 二维数组的第 3 行为 4 列
```

也等价于：

```
   boolean holidays[][]=new boolean[3][];
   boolean holidays[0]={ true, false, true };
   boolean holidays[1]={ false, true };
   boolean holidays[2]={ true, false, true, false };
```

4. 二维数组的引用

与一维数组一样，二维数组也用数组名和下标值来引用每个元素，引用方式为：

```
arrayName [index1][index2]
```

其中，index1 和 index2 是数组下标，数组下标必须是 int、short、byte 或者 char 类型中的一种，并且从 0 开始计数，上界为数组元素的个数（即长度）减 1。

二维数组也有 length 属性，可以求每一维数组的长度。通过 arrayName.length 可以得到二维数组的行数，通过 arrayName[i].length 可以得到 i 行的列数。

【例 6-5】二维数组引用示例。

```
public class twoDimensionArray{
   public static void main(String arg[]){
      int[][] matrix={
         {1, 2, 3, 4, 5},{2, 3, 4, 5},{3, 4, 5},{4, 5},{5}
      };
      System.out.println("the length of matrix is "+matrix.length);
      for (int i=0;i<5;i++){
         System.out.println("the length of matrix["+i+"] is "+matrix[i].length);
      }
   }
}
```

运行结果如下：

```
the length of matrix is 5
the length of matrix[0] is 5
the length of matrix[1] is 4
the length of matrix[2] is 3
the length of matrix[3] is 2
the length of matrix[4] is 1
```

6.2 Java 类库介绍

在编写 Java 程序的时候，应充分利用 Java 类库中已存在的丰富的类和方法。类库中的这些类和方法都是精心设计的，其运行效率高、质量高、移植性好。许多类库还可以作为免费软件和共享软件从网上下载，从而方便用户使用。下面对一些常用的类进行介绍。

java.lang 包是使用最广泛的包之一，提供了 Java 语言最基础的类。它所包括的类是其他包的基础，由系统自动引入，程序中不必用 import 语句就可以使用其中的任何一个类。java.lang 中所包含的类和接口对所有实际的 Java 程序都是必要的。

6.2.1 Object 类

Object 类是所有 Java 类的最终祖先。每个类都使用 Object 作为超类。所有对象（包括数组）都实现这个类的方法。如果一个类没有用 extends 明确指出继承于某个类，那么它默认继承 Object 类。可以使用类型为 Object 的变量指向任意类型的对象。

Object 类有一个默认构造方法，在构造子类实例时，都会先调用这个默认构造方法。

```
pubilc Object(){}//方法体为空
```

Object 类的变量能用作各种对象值的通用持有者。要对它们进行任何专门的操作，都需要知道它们的原始类型并进行类型转换。

例如:

```
Object obj=new MyObject();
MyObject x=(MyObject)obj;
```

Object 类有以下主要成员方法：

（1）equals(Object obj)：比较两个对象是否相等。仅当被比较的两个引用变量指向同一个对象时，equals() 方法才返回 true。相当于等值比较“==”。在 JDK 中的类 java.io.File、java.util.Data、java.lang.String、包装类（java.lang.Integer 和 java.lang.Double）覆盖了 Object 类的 equals() 方法，它们的比较规则为：如果两个对象的类型一致，并且属性值一致，则返回 true。

（2）toString()：该方法在打印对象时被调用，将对象信息变为字符串返回，默认输出对象地址。格式为“类名@对象的十六进制哈希码”。许多类如 String、StringBuffer、包装类和异常类等都覆盖了 toString()方法，返回具有实际意义的内容。

（3）hashCode()：返回对象的哈希码。HashSet 和 HashMap 会根据对象的哈希码来决定元素的存放位置。在实际开发中可重写 hashCode()方法。覆盖 hashCode()方法的规则为：如果 Java 类重新定义了 equals() 方法，那么这个类也必须重新定义 hashCode()。并且要保证当两个对象用 equals() 方法比较结果为 true 时，这两个对象的 hashCode()方法的返回值相等。当然，当两个对象用 equals() 方法比较结果为 false 时，这两个对象的 hashCode()方法的返回值也可以相等。

（4）notify()：从等待池中唤醒一个线程，把它转移到锁池。

（5）notifyAll()：从等待池中唤醒所有线程，把它们转移到锁池。

（6）wait()：使当前的线程进入等待状态，直到其他线程调用此对象的 notify() 方法或 notifyAll() 方法唤醒它。

（7）getClass()：它会返回一个对象所对应的一个 Class 的对象，即运行时类，保存着原对象的类信息。

（8）clone()：返回一个原对象的拷贝（不会调用构造方法），默认走的是浅拷贝。使用 clone()方法的前提是继承 Cloneable 接口，数组默认实现了 Cloneable 接口，默认走的是浅拷贝。

（9）finalize()：当垃圾回收器确定不存在对该对象的更多引用时，由对象的垃圾回收器调用此方法。

6.2.2 String 类

1．创建 String 类对象

字符串是多个字符的序列，是编程中常用的数据类型。Java 语言将字符串作为类来实现，虽然有其他方法表示字符串（如字符数组），但 Java 语言使用 String 类作为字符串的标准格式。Java 编译器把字符串转换成 String 对象。

Java 语言提供了两种具有不同操作方式的字符串类：String 类和 StringBuffer 类。String 类的字符串对象的值和长度都不变化；StringBuffer 类的字符串对象的值和长度都可以变化。如要进行大量的字符串操作，应该使用 StringBuffer 类或字符数组。

可以这样生成一个常量字符串：

```
String aString;
aString = "This is a string";
```

或

```
String aString = "This is a string";
```

或调用构造方法生成字符串对象。String 类中提供了多种构造方法来创建 String 类的对象。常用的构造方法如下：

（1）public String();：创建一个字符串对象，其字符串值为空。

（2）public String(String value);：用字符串对象 value 创建一个新的字符串对象。

（3）public String(char value[]);：用字符数组 value 来创建字符串对象。

（4）public String(char value[],int offset,int count)：从字符数组 value 中下标为 offset 的字符开始，创建有 count 个字符的字符串对象。

（5）public String(StringBuffer buffer)：用缓冲字符串 buffer 创建一个字符串对象。

【例 6-6】使用多种构造方法创建一个字符串并输出字符串。

```
public CreateString {
    public static void main(String[] args){
        String s1="直接创建字符串";
        String s2;
        s2="分步创建字符串";
        String s3=new String( );
        s3="使用不带参数构造方法创建字符串";
        String s4 = new String("使用字符串对象创建一个新的字符串");
        char c1[ ]={'H',  'i',  ',',  'j',  'a',  'v',  'a'};
        String s5=new  String(c1 );
        String s6=new String(c1,0,2 );
```

```
        System.out.println(s1);
        System.out.println(s2);
        System.out.println(s3);
        System.out.println(s4);
        System.out.println(s5);
        System.out.println(s6);
    }
}
```

运行结果：

```
直接创建字符串
分步创建字符串
使用不带参数构造方法创建字符串
使用字符串对象创建一个新的字符串
hi，java
hi
```

2. String 类的常用方法

Java 语言提供了多种处理字符串的方法。表 6-1 列出了 String 类常用的方法。

表 6-1　String 类常用的方法

名　称	解　　释
public int length( )	返回字符串中字符的个数
public char charAt(int index)	返回序号 index 处的字符
public int indexOf(String s)	在接收者字符串中进行查找，如果包含子字符串 s，则返回匹配的第一个字符的位置序号， 否则返回-1
public String substring(int begin, int end)	返回接收者对象中序号从 begin 开始到 end-1 的子字符串
public String[] split(String regex)	将一个字符串分割为子字符串，然后将结果作为字符串数组返回
public String[] split(String regex, int limit)	将一个字符串分割为子字符串，然后将结果作为字符串数组返回，数组元素的个数由 limit 进行控制
public String concat(String s)	返回接收者字符串与参数字符串 s 进行连接后的字符串
public boolean startsWith(String s)	判断当前字符串对象的前缀是否是参数指定的字符串 s
public boolean endsWith(String s)	判断当前字符串对象的后缀是否是参数指定的字符串 s
public String replace(char oldChar, char newChar);	将接收者字符串的 oldChar 替换为 newChar
public int compareTo(String s);	将接收者对象与参数对象进行比较
public boolean equals(String s);	将接收者对象与参数对象的值进行比较
public String trim( );	将接收者字符串两端的空字符串都去掉
public String toLowerCase()	将接收者字符串中的字符都转为小写
public String toUpperCase()	将接收者字符串中的字符都转为大写
public boolean isEmpty()	仅当字符串为空时，返回值才为 true

说明：

（1）Java 语言使用 equals()方法判断两个字符串的内容是否相同，使用“==”判断两个字符串的引用是否相同。

（2）在 Java 语言中，使用“=”将一个字符串对象指向一个引用名称，可改变该名称所引用的对象。例如：

```
String str="Hello";
str="Hello World";
```

此时这个程序中是两个字符串对象，一个是“Hello”字符串对象，长度为 5；一个是“Hello World”

字符串对象，长度为 11。

（3）为了提高效率，节省内存，Java 语言尽可能地将相同的字符串存储在同一个内存空间内。例如：

```
String str1="Hello";
String str2="Hello";
System.out.println(str1==str2);//运行结果为 true
```

（4）在 JDK 6.0 版本中，String 类新增了 isEmpty()方法，可直接调用来测试一个字符串是否为空，而不用再调用 length()方法取得字符串长度，再判断字符串长度是否为 0。例如：

```
String str="";            //JDK6.0 以前的版本测试字符串长度是否为 0
    if(str.length()==0){

    }
```

在 JDK 6.0 版本中，程序可改为：

```
String str="";
if(str.isEmpty()){

}
```

3. 连接运算符

在 Java 语言中可以使用 concat()方法将两个字符串合并为一个字符串。Java 语言还提供了一种更直观的方法，即使用“+”号。“+”号是 Java 语言中唯一重载的运算符，在进行字符串操作时，称之为连接运算符。与算术运算中的意义是不同的，这里的“+”号意思是将多个字符串合并到一起生成一个新的字符串。


```
String love = "耐心"+"真心";
```

对于“+”运算符，如果有一个操作数为 String 类型，则为字符串连接运算符，另一个操作数可以为 Java 语言的任何类型。运算时，连接运算符会将非 String 类型的操作数转换成 String 类型，然后将其合并生成新的字符串。

```
String aStr = "单价:"+5 元;    // "单价: 5 元"
String bStr = "15"+15;        // "1515"
```

6.2.3 StringBuffer 类

StringBuffer 与 String 类很相似，用于一个可变的字符序列，其对象是可以修改的字符串，通过调用一些方法可以改变字符序列的长度和内容，即一旦创建 StringBuffer 类的对象，在操作中可以更改和变动字符串的内容。也就是说，对于 StringBuffer 类的对象不仅能进行查找和比较等操作，也可以做添加、插入、修改之类的操作。StringBuffer 类最主要的操作是 append()和 insert()的方法，它们可以重载并能够接收任何类型的数据。与 String 类的对象相比，执行效率要低一些。

每个 StringBuffer 对象都有一个容量，只要其字符序列的长度不超过其容量，就无须分配新的内部缓冲数组，如果内部缓冲数组进出，StringBuffer 对象的容量将自动增大。

1. 创建 StringBuffer 的对象

StringBuffer 类提供了多种构造方法来创建类 StringBuffer 的对象。

（1）public StringBuffer()：功能为创建一个空字符串缓冲区，默认初始长度为 16 个字符。

（2）public StringBuffer(int length)：功能为用 length 指定的初始长度创建一个空字符串缓冲区。

（3）public StringBuffer(String str)：功能为用指定的字符串 str 创建一个字符串缓冲区，其长度为

str 的长度再加 16 个字符。

2. StringBuffer 类的常用方法

创建一个 StringBuffer 类的对象后，可以调用它的成员方法对其进行操作。常用的成员方法如表 6-2 所示。

表 6-2 StringBuffer 类常用的成员方法

名　称	解　　释
public int length ( )	返回字符串对象的长度
public int capacity( )	返回字符串对象的容量
public void ensureCapacity(int size)	设置字符串对象的容量
public void setLength(int len)	设置字符串对象的长度，如果 len 的值小于当前字符串的长度，则尾部被截掉
public char charAt(int index)	返回 index 处的字符
public void setCharAt(int index, char c)	将 index 处的字符设置为 c
public StringBuffer delete(int start,int end)	删除位置从 start 到 end-1 之间所有字符
public StringBuffer deleteCharAt (int index)	删除指定位置处字符
public void getChars(int start, int end, char [ ] charArray, int newStart)	将接收者对象中从 start 位置到 end-1 位置的字符复制到字符数组 charArray 中，从位置 newStart 开始存放
public StringBuffer reverse( )	返回将接收者字符串逆转后的字符串
public StringBuffer replace(int start,int end,String str)	用 str 代替从 start 位置到 end-1 位置的所有字符
public StringBuffer insert(int index, Object ob)	将 ob 插入到 index 位置
public StringBuffer append(Object ob)	将 ob 连接到接收者字符串的末尾

说明：

（1）StringBuffer 类提供了 10 个重载方法 append()，可以在字符串缓冲区末尾追加 boolean、char、字符数组、double、float、int、long、string、Object 等类型的新内容，append()方法的返回类型均为 StringBuffer。

（2）StringBuffer 类还提供了 9 个重载方法 insert()，可以在字符串缓冲区中指定位置处插入 char、字符数组、double、float、int、long、boolean、string、Object 等类型的内容。Insert()方法的返回类型均为 StringBuffer。

【例 6-7】改变字符串的内容。

```
public class StrChange{
   public static void main(String[] args){
      StringBuffer s1=new StringBuffer("Hallo,Java!");
      s1.setCharAt(1, 'e');
      System.out.println(s1);
      s1.replace(1,5, "i");
      System.out.println(s1);
      s1.delete(0,3);
      System.out.println(s1);
      s1.deleteCharAt(4);
      System.out.println(s1);
   }
}
```

运行结果：

```
Hallo,Java!
Hi,Java!
```

```
Java!
Java
```

3. StringBuilder 类

在 Java SE 5.0 之后的版本，使用 java.lang.StringBuilder 类来代替 StringBuffer。StringBuilder 被设计为与 StringBuffer 具有相同的操作接口。在单机非多线程的情况下使用 StringBuilder 会有较好的效率，因为 StringBuilder 没有处理同步问题。所以当要处理同步问题时，只能使用 StringBuffer 类，让对象自行管理同步问题。

6.2.4 枚举类

在 JDK 5.0 版本新增了枚举类型，目的是代替 JDK 5.0 以前版本定义常量的方式，并增加了编译时期的检查功能。枚举类型本质上是以类的方式存在。

1. 枚举类型的定义

枚举类型定义的语法如下：

```
[public|private|protected|default] enum enumName
{
    枚举值列表;
    变量列表;
    方法列表;
}
```


说明：

（1）enum 为枚举类型的关键字。

（2）变量和方法必须在枚举值列表的后面。

例如：定义一个 Color 的枚举类型，文件名 Color.java。

```
public enum Color   {
    RED,
    GREEN,
    BLUE;
}
```

上例中定义了一个 Color 的枚举类型，其中有三个常量：RED、GREEN 和 BLUE。Color.java 文件经编译完成后，会产生一个 Color.class 文件。所以枚举类型在语法上不像是定义类，但枚举类型本质上就是一个类。

2. 枚举类型的使用

枚举类型的使用和类的使用相同。

【例 6-8】枚举类型的使用示例。

```
enum Color  {
    RED,
    GREEN,
    BLUE;
}
public class EnumDemo{
    public static void main(String[] args){
        showColor(Color.RED);
    }
    public static void showColor(Color color){
        switch(color){
```

```
            case RED:
                System.out.println("red");break;
            case GREEN:
                System.out.println("green");break;
            case BLUE:
                System.out.println("blue");break;
            //case YELLOW:
                //System.out.println("yellow");break;
        }
    }
}
```

运行结果：

```
red
```

说明：

（1）在进行编译时，编译器会对枚举类型进行检查。在例 6-8 中，如将去掉 case YELLOW 两个语句的注释，编译器将检查出 YELLOW 不属于枚举类型 Color 的枚举值，会显示以下的错误：

```
unqualified enumeration constant name reauired
case YELLOW:
^
```

（2）可以将枚举类型的声明放在类当中。如上例可改为：

```
public class EnumDemo{
    enum  Color  {  RED,  GREEN, BLUE;  }
    public static void main(String[] args){
        showColor(Color.RED);
    }
    ……
}
```


6.2.5 Wrapper 类

Wrapper 将 Java 语言中的每一个基本数据类型表示成类（见表 6-3），每一个 Wrapper 类对象都封装了基本数据类型的一个值。

表 6-3 基本数据类型及对应的 Wrapper 类

基本数据类型	Wrapper 类	基本数据类型	Wrapper 类
boolean	Boolean	int	Integer
byte	Byte	long	Long
char	Character	float	Float
short	Short	double	Double

Wrapper 类中包含了很多有用的方法和常量，可以将基本数据类型表示为 Wrapper 类对象，也可以从 Wrapper 类对象中得到基本数据类型的数据。

1. 使用 Wrapper 类的构造方法或成员方法生成数据类型包裹类对象

（1）使用 Wrapper 类的构造方法生成包裹类对象，构造方法如下：

```
new WrapperType( type value);
```

其中：WrapperType 为表 6-3 中的 Wrapper 类，type 为基本数据类型，参数为基本数据类型的变量或常量。

功能：将指定基本数据类型的 value 值表示成一个新的 Wrapper 类对象。

```
double x=3.2;
Double a=new Double(x);
Double b=new Double(-3.2);
new  WrapperType(String s);
```

功能：将字符串的值表示成一个新的 Wrapper 类对象。

说明：Character 类不提供此构造方法。

```
Double c = new Double("-2.34");
Integer i = new Integer("1234");
```

（2）已知字符串，可使用 valueOf 方法将其转换成包裹类对象，如：

```
Integer.valueOf("125");
Double.valueOf("5.15");
```

2. 得到基本数据类型数据的方法

（1）每一个包裹类都提供相应的方法将包裹类对象转换回基本数据类型的数据。

```
anIntegerObject.intValue()   // 返回 int 类
aCharacterObject.charValue() // 返回 char 类型的数据
```

（2）Integer、Float、Double、Long、Byte 及 Short 类提供了特殊的方法，能够将字符串类型的对象直接转换成对应的 int、float、double、long、byte 或 short 类型的数据


```
Integer.parseInt("234")        // 返回 int 类型的数据
Float.parseFloat("234.78")     // 返回 float 类型的数据
```

【例 6-9】从键盘上输入圆的半径，求圆的面积。

```
public class AreaOfCircle{
   final static double PI=3.1415926;              // 定义常量 PI
   public static void  main(String[] args){
      double radius,area;
      radius=Double.parseDouble(args[0]);         // 将 args[0]转换为实型 double
      area=PI*radius*radius;
      System.out.println("圆的面积为: "+area);     // 实现字符串的输出
   }
}
```

说明：

（1）将 args[0]中的字符串转换为实型 double，parseDouble()是 Double 类中的一个方法，用于实现字符串转换为 double。

（2）args[0]中的字符串是用来接收命令行参数。所谓命令行参数，是指执行 Java 程序时，从命令行中向程序直接传送的参数。执行命令为：

```
java  AreaOfCircle  4
```

其中，args[0]接收的是 4。

运行结果：

```
圆的面积为: 50.2654816
```

6.2.6 Math 类

Math 类中含行执行基本数学运算的方法和一组常量，例如指数，对数，方根和三角函数等。Math 类被声明为 final，并且，Math 类的构造方法被声明为 private，因此 Math 类不能被继承，也不能创建

该类的实例（tnsunce）。

Math 类中提供了两个常量：

（1）欧拉数 e 值：比任何其他值都更接近 e（即自然对数的底数）的 double 值。

```
public static final double E=2. 7182818284590452354;
```

（2）圆周率 π：比任何其他值都更接近 pi（即圆的周长与直径之比）的 double 值。

```
public static final double PI= 3. 24159265358979323846;
```

Math 类提供的成员方法的命名与实际的数学方法基本一样，因此，仅简单地介绍一下。主要方法如表 6-4 所示。

表 6-4　Math 类中的主要成员方法

成 员 方 法	功 能 说 明
static type abs(type a)	返回参数的绝对值。type 类型可以为 double、float、int、long 型
static double acos(double a)	返回一个值的反余弦；返回的角度范围在 0.0 到 pi 之间
static double asin(double a)	返回一个值的反正弦；返回的角度范围在 -pi/2 到 pi/2 之间
static double atan(double a)	返回一个值的反正切；返回的角度范围在 -pi/2 到 pi/2 之间
static double atan2(double y, double x)	将矩形坐标 (x, y) 转换成极坐标 (r, theta)，返回所得角 theta
static double cos(double a)	返回角的三角余弦
static double cosh(double x)	返回 double 值的双曲线余弦
static double sin(double a)	返回角的三角正弦
static double sinh(double x)	返回 double 值的双曲线正弦
static double tan(double a)	返回角的三角正切
static double tanh(double x)	返回 double 值的双曲线余弦
static double ceil(double a)	返回最小的（最接近负无穷大）double 值，该值大于等于参数，并等于某个整数
static long round(double a)	返回最接近参数的 long
static int round(float a)	返回最接近参数的 int
static double floor(double a)	返回最大的（最接近正无穷大）double 值，该值小于等于参数，并等于某个整数
static double log(double a)	返回 double 值的自然对数（底数是 e）
static double log10(double a)	返回 double 值的底数为 10 的对数
static type max(type a, type b)	返回两个值中较大的一个。type 类型可以为 double、float、int、long 型
static type min(type a, type b)	返回两个值中较小的一个。type 类型可以为 double、float、int、long 型
static double cbrt(double a)	返回 double 值的立方根
static double sqrt(double a)	返回正确舍入的 double 值的正平方根
static double exp(double a)	返回欧拉数 e 的 double 次幂的值
static double pow(double a, double b)	返回第一个参数的第二个参数次幂的值
static double random()	返回带正号的 double 值，该值大于等于 0.0 且小于 1.0

6.2.7　Date 类

在 Java 应用开发中，对时间的处理是很常见的。Date 类封装当前的时间。

1. Date 类的构造方法

Date 类有两个构造方法：

（1）Date ()。

功能：获得系统当前日期和时间值。

（2）Date (long date)。

功能：以 date 创建日期对象，date 表示从 GMT（格林威治）时间 1970-1-1 00:00:00 开始至某时刻的毫秒数。

2. Date 类的常用成员方法

Date 类提供了成员方法对创建的对象进行操作，常用的成员方法如表 6-5 所示。

表 6-5　Date 类常用的成员方法

成 员 方 法	功 能 说 明
long getTime()	返回自 1970 年 1 月 1 日 00:00:00 GMT 以来此 Date 对象表示长整型的毫秒数
boolean after(Date date)	判断接收者表示的日期是否在给定的日期之后
boolean before(Date date)	判断接收者表示的日期是否在给定的日期之前
Object clone()	复制调用对象
int CompareTo(Date date)	将调用对象的值与的 date 值进行比较
boolean　equals(Object obj)	比较两个日期的是否相同
void　setTime(long time)	设置此 Date 对象，以表示 1970 年 1 月 1 日 00:00:00 GMT 以后 time 毫秒的时间点

6.2.8 SimpleDateFormat 类

Java 语言提供的 java.text 包中的 SimpleDateFormat 类的功能是将一个日期格式转换为另外一种日期格式。例如，原日期为 2009-10-19 10:11:30.345，转换后日期为 2009 年 10 月 19 日 10 时 11 分 30 秒 345 毫秒。

首先必须先定义出一个完整的日期转化模板，在模板中通过特定的日期标记可以将一个日期格式中的日期数字提取出来，日期格式化模板标记如表 6-6 所示。

表 6-6　日期格式化模板标记

标 记	描　　述	标 记	描　　述
y	年，年份是 4 位数字，使用 yyyy 表示	m	小时中的分钟数，分钟是两位数字，使用 mm 表示
M	年中的月份，月份是两位数字，使用 MM 表示	s	分钟中的秒数，秒是两位数字，使用 ss 表示
d	月中的天数，天数是两位数字，使用 dd 表示	S	毫秒数，毫秒数是 3 位数字，使用 SSS 表示
H	一天中的小时数（24 小时），小时是两位数字，使用 HH 表示		

SimpleDateFormat 类中的构造方法如下：

```
public SimpleDateFormat(String pattern)
```

功能：通过一个指定的模板构造对象。

SimpleDateFormat 类的常用方法如下：

```
public Date parse(String source)  throws ParseException
```

功能：将一个包含日期的字符串变为 Date 类型。

```
public final String format(Date date)
```

功能：将一个 Date 类型按照指定格式变为 String 类型。

【例 6-10】SimpleDateFormat 类使用示例。

```
import java.text.ParseException;
import java.text.SimpleDateFormat;
import java.util.Date;
```

```
public class SimpleDateFormatTest {
    public static void main(String[] args){
        String strDate = "2009-10-19 10:11:30.345";  // 定义日期时间的字符串
        // 准备第 1 个模板,从字符串中提取日期数字
        String pat1 = "yyyy-MM-dd HH:mm:ss.SSS";
        // 准备第 2 个模板,将提取后的日期数字变为指定的格式
        String pat2 = "yyyy 年 MM 月 dd 日 HH 时 mm 分 ss 秒 SSS 毫秒";
        SimpleDateFormat sdf1 = new SimpleDateFormat(pat1);// 实例化模板对象
        SimpleDateFormat sdf2 = new SimpleDateFormat(pat2);// 实例化模板对象
        Date d = null;
        try {
            d = sdf1.parse(strDate);   // 将给定字符串中的日期提取出来
        }
        catch (ParseException e) {     // 如果提供的字符串格式有错误，则进行异常处理
            e.printStackTrace();
        }
        System.out.println(sdf2.format(d));// 将日期变为新的格式
    }
}
```

运行结果：

```
2009 年 10 月 19 日 10 时 11 分 30 秒 345 毫秒
```

说明：首先将 pat1 模板中的字符串表示的日期数字取出，然后再使用第 pat2 个模板将这些日期数字重新转化为新的格式表示。

6.3 异　　常

异常就是在程序的运行过程中所发生的意外事件，它中断指令的正常执行。Java 中提供了一种独特的处理异常的机制，通过异常来处理程序设计中出现的错误。在 Java 中，处理这种情况的方法是利用异常处理，把出错处理和正常代码分开。在 JDK 中，每个包中都定义了异常类，而所有的异常类都直接或间接地继承于 java.lang.Throwable 类。当 Java 程序遇到不可预料的错误时，会实例化一个从 Throwable 类继承的对象。Java 异常处理通过 5 个关键字 try、catch、finally、throw 和 throws 进行管理。

6.3.1 异常类结构

Java 中的异常类可分为两大类：

1. Error 类

错误 Error 类指的是系统错误或运行环境出现的错误，这些错误一般是很严重的错误，即使捕捉到也无法处理，由 Java 虚拟机生成并抛出，包括系统崩溃、动态链接失败、虚拟机错误等，在 Java 程序中不做处理。

2. Exception 类

异常 Exception 类则是指一些可以被捕获且可能恢复的异常情况，是一般程序中可预知的问题。对于异常可分为两类：

（1）运行时异常：程序中可以不做处理，直接由运行时系统来处理。

（2）非运行时异常：在程序中必须对其进行处理，否则编译器会指出错误。

Exception 类有两种构造方法：

（1）Exception()：没有参数，不指定的输出消息串，创建一个异常。

（2）Exception(String exp)：根据参数提供的输出消息串，创建一个异常。

例如，创建一个异常对象：

```
Exception Exp=new Exception("产生异常！");
```

Exception 类的方法均继承自 Throwable 类，可以为程序提供一些有关异常的信息，常用方法如表 6-7 所示。

表 6-7　Exception 类常用的成员方法

成员方法	功能说明
String getMessage()	返回该异常所存储的描述性字符串
String toString()	返回异常对象的详细信息，包含该类名和指出所发生问题的描述性消息的字符串
void printStackTrace()	将异常发生的路径，即引起异常的方法调用嵌套序列打印到标准错误流

3. 异常的处理机制

每当 Java 程序运行过程中发生一个可识别的运行错误时，即该错误有一个异常类与之相对应时，系统都会产生一个相应的该异常类的对象，即产生一个异常。一旦一个异常对象产生了，系统中就一定有相应的机制来处理它，确保不会产生死机、死循环或其他对操作系统的损害，从而保证了整个程序运行的安全性。这就是 Java 的异常处理机制。

Java 中处理异常有两种方式：捕获异常、抛出异常。

（1）捕获异常：就地解决，并使程序继续执行。

（2）抛出异常：将异常向外转移，即将异常抛出方法之外，由调用该方法的环境去处理。

6.3.2　捕获异常

捕获异常是一种积极的异常处理机制。当 Java 运行时系统得到一个异常对象时，它将会沿着方法的调用栈逐层回溯，寻找处理这一异常的代码。

如能找到处理这种类型的异常的方法，系统把异常对象交给这个方法进行处理，如果系统找不到可以捕获异常的方法，系统将终止，程序退出。

捕获异常的程序结构如下：

```
try{
    代码1;
}catch(){
    代码2;
}catch(){
    代码3;
}
…
finally{
    代码4;
}
```

说明：

（1）try 模块中的代码为执行过程中有可能出现异常的代码，运行时系统通过参数值把被抛弃的异常对象传递给 catch 块。

（2）每个 catch 语句需要一个形式参数，用于指明它所能够捕获的异常类型，这个异常类必须是 Throwable 的子类。

（3）每个 try 代码块可以伴随一个或多个 catch 语句，用于处理 try 代码块中所生成的异常事件。

（4）捕获异常的顺序和 catch 语句的顺序有关，当捕获到一个异常时，剩下的 catch 语句就不再进行匹配。因此，在安排 catch 语句的顺序时，首先应该捕获最特殊的异常，然后再逐渐一般化。也就是一般先安排子类，再安排父类。

（5）finally 语句是可选项。不论在 try 代码块中是否发生了异常事件，finally 块中的语句都会被执行。

（6）finally 语句通常来做清理操作，比如关闭一个文件流等。

【例 6-11】捕获异常使用示例。

```
public class TryCatchDemo{
    public static void main(String args[]){
        int a,b,c;
        try {
            a=100;
            b=Integer.parseInt(args[0]);
            c=a/b;
            System.out.println("c="+c);
            System.out.println("没有异常！");
        }
        catch(ArithmeticException e) {  //处理算术运算异常
            System.out.println("捕获异常:"+e.getMessage());
            e.printStackTrace();
        }
        catch(Exception e) {  //异常处理
            System.out.println("没有异常处理类:"+e.getMessage());
            e.printStackTrace();
        }
        finally{
            System.out.println("执行完毕！");
        }
    }
}
```

运行结果：

（1）如果输入的参数不为零（如参数为 1），运行结果如下：

```
c=100
没有异常！
执行完毕！
```

（2）如果输入的参数为零，运行结果如下：

```
捕获异常:/ by zero
执行完毕！
Java.lang.ArithmeticException:/by zero
       At TryCatchDemo.main(TryCatchDemo.java: 10)
```

说明：

（1）程序中有可能出现除零的情况，所以进行了异常捕获。如没有出现除零异常，程序正常执行。

（2）如出现除零异常，产生异常后的语句将不执行，显示异常信息。

（3）无论是否出现异常，finally 模块中的语句都会被执行。

（4）程序中添加了第二个 catch 模块，参数使用异常的基类 Exception，以防止产生了不可预知的异常而没有对应的类进行捕获。

6.3.3 抛出异常

抛出异常又分显式抛出异常和转移异常两种。

1. 显式抛出异常

在 Java 程序的执行过程中，如果出现了异常事件，就会生成一个异常对象。生成的异常对象将传递给 Java 运行时系统，这一异常的产生和提交过程称为抛弃（throw）异常。可以抛出的异常必须是 Throwable 或其子类的实例。

例如：

```
    IOException e=new IOException();
    throw e ;
```

【例 6-12】显式抛出异常使用示例。

```
class ThrowTest {
    static void test() {
        System.out.println("显式抛出异常");
        throw new ArithmeticException();
    }
    public static void main(String[] args) {
        try {
            test();
        } catch (ArithmeticException e) {
            System.out.println("收到异常");
        }
    }
}
```

运行结果：

```
显式抛出异常
收到异常
```

说明：

（1）test()方法中使用了 throw 抛出异常，由主函数中的 try...catch 语句进行捕获。

（2）如果在主函数中不使用 try...catch 语句进行捕获，将会产生异常：

```
Exception in thread "main" java.lang.ArithmeticException
              at ThrowTest.test(ThrowTest.java:5)
              at ThrowTest.main(ThrowTest.java:10)
```

2. 转移异常

如果一个方法并不知道如何处理所出现的异常，则可在方法声明时，声明抛弃异常。这是一种消极的异常处理机制。也就是说抛出异常的方法和处理异常的方法不是同一个方法时，则需声明抛出异常。

对一个产生异常的方法，如果不使用 try...catch 语句进行捕获并处理异常，就必须使用 throws 关键字指出该方法可能会抛出异常。

【例 6-13】转移异常使用示例。

```
import java.io.File;
import java.io.IOException;
public class CreateFile {
    public static void main(String[] aa){
```

```
        try{
            File f1=new File("d:\\hello.txt");
            f1.createNewFile();
            System.out.println(f1+" 已创建成功。");
        }
        catch(IOException e){
            System.out.println(e.getMessage());
        }
    }
}
```

运行结果:

```
d:\\hello.txt 已创建成功。
```

6.3.4 自定义异常类

通常情况下，使用 Java 内置的异常类可以描述大部分异常情况，但有时需要创建自定义的异常类。用户自定义的异常类都要直接或间接地继承 Exception 类。

例如:

```
class MyException extends Exception{
    ……
}
```

【例 6-14】自定义异常类使用示例。

```
class MyExcep extends NumberFormatException{
    public MyExcep(){
        System.out.println("你输入非大写字母! ");
    }
}
class MyException{
    public static void inputChar(){
        try{
            char c;
            while(true){
                c = (char)System.in.read();     //从标准输入设备读入
                if(c>='A' && c<='Z'){
                    System.out.println(c);
                }
                else{
                    throw new MyExcep();          //非大写字母时抛出异常
                }
            }
        }
        catch(Exception e){ }
    }
    public static void main(String[] args) {
        MyException.inputChar();
    }
}
```

运行结果:

```
输入:
```

```
ERFGf
输出:
E
R
F
G
你输入非大写字母!
```

说明：程序判断输入的是否是大写字母，如是大写字母就将其输出，如不为大写字母则抛出异常。

6.4 应用案例

【案例 6-1】 Integer 大小比较的问题。

首先给大家看一个例子：

```
public class Test {
    public static void main(String[] args) {
        Integer a=10;
        Integer b=10;
        System.out.println("a==b : " + String.valueOf(a==b));
        System.out.println("a.equals(b) : " + String.valueOf(a.equals(b)));
    }
}
```


运行结果如下：

```
a==b : true
a.equals(b) : true
```

当我们变换一下值：

```
public class Test {
    public static void main(String[] args) {
        Integer a=1000;
        Integer b=1000;
        System.out.println("a==b : " + String.valueOf(a==b));
        System.out.println("a.equals(b) : " + String.valueOf(a.equals(b)));
    }
}
```

运行结果如下：

```
a==b : false
a.equals(b):true
```

分析：实际上在我们用“Integer a = 数字；”来赋值的时候，Integer 这个类是调用 public static Integer valueOf(int i)方法。

```
public static Integer valueOf(int i) {
        if(i>=-128&&i<=IntegerCache.high)
            return IntegerCache.cache[i+128];
        else
            return new Integer(i);
    }
```

我们来看看 ValueOf(int i)的代码，可以发现它对传入参数 i 做了一个 if 判断。在-128<=i<=127 的时候是直接用缓存，而超出了这个范围则是 new 了一个对象。

【案例 6-2】异常的综合示例。

1. 自定义异常类 DivideByZeroException

继承于 ArithmeticException 类，重写了 ArithmeticException 类的提示信息，如出现除零异常，将提示“除零操作”。

```
public class DivideByZeroException extends ArithmeticException{
   public DivideByZeroException() {
      super("除零操作");
   }
}
```

2. 接收数据类 Keyboard

InputStreamReader 是用于读取字符的类；在 getInteger()方法中，捕获任何 Exception 类的异常，并输出相关信息；getString()方法用于处理输入的字母（非数字），将取得的字符串进行轮换。

```
import java.io.*;
public class Keyboard{
   static BufferedReader inputStream =
         new BufferedReader (new InputStreamReader(System.in));
   public static int getInteger() {
         try {
            return (Integer.valueOf(inputStream.readLine().trim()).intValue());
         } catch (Exception e) {
            e.printStackTrace();
            return 0;
         }
   }
   public static String getString() {
   try{
   return (inputStream.readLine());
   }catch (IOException e)
      { return "0";}
   }
}
```

3. 主类 Examp

在 quotient()方法中，如发生除零异常，使用 throws 抛出自定义异常类 DivideByZeroException 的对象。在 main ()中使用 try...catch 语句进行异常捕获，处理输入非法字符异常和由 quotient()抛出的异常。System.exit(-1)方法的功能是退出系统。

```
import java.io.*;
public class Examp {
   private static int quotient(int numerator, int denominator) throws
DivideByZeroException {
         if (denominator==0) {
              throw new DivideByZeroException();
         }
         return(numerator/denominator);
   }
   public static void main(String args[]) {
      int number1=0, number2=0, result=0;
      try {
         System.out.println("输入第一个数字:");
```

```
                number1 = Integer.valueOf(Keyboard.getString()).intValue();
                System.out.println("输入第二个数字:");
                number2 = Integer.valueOf(Keyboard.getString()).intValue();
                result = quotient(number1,number2);
            }
            catch (NumberFormatException e) {
                System.out.println("输入了非法的数字!");
                System.exit(-1);
            }
            catch (DivideByZeroException e) {
                System.out.println(e.toString());
                System.exit(-1);
            }
            System.out.println(number1 + " / " + number2 + "=" + result);
        }
    }
```

运行结果如下：

（1）第二个数字输入为零的情况：

```
输入第一个数字:
17
输入第二个数字:
0
DivideByZeroException: 除零操作
```

（2）第一个数字或二个数字输入为非数字的情况：

```
输入第一个数字:
As
输入了非法的数字!
```

小　结

本章介绍 Java 的数组、一些常用的 Java 类库以及异常。其中主要包括一维数组和二维数组的使用方法，尤其是对二维数组的操作，读者要区别 Java 的二维数组与 C/C++的二维数组的区别；然后对一些常用的类库进行了介绍，并举例讲解了其成员方法的使用。

Java 异常处理包括两种方法：捕获异常和抛出异常。捕获异常是一种积极处理异常的方式，而抛出异常是一种消极处理异常的方式。

习　题

一、填空题

1. ________________是相同类型的数据按顺序组成的一种复合数据类型。

2. Java 中定义数组后通过________________加数组下标，来使用数组中的数据。

3. Java 中声明数组包括数组的名字、数组包含的元素的________________。

4. ________________仅仅是给出了数组名字和元素的数据类型，要想真正的使用数组还必须为它分配内存空间。

5. 数组声明后，必须使用________________运算符分配内存空间。

6. 声明数组仅仅是给出了数组名字和元素的数据类型，要想真正地使用数组还必须为它______________。

7. 一维数组通过下标符访问自己的元素，需要注意的是下标从______________开始。

8. 创建数组后，系统会给每一个数组元素一个默认的值，如 float 型是______________。

9. Java 中使用 java.lang 包中的______________类来创建一个字符串变量，因此字符串变量是类类型变量，是一个对象。

10. 创建一个字符串时，使用 String 类的______________。

11. 使用 String 类的______________方法可以获取一个字符串的长度。

12. 可以使用 String 类的______________方法判断一个字符串的前缀是否是字符串 s。

13. 可以使用 java.lang 包中的______________类将形如“12387”的字符串转化为 int 型数据。

14. 可以使用 String 类直接调用______________方法将数值转化为字符串。

15. Object 类有一个 public 方法是______________，一个对象通过调用该方法可以获得该对象的字符串表示。

16. Object 类是所有 Java 类的______________。

17. 如果 Java 类重新定义了 equals( ) 方法，那么这个类也必须重新定义 hashCode()。并且要保证当两个对象用 equals() 方法比较结果为 true 时，这两个对象的 hashCode() 方法的返回值______________。

二、选择题

1. 下列数组的定义不合法的是：（　　）。

A. char c[][]=new char[2][3];　　B. char c[][]=new char[6][];

C. char [][]c=new char[3][3];　　D. char [][]c=new char[][4];

2. 设有定义语句 int a[]={66,88,99}; 则以下对此语句的叙述错误的是（　　）。

A. 定义了一个名为 a 的一维数组　　B. a 数组有 3 个元素

C. a 数组的下标为 1～3　　D. 数组中的每个元素是整型

3. 有如下代码段：

```
________________________
{
  if(unsafe()){//do something…}
  else if(safe()){//do the other…}
}
```

其中，方法 unsafe() 将抛出 IOException, 请问可将以下哪项填入空行？（　　）

A. public IOException methodName()

B. public void methodName()

C. public void methodName() throw IOException

D. public void methodName() throws IOException

4. 如果一个程序段中有多个 catch，则程序会按如下哪种情况执行？（　　）

A. 找到合适的例外类型后继续执行后面的 catch

B. 找到每个符合条件的 catch 都执行一次

C. 找到合适的例外类型后就不再执行后面的 catch

D. 对每个 catch 都执行一次

5. 程序员将可能发生异常的代码放在（　　）块中，后面紧跟着一个或多个（　　）块。

A. catch、try　　B. try、catch　　C. try、exception　　D. exception、try

6. 关于异常处理，以下说法错误的是（　　）。

A. 可以使用 throw 语句抛出异常

B. 程序可以使用 try、catch、finally 语句捕获异常

C. 无论 try 块中是否发生异常，finally 标识的代码块都会被执行

D. try 语句后只能有一个 catch 语句

7. 以下 Character 类的方法中，（　　）可以确定字符是否为字母。

A. isDigit()方法　　B. isLetter()方法

C. isSpace()方法　　D. isUnicodeIdentifier()方法

8. Java 提供名为（　　）的包装类来包装字符串类型。

A. Integer　　B. Double　　C. String　　D. Char

9. 下列 String 类的（　　）方法返回指定字符串的一部分。

A. extractstring()　　B. substring()　　C. Substring()　　D. Middlestring()

10. 默认情况下，StringBuffer 类保留的空间为（　　）个字符。

A. 8　　B. 16　　C. 24　　D. 32

11. 用 clone()方法创建对象，调用构造方法的个数为（　　）个。

A. 0　　B. 1　　C. 2　　D. 3

三、输出结果题

1. 下面是一个排序的程序:

```
import java.io.*;
public class Test56_Sort{
   public static void main(String args[ ]){
      int[] a={42,99,5,63,95,36,2,69,200,96};
      System.out.println("排序前的数据序列:");
      ShowArray(a);
      Sort(a);
      System.out.println("排序后的数据序列:");
      ShowArray(a);
   }
   public static void Sort(int[] x){
      int w;
      for(int i=1; i<x.length; i++){
         for(int j=0; j<x.length-1; j++)
            if(x[j]>x[j+1]){
               w=x[j]; x[j]=x[j+1]; x[j+1]=w;
            }
            /* if(i==1||i==2) ShowArray(x);
            if(i==2) break; */
      }
   }
   public static void ShowArray(int b[]){
      for(int i=0; i<b.length; i++)
      System.out.print(" "+b[i]);
      System.out.println(" ");
   }
}
```

问题：如果将方法 Sort( )中的一对注释符（/* */）去掉，程序输出的结果是什么？

2. 写出以下程序的功能。

```
public class ABC{
   public static void main(String args[ ]){
      int  i , j ;
      int a[ ]={ 9,7,5,1,3};
      for ( i=0 ; i<a.length-1; i++ ) {
         int k=i;
      for ( j=i ; j<a.length ;  j++ )
         if ( a[j]>a[k] ) k=j;
      int temp =a[i];
      a[i]=a[k];
      a[k]=temp;
      }
      for ( i=0 ; i<a.length; i++ )
         System.out.print(a[i]+"  ");
      System.out.println( );
   }
}
```

3. 阅读下面的程序 Test.java:

```
  import java.io.*;
   public class Test{
      public static void main(String argv[]){
        Test t=new Test();
        System.out.println(t.fliton());
      }
      public int fliton(){
        try{
          FileInputStream din = new FileInputStream("test.txt");
          din.read();
        }catch(IOException ioe){
          System.out.println("one");
           return -1;
        }
        finally{
           System.out.println("two");
         }
       return 0;
      }
}
```

如果文件 test.txt 与 Test.java 在同一个目录下，test.txt 中仅有一行字符串“hello world!”，上面的程序编译是否成功？如果编译出错，指出哪行出错，并说明理由；如果编译正确，运行结果是什么？

4. 仔细阅读下面的程序，写出程序的执行顺序（写出编号）：

```
public class UsingExceptions {
   public static void main( String args[] ) {
      try{
       method1();                              // 1
     }catch(Exception e){
          System.err.println(e.getMessage());    // 2
     }
     finally{
          System.out.println("Program is end!");  // 3
```

```
        }
    }
    public static void method1() throws Exception {
      method2();                              //4
    }
    public static void method2() throws Exception {
      method3();                          //5
    }
    public static void method3() throws Exception {
      throw new Exception( "Exception thrown in method3" ); //6
    }
}
```

5. 阅读下面的程序 Test.java，先填写空格的内容，然后写出运行结果。

```
import java.io.*;
public class Test{
    public static void main(String argv[]){
        ____________________;      //创建Test对象，对象名为t
        System.out.println(t.fliton());
    }
    public int fliton(){
        try{
         //下一行的含义是: ________________________________
          FileInputStream din = new FileInputStream("test.txt");
          din.read();
        }catch(IOException  ioe){ //此行的含义是: ____________________
           System.out.println("one");
           return -1;
        }
       finally{
           System.out.println("two");
        }
       return 0;
    }
 }
```

如果文件 test.txt 与 Test.java 在同一个目录下，test.txt 中仅有一行字符串“hello world!”，运行结果是什么？

四、问答题

1. 判断下面的说法是否正确。如果错误，请说明原因。

（1）一个数组中可以存放多个不同类型的值。

（2）数组下标通常是 float 型的。

（3）二维数组其实质是一维数组的一维数组。

2. 什么是异常？举出程序中常见的异常的种类。

3. Java 中异常处理有什么优点？

4. 在 Java 中，throw 与 throws 有什么区别？它们各自用在什么地方？

5. 请设计一个 Java 程序，程序中要进行数组操作和除法操作，要求对所设计的程序可能出现的异常进行处理。

6. 定义一个邮件地址异常类，当用户输入的邮件地址不合法时，抛出异常。（其中邮件地址的合法格式为**** @****，也就是说必须是在@符号左右出现一个或多个其他字符的字符串。）

7. try…catch…finally 语句的执行顺序是怎样的？

8. 简述 Object 类的主要成员方法及功能。

五、编程题

1. 设计一个类 TestArraySum，定义一个含有 10 个元素的 int 类型数组 a，10 个数组元素的值是 11～20，再定义一个方法 arraySum(int[] a)，返回数组所有元素的和，最后用 main()方法实现在屏幕上输出数组 a 所有元素的和。

2. 设有一个名为 table 的数组，试执行以下任务：

（1）声明并创建该数组为 3 行 3 列的整数数组。

（2）该数组包含多少个元素？

（3）用 for 结构将数组的每个元素初始化为各自下标的和（假设整数变量 i、j 为控制变量）。

3. 将一个数组中的值按逆序重新存放。假定原来的顺序为 4,1,3,5,9,2,1，要求改为 1,2,9,5,3,1,4。

4. 现有类 Book 定义如下：

```
Class Book{
private String author;   //作者
private String ISBN;     //书号
private double price;    //价格
public String getAuthor(){ return this.author; }             //返回作者名
public void setAuthor(String author){ this.author = author; } //设置作者名
public String getISBN(){ return this.ISBN; }                 //返回书号
public void setISBN(String ISBN){ this.ISBN = ISBN; }        //设置书号
public double getPrice() { return this.price; }              //返回书价
public void setPrice() { this.price = price ; }              //设置书价}
```

请用 1 个数组存放随机产生的 10 个书籍对象的数据，并显示其中书价最高图书的书号（要求使用对象数组完成）。

5. 写出比较 2 个字符串是否相同的方法，并加以说明。

6. 写一个输出整数 10 以内的奇数的 Java 程序，每个输出项之间空一个制表符位置。

第7章

Java 对象容器

数组是一个简单的线性序列，访问元素的速度较快，是 Java 提供的随机访问对象序列的最有效方法。但是数组的缺点是大小自创建以后就固定了，在其整个生存期内其大小不可改变；数组存储的元素只能是同一类型。

如果需要在序列中存储不同类型的数据，或者需要动态改变其大小，要用一种更复杂方式来存储对象。为此，Java 提供了“容器类”（container class）。其基本类型有 List、Set 和 Map，它们被组织在以 Collection 及 Map 接口为根的层次结构中，称为集合框架。

7.1 Collection 接口

Collection 接口及其类层次如图 7-1 所示。这些接口及类都在 java.util 包中。

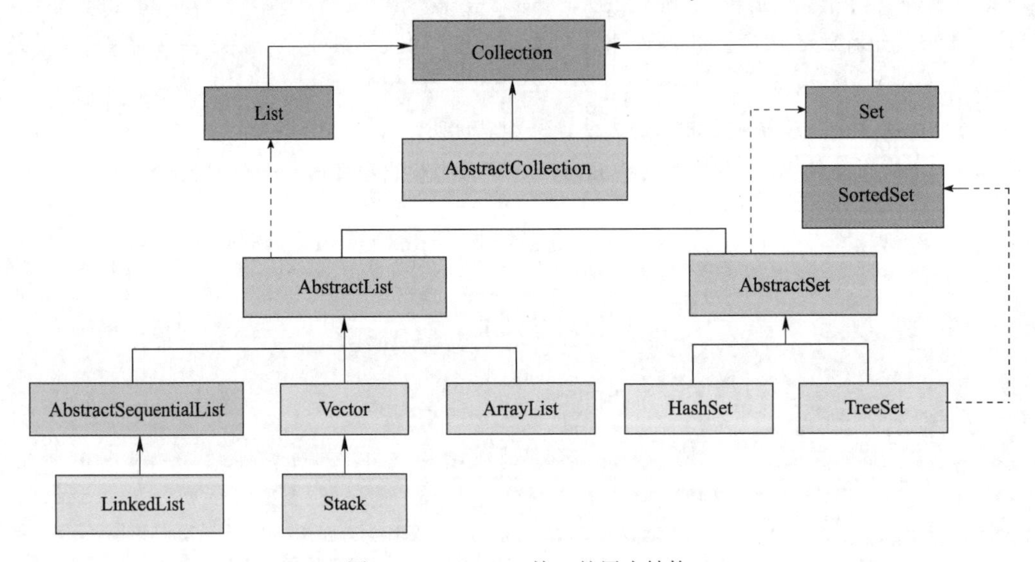

图 7-1 Collection 接口的层次结构

Collection 接口是 List 接口和 Set 接口的父接口，通常情况下不被直接使用，不过 Collection 接口定义了一些通用的方法，通过这些方法可以实现对集合的基本操作，因为 List 接口和 Set 接口实现了 Collection 接口，所以这些方法对 List 集合和 Set 集合是通用的。常用的成员方法如表 7-1 所示。

表 7-1 Collection 接口常用的成员方法

成员方法	功能说明
boolean add(E e)	将指定元素添加到此向量的末尾

续表

成员方法	功能说明
boolean addAll(Collection<? extends E> c)	将指定 Collection 中的所有元素添加到此向量的末尾，并按照指定 Collection 所返回的顺序添加这些元素
remove(Object obj)	将指定的对象从该集合中移除。返回值为 boolean 型，如果存在指定的对象则返回 true，否则返回 false
removeAll(Collection<?> col)	从该集合中移除同时包含在指定集合中的对象，与 retainAll()方法正好相反。返回值为 boolean 型，如果存在符合移除条件的对象则返回 true，否则返回 false
retainAll(Collection<?> col)	仅保留该集合中同时包含在指定集合中的对象，与 removeAll()方法正好相反。返回值为 boolean 型，如果存在符合移除条件的对象则返回 true，否则返回 false
contains(Object obj)	用来查看在该集合中是否存在指定的对象。返回值为 boolean 型，如果存在则返回 true，否则返回 false
containsAll(Collection<?> col)	用来查看在该集合中是否存在指定集合中的所有对象。返回值为 boolean 型，如果存在则返回 true，否则返回 false
isEmpty()	用来查看该集合是否为空。返回值为 boolean 型，如果在集合中未存放任何对象则返回 true，否则返回 false
size()	用来获得该集合中存放对象的个数。返回值为 int 型，为集合中存放对象的个数
clear()	移除该集合中的所有对象，清空该集合
iterator()	用来序列化该集合中的所有对象。返回值为 Iterator<E>型，通过返回的 Iterator<E>型实例可以遍历集合中的对象
toArray()	用来获得一个包含所有对象的 Object 型数组
toArray(T[] t)	用来获得一个包含所有对象的指定类型的数组
equals(Object obj)	用来查看指定的对象与该对象是否为同一个对象。返回值为 boolean 型，如果为同一个对象则返回 true，否则返回 false

7.2 List 集合

List 包括 List 接口以及 List 接口的所有实现类。因为 List 接口实现了 Collection 接口，所以 List 接口拥有 Collection 接口提供的所有常用方法，又因为 List 是列表类型，所以 List 接口还提供了一些适合于自身的常用方法，如表 7-2 所示。

表 7-2　List 常用的成员方法

方法名称	功能简介
add(int index, Object obj)	用来向集合的指定索引位置添加对象，其他对象的索引位置相对后移一位。索引位置从 0 开始
addAll(int　index, Collection<?> col)	用来向集合的指定索引位置添加指定集合中的所有对象
remove(int index)	用来清除集合中指定索引位置的对象
set(int index, Object obj)	用来将集合中指定索引位置的对象修改为指定的对象
get(int index)	用来获得指定索引位置的对象
indexOf(Object obj)	用来获得指定对象的索引位置。当存在多个时，返回第一个的索引位置；当不存在时，返回-1
lastIndexOf(Object obj)	用来获得指定对象的索引位置。当存在多个时，返回最后一个的索引位置；当不存在时，返回-1
listIterator()	用来获得一个包含所有对象的 ListIterator 型实例
listIterator(int index)	用来获得一个包含从指定索引位置到最后的 ListIterator 型实例
subList(int fromIndex, int toIndex)	通过截取从起始索引位置 fromIndex（包含）到终止索引位置 toIndex（不包含）的对象，重新生成一个 List 集合并返回

List 接口提供的适合于自身的常用方法均与索引有关，这是因为 List 集合为列表类型，以线性方式存储对象，可以通过对象的索引操作对象。List 接口的常用实现类有 Vector、ArrayList 和 LinkedList。

7.2.1 Vector 类

虽然 Java 数组功能很强大，但它不一定总是适合我们的需要。Java 数组只能保存固定数目的元素，且必须把所有需要的内存单元一次性的申请出来，即数组一旦创建，它的长度就固定不变，所以创建数组前需要知道它的长度。如果事先不知道数组的长度，就需要估计，若估计的长度比实际长度大，则浪费有用的存储空间，若比实际长度小，则不能存储相应的信息。为了解决这个问题，Java 中引入了向量类 Vector。

Vector 也是一组对象的集合，和一个数组非常相似，但它可以存储多个对象，并且可以用索引值来检索这些对象。数组和 Vector 的最大区别是当空间用完后 Vector 会自动增长，同时，Vector 还提供了额外的方法来增加或删除元素，而在数组中，必须用手工来完成这些工作（例如在两个元素间插入一个元素）。

1. 创建一个 Vector

创建一个 Vector 时，可以指定 Vector 的初始大小和增长速度，也可以设置 Vector 的初始大小并让它自己决定以多快的速度增长，或者可以让 Vector 自己决定一切。Vector 有四个构造方法：

（1）Vector()

功能：构造一个空的向量。

（2）Vector(Collection<? extends E> c)

功能：构造一个包含指定 collection 中的元素的向量，这些元素按其 collection 的迭代器返回元素的顺序排列。

（3）Vector(int capacity)

功能：以指定的存储容量构造一个空的向量。

（4）Vector(int capacity, int capacityIncrement)

功能：以指定的存储容量和容量增量构造一个空的 Vector。

说明：如果不指定增长速度，Vector 会将其空间增大一倍。如果使用的是一个很大的 Vector，这可能会导致系统性能的下降以及其他一些问题，因此当向 Vector 中大量增加元素时，建议设置具体的空间增长速度。

2. Vector 类的常用成员方法

Vector 类不仅继承了 Collection 和 List 接口的方法，还提供了成员方法对创建的对象进行操作，常用的成员方法如表 7-3 所示。

表 7-3 Vector 类常用的成员方法

成员方法	功能说明
void insertElementAt(Object obj, int index)	将指定对象作为此向量中的组件插入到 index 处
void setElementAt(Object obj, int index)	将此向量指定 index 处的组件设置为指定的对象
void removeAllElements()	从此向量中移除全部组件，并将其大小设置为零
boolean removeElement(Object obj)	从此向量中移除变量的索引为 0 的匹配项
void removeElementAt(int index)	删除指定索引处的组件
int capacity()	返回此向量的当前容量

续表

成员方法	功能说明
int indexOf(Object obj)	返回此向量中第一次出现的指定元素的索引，如果此向量不包含该元素，则返回 -1
int indexOf(Object obj, int index)	返回此向量中第一次出现的指定元素的索引，从 index 处正向搜索，如未找到该元素，则返回 -1
int lastIndexOf(Object obj)	返回此向量中最后一次出现的指定元素的索引；如果此向量不包含该元素，则返回 -1
int lastIndexOf(Object obj, int index)	返回此向量中最后一次出现的指定元素的索引，从 index 处逆向搜索，如果未找到该元素，则返回 -1
Object firstElement()	返回此向量的位于索引 0 处的项
Object lastElement()	返回此向量的最后一项
void setSize(int newSize)	设置此向量的大小

【例 7-1】使用 Vector 类示例。

```
import java.util.*;
class VectorTest{
    public static void main(String[] args){
        Vector vec=new Vector(3);
        System.out.println("初始容量为: "+vec.capacity());
        vec.addElement(new Integer(1));
        vec.addElement(new Integer(2));
        vec.addElement(new Integer(3));
        vec.addElement(new Integer(7));
        vec.addElement(new Integer(8));
        System.out.println("新容量为: "+vec.capacity());
        System.out.println("vector 的值为: "+vec.capacity());
        for(int i=0;i<vec.size();i++){
            int x=((Integer)(vec.get(i))).intValue();
            System.out.println(x);
        }
        System.out.println("vector 中的组件数为: "+vec.size());
        System.out.println("第一个组件值为: "+vec.firstElement());
        System.out.println("最后一个组件值为: "+vec.lastElement());
        if(vec.contains(new Integer(2))){
            System.out.println("找到值等于 2 的组件");
        }
        vec. removeElementAt(1);
        if(vec.contains(new Integer(2))){
            System.out.println("找到值等于 2 的组件");
        }
        else{
            System.out.println("删除了值等于 2 的组件");
        }
    }
}
```

运行结果：

```
初始容量为: 3
新容量为: 6
vector 的值为:
1
```

```
2
3
7
8
vector 中的组件数为: 5
第一个组件值为: 1
最后一个组件值为: 2.78
找到值等于 2 的组件
删除了值等于 2 的组件
```

说明：

（1）与所有的集合类一样，Vector 不能存储原始类型的数据，如果要存储，则需要使用包裹类。如：vec.addElement(new Integer(1));。

（2）如果不指定增长速度，Vector 容量不够时，会将其空间增大一倍。

7.2.2 Iterator 接口

通常，遍历集合类对象中的每一个元素的方法如下所示：

```
for(int i=0;i<vec.size();i++){
   int x=((Integer)(vec.get(i))).intValue();
   System.out.println(x);
}
```

以上的方法客户端都必须事先知道集合的内部结构，访问代码和集合本身是紧耦合，无法将访问逻辑从集合类和客户端代码中分离出来，每一种集合对应一种遍历方法，客户端代码无法复用。

使用 Iterator 接口会使遍历方法得到简化。Iterator 接口是用于遍历集合类的标准访问方法，它可以把访问逻辑从不同类型的集合类中抽象出来，从而避免向客户端暴露集合的内部结构，并提供了用于遍历元素的方法。

Iterator 具有如下三个方法：

- hasNext()：判断是否还有元素。
- next()：取得下一个元素。
- remove：去除一个元素。注意是从集合中去除最后调用 next()返回的元素，而不是从 Iterator 类中去除。

Iterator 总是用同一种逻辑来遍历集合，典型的代码如下：

```
for(Iterator it=c.iterator(); it.hasNext(); ){
   Object o=it.next();          // 对 o 的操作
   ...
}
```

客户端自身不维护遍历集合的“指针”，所有的内部状态（如当前元素位置、是否有下一个元素）都由 Iterator 来维护，而这个 Iterator 由集合类通过工厂方法生成，因此，它知道如何遍历整个集合。

【例 7-2】修改例 7-1，使用 Iterator 进行遍历。

```
import java.util.*;
class IteratorTest{
   public static void main(String[] args){
      Vector vec=new Vector(3);
      vec.addElement(new Integer(1));
      vec.addElement(new Integer(2));
      vec.addElement(new Integer(3));
```

```
        vec.addElement(new Integer(7));
        vec.addElement(new Integer(8));
        System.out.println("vector 的值为: "+vec);//输出 vector 的值
        for(Iterator it = vec.iterator(); it.hasNext(); ){
            int x=((Integer)it.next()).intValue();//遍历 vector
            if(x==2){
                it.remove();//删除值为 2 的元素
            }
        }
        System.out.println("vector 中的组件数为: "+vec.size());
        if(vec.contains(new Integer(2))){
            System.out.println("找到值等于 2 的组件");
        }
        else{
            System.out.println("删除了值等于 2 的组件");
        }
    }
}
```

运行结果：

```
vector 的值为: [1,2,3,7,8]
vector 中的组件数为: 4
删除了值等于 2 的组件
```

7.2.3 ArrayList 类

ArrayList 类实现了 List 接口，由 ArrayList 类实现的 List 集合采用数组结构保存对象。

数组结构的优点是便于对集合进行快速的随机访问，如果经常需要根据索引位置访问集合中的对象，使用由 ArrayList 类实现的 List 集合的效率较好。

数组结构的缺点是向指定索引位置插入对象和删除指定索引位置对象的速度较慢。如果经常需要向 List 集合的指定索引位置插入对象，或者是删除 List 集合的指定索引位置的对象，使用由 ArrayList 类实现的 List 集合的效率较低，并且插入或删除对象的索引位置越小效率越低，原因是当向指定的索引位置插入对象时，会同时将指定索引位置及之后的所有对象相应地向后移动一位。

【例 7-3】ArrayList 类使用示例。

```
import java.util.*;
public class ArrayListDemo{
    public static void main(String[] args){
        List<String> list=new ArrayList<String>();
        list.add("张三");
        list.add("李四");
        for(int i=0;i<list.size();i++)
            System.out.println(list.get(i));
    }
}
```

运行结果：

```
张三
李四
```

说明：

（1）使用 add()方法可以将一个对象加入 ArrayList 中，使用 size() 方法返回当前的 ArrayList 的长度，使用 get()方法可以返回指定索引处的对象。

（2）上例可用 Iterator 类遍历显示所有对象。上例可改为：

```
Iterator iterator=list.iterator();
while(iterator.hasNext())
   System.out.println(list.get(i));
```

（3）也可使用增强的 for 循环来直接遍历 List 的所有元素。上例可改为：

```
for(String s:list)
   System.out.println(s);
```


7.2.4 LinkedList 类

LinkedList 类实现了 List 接口，由 LinkedList 类实现的 List 集合采用链表结构保存对象。

链表结构的优点是便于向集合中插入和删除对象，如果经常需要向集合中插入对象，或者从集合中删除对象，使用由 LinkedList 类实现的 List 集合的效率较好。

链表结构的缺点是随机访问对象的速度较慢，如果经常需要随机访问集合中的对象，使用由 LinkedList 类实现的 List 集合的效率则较低。由 LinkedList 类实现的 List 集合便于插入和删除对象的原因是，当插入和删除对象时，只需要简单地修改链接位置，省去了移动对象的操作。

LinkedList 类还根据采用链表结构保存对象的特点，提供了几个专有的操作集合的方法，如表 7-4 所示。

表 7-4 LinkedList 类提供的方法

方 法 名 称	功 能 简 介
addFirst(E obj)	将指定对象插入到列表的开头
addLast(E obj)	将指定对象插入到列表的结尾
getFirst()	获得列表开头的对象
getLast()	获得列表结尾的对象
removeFirst()	移除列表开头的对象
removeLast()	移除列表结尾的对象

【例 7-4】LinkedList 类使用示例。

```
import java.util.Iterator;
import java.util.LinkedList;
import java.util.List;
public class LinkedListDemo {
   public static void main(String[] args) {
      String b = "张三",  c = "热烈";
      List<String> list = new LinkedList<String>();
      list.add("欢迎");
      list.add("李四");
      list.add("光临! ");
      System.out.println("修改前: ");
      for(String s:list)
         System.out.print(s);
      System.out.println();

      list.set(1, b); // 将索引位置为 1 的对象修改为对象 b
      System.out.println("修改后: ");
      for(String s:list)
```

```
            System.out.print(s);
        System.out.println();
        list.add(0, c); // 将对象c添加到索引位置为0的位置
            System.out.println("添加元素后: ");
        for(String s:list)
            System.out.print(s);
    }
}
```

运行结果:

```
修改前:
欢迎李四光临!
修改后:
欢迎张三光临!
添加元素后:
热烈欢迎张三光临!
```

ArrayList 与 LinkedList 的比较:

(1) ArrayList 底层采用数组完成，而 LinkedList 以一般的双向链表完成，其内每个元素除了数据本身之外，还有两个引用，分别指向前一个元素和后一个元素。

(2) 如果不是经常在 List 的开始处增加元素或者在 List 中删除插入操作，那就应该使用 ArrayList，否则使用 LinkedList 更快。

7.3 Set 集合

Set 是最简单的一种集合，集合中的对象不按特定方式排序，并且没有重复对象。Set 集合包括 Set 接口以及 Set 接口的所有实现类。因为 Set 接口继承了 Collection 接口，所以 Set 接口拥有 Collection 接口提供的所有常用方法。

Set 判断两个对象相同不是使用“==”运算符，而是根据 equals()方法。也就是说，我们在加入一个新元素的时候，如果这个新元素对象和 Set 中已有对象进行 equals()比较返回 false，则 Set 就会接受这个新元素对象，否则拒绝。

Set 接口主要有两个实现类，HashSet 和 TreeSet。HashSet 类按照哈希算法来存取集合中的对象，存取速度比较快。HashSet 类还有一个子类 LinkHashSet 类。它不仅实现了哈希算法，而且实现了链表数据结构，链表数据结构能提高插入和删除元素的性能。TreeSet 类实现了 SortedSet 接口，具有排序功能。

Set 集合常用方法:

(1) public int size() ：返回 set 中元素的数目。

(2) public boolean isEmpty() ：如果 set 中不含元素，返回 true。

(3) public boolean contains(Object o) ：如果 set 包含指定元素，返回 true。

(4) public Iterator iterator() ： 返回 set 中元素的迭代器，元素返回没有特定的顺序。

(5) public boolean add(Object o) ：如果 set 中不存在指定元素，则向 set 加入。

(6) public boolean remove(Object o) ：如果 set 中存在指定元素，则从 set 中删除 。

(7) public boolean removeAll(Collection c) ：如果 set 包含指定集合，则从 set 中删除指定集合的所有元素。

(8) public void clear() ：从 set 中删除所有元素。

7.3.1 HashSet 类

java.util.HashSet 实现了 java.util.Set 接口，Set 容器存放的对象不按特定方式排序，只是简单地把对象加入集合中。对存放的对象的访问和操作是通过对象的引用进行的，所以在集中不能存放重复对象。由 HashSet 类实现的 Set 集合的优点是能够快速定位集合中的元素。

因为 Set 接口实现了 Collection 接口，所以 Set 接口拥有 Collection 接口提供的所有常用方法。

【例 7-5】 HashSet 类使用示例。

```
import java.util.*;
public class HashSetDemo{
    public static void main(String[] args){
        Set<String> ha=new HashSet<String>();
        ha.add("one");
        ha.add("two");
        ha.add("three");
        ha.add("two");
        Iterator it=ha.iterator();
        while(it.hasNext()){
            System.out.println(it.next());
        }
        ha.remove("three");
        System.out.println("删除后: ");
        Iterator it2=ha.iterator();
        while(it2.hasNext()){
            System.out.println(it2.next());
        }
    }
}
```

运行结果：

```
two
one
three
删除后:
two
one
```

说明：

（1）在程序中多加了一个“two”字符串，但只显示一个“two”。因为在比较两个加入 HashSet 容器中的对象是否相同时，会先比较 hashCode()方法返回的值是否相同。如果相同，则再使用 equals()方法比较，如果两者都相同，则视为相同的对象。

（2）迭代 HashSet 中所有的值时，其顺序与加入容器的顺序是不一样的，是 HashSet 排序后的顺序。

（3）HashSet 的排序规则是利用 hash 法，所以加入 HashSet 容器的对象还必须重新定义 hashCode()方法。

7.3.2 TreeSet 类

TreeSet 类不仅实现了 Set 接口，还实现了 java.util.SortedSet 接口，从而保证在遍历集合时按照递增的顺序获得对象，如表 7-5 所示。

表 7-5　TreeSet 类增加了新的方法

方法名称	功能简介
comparator()	获得对该集合采用的比较器。返回值为 Comparator 类型，如果未采用任何比较器则返回 null
first()	返回在集合中的排序位于第一的对象
last()	返回在集合中的排序位于最后的对象
headSet(E toElement)	截取在集合中的排序位于对象 toElement（不包含）之前的所有对象，重新生成一个 Set 集合并返回
subSet(E fromElement, E toElement)	截取在集合中的排序位于对象 fromElement（包含）和对象 toElement（不包含）之间的所有对象，重新生成一个 Set 集合并返回
tailSet(E fromElement)	截取在集合中的排序位于对象 toElement（包含）之后的所有对象，重新生成一个 Set 集合并返回

【例 7-6】TreeSet 类使用示例。

```
import java.util.*;
public class TreeSetDemo{
   public static void main(String[] args){
      Set<String> tr=new TreeSet<String>();
      tr.add("one");
      tr.add("two");
      tr.add("three");

      Iterator it=tr.iterator();
      while(it.hasNext()){
         System.out.println(it.next());
      }
   }
}
```

运行结果：

```
one
three
two
```

说明：

（1）运行结果是依字典顺序来排列的，是 TreeSet 类默认的。

（2）也可根据实际要求来排列顺序，就必须定义一个实现 java.util.Comparator 接口的对象，要实现接口中的 compare()方法，compare()方法必须返回整数值。如果对象顺序相同则返回 0，返回正整数表示 compare()方法中传入的第一个对象大于第二个对象，反之则返回负整数。

【例 7-7】实现 java.util.Comparator 接口，按例 7-6 相反顺序输出。

```
import java.util.*;
public class TreeSetTest{
   public static void main(String[] args){
      Comparator<String> cmparartor=new CustomComparator<String>();
      Set<String> tr=new TreeSet<String>(cmparartor);
      tr.add("one");
      tr.add("two");
      tr.add("three");
      Iterator it=tr.iterator();
      while(it.hasNext()){
```

```
            System.out.println(it.next());
        }
    }
}
class CustomComparator<T> implements Comparator<T>{
    public int compare(T com1, T com2){
        if(((T)com1).equals(com2))
            return 0;
        return((Comparable<T>)com1).compareTo((T)com2)*-1;
    }
}
```

运行结果:

```
two
three
one
```

说明：例子中只是将原来 compareTo()方法返回的值乘以-1，以实现相反的输出结果。

HashSet 与 TreeSet 的区别:HashSet 是基于 hash 算法实现的,性能优于 TreeSet。通常使用 HashSet,在我们需要对其中元素排序的时候才使用 TreeSet。

7.4 Map 集 合

以 Map 接口为根的集合类的层次如图 7-2 所示。这些接口及类都在 java.util 包中。

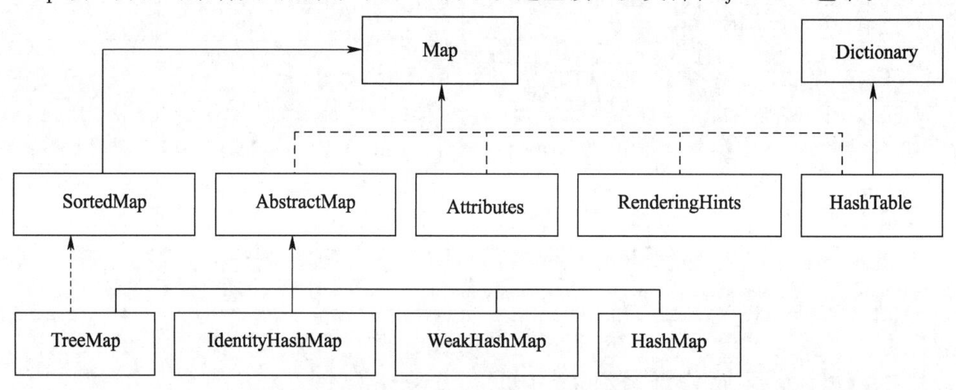

图 7-2　Map 接口为根的集合类的层次

Map 集合为映射类型，映射与集和列表有明显的区别，映射中的每个对象都是成对存在的。映射中存储的每个对象都有一个相应的键（key）对象，在检索对象时必须通过相应的键对象来获取值（value）对象，类似于在字典中查找单词一样，所以要求键对象必须是唯一的。

键对象还决定了存储对象在映射中的存储位置，但并不是键对象本身决定的，需要通过一种散列技术进行处理，从而产生一个被称作散列码的整数值，散列码通常用作一个偏置量，该偏置量是相对于分配给映射的内存区域的起始位置的，由此来确定存储对象在映射中的存储位置。

理想情况下，通过散列技术得到的散列码应该是在给定范围内均匀分布的整数值，并且每个键对象都应得到不同的散列码。

由 Map 接口定义的常用方法如表 7-6 所示。

表 7-6 Map 接口定义的常用方法

方法名称	功能简介
put(K key, V value)	向集合中添加指定的键-值映射关系
putAll(Map<? extends K, ? extends V> t)	将指定集合中的所有键-值映射关系添加到该集合中
containsKey(Object key)	如果存在指定键的映射关系，则返回 true；否则返回 false
containsValue(Object value)	如果存在指定值的映射关系，则返回 true；否则返回 false
get(Object key)	如果存在指定的键对象，则返回与该键对象对应的值对象；否则返回 null
keySet()	将该集合中的所有键对象以 Set 集合的形式返回
values()	将该集合中的所有值对象以 Collection 集合的形式返回
remove(Object key)	如果存在指定的键对象，则移除该键对象的映射关系，并返回与该键对象对应的值对象；否则返回 null
clear()	移除集合中所有的映射关系
isEmpty()	查看集合中是否包含键-值映射关系，如果包含则返回 true；否则返回 false
size()	查看集合中包含键-值映射关系的个数，返回值为 int 型
equals(Object obj)	用来查看指定的对象与该对象是否为同一个对象。返回值为 boolean 型，如果为同一个对象则返回 true，否则返回 false

Map 接口的常用实现类有 HashMap 和 TreeMap，HashMap 通过哈希码对其内部的映射关系进行快速查找，而 TreeMap 中的映射关系存在一定的顺序，如果希望在遍历集合时是有序的，则应该使用由 TreeMap 类实现的 Map 集合，否则建议使用由 HashMap 类实现的 Map 集合，因为由 HashMap 类实现的 Map 集合对于添加和删除映射关系更高效。

7.4.1 HashMap 类

HashMap 类实现了 Map 接口，HashMap 对 key 进行散列，允许空值和空键（HashSet 底层就是由 HashMap 来实现的），但是因为键对象不可以重复，所以这样的键对象只能有一个。

【例 7-8】HashMap 类使用示例。

```
import java.util.*;
public class HashMapDemo{
   public static void printElements( Collection c){
      Iterator it=c.iterator();
      while(it.hasNext()){
         System.out.println(it.next());
      }
   }
   public static void main(String[] args){
      Map<String,String> ha=new HashMap<String,String>();
      //向其中添加键和值
      ha.put("one","zhangshan");
      ha.put("two","lisi");
      ha.put("three","wangwu");
      ha.put("four","xieliu");
      System.out.println("通过键的对应的值: ");
      System.out.println(ha.get("two"));
      System.out.println(ha.get("three"));
      System.out.println("获取键值: ");
      Set se =ha.keySet();
      printElements(se);
```

```
        System.out.println("获取元素值: ");
        Collection co = ha.values();
        printElements(co);
        System.out.println("获取键值和元素值: ");
        Set entry = ha.entrySet();
        printElements(entry);
    }
}
```

运行结果:

```
通过键的对应的值:
lisi
wangwu
获取键值:
two
one
three
four
获取元素值:
lisi
zhangshan
wangwu
xieliu
获取键值和元素值:
two= lisi
one= zhangshan
three= wangwu
four= xieliu
```

说明:

（1）迭代 HashMap 中所有的值时，其顺序与加入容器的顺序是不一样的，是 HashMap 排序后的顺序。

（2）如果想要在迭代所有的对象时，依照插入的顺序排列，可以使用 java.util.LinkedHashMap，它是 HashMap 的子类。

【例 7-9】使用 LinkedHashMap 类修改例 7-8，以插入的顺序输出。

```
import java.util.*;
public class LinkedHashMapDemo{
   public static void main(String[] args){
       Map<String,String> ha = new LinkedHashMap<String,String>();
       //向其中添加键和值
       ha.put("one","zhangshan");
       ha.put("two","lisi");
       ha.put("three","wangwu");
       ha.put("four","xieliu");
       System.out.println("获取键值和元素值: ");
       Set entry = ha.entrySet();
       Iterator it = entry.iterator();
       while(it.hasNext()){
          System.out.println(it.next());
       }
   }
}
```

运行结果：

```
获取键值和元素值:
one= zhangshan
two= lisi
three= wangwu
four=
xieliu
```

7.4.2 TreeMap 类

TreeMap 类不仅实现了 Map 接口，还实现了 Map 接口的子接口 java.util.SortedMap。由 TreeMap 类实现的 Map 集合，不允许键对象为 null，因为集合中的映射关系是根据键对象按照一定顺序排列的，TreeMap 类通过实现 SortedMap 接口得到的方法如表 7-7 所示。

表 7-7　TreeMap 类的方法

方法名称	功能简介
comparator()	获得对该集合采用的比较器。返回值为 Comparator 类型，如果未采用任何比较器则返回 null
firstKey()	返回在集合中的排序位于第一位的键对象
lastKey()	返回在集合中的排序位于最后一位的键对象
headMap(K toKey)	截取在集合中的排序位于键对象 toKey（不包含）之前的所有映射关系，重新生成一个 SortedMap 集合并返回
subMap(K fromKey, K toKey)	截取在集合中的排序位于键对象 fromKey（包含）和 toKey（不包含）之间的所有映射关系，重新生成一个 SortedMap 集合并返回
tailMap(K fromKey)	截取在集合中的排序位于键对象 fromKey（包含）之后的所有映射关系，重新生成一个 SortedMap 集合并返回

在添加、删除和定位映射关系上，TreeMap 类要比 HashMap 类的性能差一些，但是其中的映射关系具有一定的顺序。

【例 7-10】TreeMap 类使用示例。

```
import java.util.*;
public class TreeMapDemo{
   public static void main(String[] args){
      Map<String,String>ha=new TreeMap<String,String>();
      //向其中添加键和值
      ha.put("one","zhangshan");
      ha.put("two","lisi");
      ha.put("three","wangwu");
      ha.put("four","xieliu");
      System.out.println("获取键值和元素值: ");
      Set entry=ha.entrySet();
      Iterator it=entry.iterator();
      while(it.hasNext()){
         System.out.println(it.next());
      }
   }
}
```


运行结果：

```
four= xieliu
one= zhangshan
```

```
three= wangwu
two= lisi
```

说明：

（1）运行结果是依字典顺序来排列的，是 TreeMap 类默认的。

（2）也可根据实际要求来排列顺序，就必须定义一个实现 java.util.Comparator 接口的对象，要实现接口中的 compare()方法，compare()方法必须返回整数值。如果对象顺序相同则返回 0，返回正整数表示 compare()方法中传入的第一个对象大于第二个对象，反之则返回负整数。

7.4.3 Properties 类

Properties 类主要用于读取 Java 的配置文件，在 Java 中，其配置文件常为.properties 文件即属性文件，格式为文本文件，文件的内容的格式是“key=value”的格式，key 和 value 之间可以使用“空格”“冒号”“等号”分隔，如果“空格”“冒号”“等号”都有，按最前面的作为分隔符。注释信息可以用“#”来注释。

配置文件中很多变量是经常改变的，这样做也是为了方便用户，让用户能够脱离程序本身去修改相关的变量设置。

Properties 类继承自 Hashtable，采用了同步机制如图 7-3 所示。Properties 表示一个持久的属性集.属性列表中每个键及其对应值都是一个字字符串。


```
java.util
类 Properties

java.lang.Object
  └ java.util.Dictionary<K,V>
      └ java.util.Hashtable<Object,Object>
          └ java.util.Properties
```

图 7-3　Properties 类继承树

Properties 类提供了几个主要的方法：

（1）getProperty (String key)，用指定的键在此属性列表中搜索属性。也就是通过参数 key，得到 key 所对应的 value。

（2）load (InputStream inStream)，从输入流中读取属性列表（键和元素对）。通过对指定的文件（如 test.properties 文件）进行装载来获取该文件中的所有键-值对。以供 getProperty (String key) 来搜索。

（3）setProperty (String key, String value)，调用 Hashtable 的方法 put()。它通过调用基类的 put()方法来设置键-值对。

（4）store (OutputStream out, String comments)，将 Properties 表中的属性列表（键和元素对）写入输出流。与 load() 方法相反，该方法将键-值对写入到指定的文件中去。

（5）clear ()，清除所有装载的键-值对。该方法在基类中提供。

【例 7-11】读取 Test1.properties 配置文件到内存进行修改，然后显示并存放到 Test2.properties 中（Test1.properties 文件，name=tom，password=123）。

测试代码：TestProperties.java

```
import java.util.*;
import java.io.*;
```

```
public class TestProperties {
    public static void main(String[] args) throws FileNotFoundException, IOException {
        Properties pps=new Properties();
        pps.load(new FileInputStream("Test1.properties"));
        Enumeration enum1=pps.propertyNames();
        while(enum1.hasMoreElements()) {
            String strKey=(String) enum1.nextElement();
            String strValue=pps.getProperty(strKey);
            System.out.println(strKey + "=" + strValue);
        }
        pps.setProperty("name", "tony");
    pps.setProperty("password", "1111");
try{
        FileOutputStream out=new
        FileOutputStream(".\\Test2.properties");
            pps.store(out, ".\\Test2.properties");
            out.close();
            }
            catch(IOException e){
            System.out.println(e);
        }
    }
}
```

输出结果：

```
name=tom
password=123
新产生的Test2.properties文件
#.\Test2.properties
#Sun Feb 03 22:28:51 CST 2019
password=1111
name=tony
```

说明：本程序执行过程如下。

（1）首先把Test1.properties文件的内容读到Properties对象中。

（2）显示读取到的内容。

（3）把name对应的value的值改为tony，把password对应的value的值改为1111。

（4）新建Test2.properties文件。

（5）把修改后的信息输出到Test2.properties文件中。

7.5 HashSet和HashMap的实现原理

7.5.1 HashSet和HashMap的数据结构

HashSet是用HashMap实现的。

```
public HashSet() {
    map=new HashMap<E,Object>();
}
```

其中，E为HashSet集合中的元素，Object为Object类型的常量。

HashMap实际上是一个“链表散列”的数据结构，即数组和链表的结合体。HashMap底层就是一个数组结构，数组中的每一项又是一个链表。当新建一个 HashMap 的时候，就会初始化一个数组。

```
transient Entry[] table;
static class Entry<K,V> implements Map.Entry<K,V> {
    final K key;
    V value;
    Entry<K,V> next;
    final int hash;
    ……
}
```

可以看出，Entry 就是数组中的元素，每个 Map.Entry 其实就是一个 key-value 对，它持有一个指向下一个元素的引用，这就构成了链表。

7.5.2 HashMap 的存取实现

（1）存储方法：

```
put(K key, V value):
```

实现代码：

```
public V put(K key, V value) {
    // HashMap 允许存放 null 键和 null 值
    // 当 key 为 null 时，调用 putForNullKey()方法,将 value 放置在数组第一个位置
    if (key==null)
        return putForNullKey(value);
    // 根据 key 的 keyCode 重新计算 hash 值
    int hash=hash(key.hashCode());
    // 搜索指定 hash 值在对应 table 中的索引
    int i=indexFor(hash, table.length);
    // 如果 i 索引处的 Entry 不为 null,通过循环不断遍历 e 元素的下一个元素
    for (Entry<K,V> e=table[i]; e!=null; e=e.next) {
        Object k;
        if (e.hash==hash && ((k=e.key)==key || key.equals(k))) {
            V oldValue=e.value;
            e.value=value;
            e.recordAccess(this);
            return oldValue;
        }
    }
    // 如果 i 索引处的 Entry 为 null，表明此处还没有 Entry
    modCount++;
    // 将 key、value 添加到 i 索引处
    addEntry(hash, key, value, i);
    return null;
}
```

说明：

① addEntry(hash, key, value, i)方法根据计算出的 hash 值，将 key-value 对放在数组 table 的 i 索引处。

② hash(int h)方法根据 key 的 hashCode 重新计算一次散列。

根据上面 put()方法的源代码可以看出，当程序试图将一个 key-value 对放入 HashMap 中时，程

序首先根据该 key 的 hashCode() 返回值决定该 Entry 的存储位置：如果两个 Entry 的 key 的 hashCode() 返回值相同，那它们的存储位置相同。如果这两个 Entry 的 key 通过 equals()比较返回 true，新添加 Entry 的 value 将覆盖集合中原有 Entry 的 value，但 key 不会覆盖。如果这两个 Entry 的 key 通过 equals()比较返回 false，新添加的 Entry 将与集合中原有 Entry 形成 Entry 链，而且新添加的 Entry 位于 Entry 链的头部。

当系统决定存储 HashMap 中的 key-value 对时，完全没有考虑 Entry 中的 value，仅仅只是根据 key 来计算并决定每个 Entry 的存储位置。我们完全可以把 Map 集合中的 value 当成 key 的附属，当系统决定了 key 的存储位置之后，value 随之保存在那里即可。

（2）读取方法：

```
get(Object key):
```

实现代码：

```
public V get(Object key) {
    if (key==null)
        return getForNullKey();
    int hash=hash(key.hashCode());
    for (Entry<K,V> e=table[indexFor(hash, table.length)];
        e!=null;
        e=e.next) {
        Object k;
        if (e.hash==hash&&((k=e.key)==key || key.equals(k)))
            return e.value;
    }
    return null;
}
```

从上面的源代码中可以看出：从 HashMap 中 get 元素时，首先计算 key 的 hashCode，找到数组中对应位置的某一元素，然后通过 key 的 equals()方法在对应位置的链表中找到需要的元素。

7.5.3 HashMap 的两种遍历方式

第一种：

```
Map map=new HashMap();
    Iterator iter=map.entrySet().iterator();
    while (iter.hasNext()) {
    Map.Entry entry=(Map.Entry) iter.next();
    Object key=entry.getKey();
    Object val=entry.getValue();
    }
```


第二种：

```
Map map=new HashMap();
    Iterator iter=map.keySet().iterator();
    while (iter.hasNext()) {
    Object key=iter.next();
    Object val=map.get(key);
    }
```

说明：第一种的效率比第二种的要高。因为 hashmap.entryset 在 set 集合中存放的是 entry 对象。而在 hashmap 中的 key 和 value 是存放在 entry 对象里面的；然后用迭代器遍历 set 集合，就可以拿到每一个 entry 对象；得到 entry 对象就可以直接从 entry 拿到 value 了；hashmap.keyset 只是把 hashmap

中 key 放到一个 set 集合中去，还是通过迭代器去遍历，然后再通过 hashmap.get(key)方法拿到 value；entry.getvalue 可以直接拿到 value，hashmap.get(key)是先得到 Entry 对象，再通过 entry.getvalue 去拿，也就是说 hashmap.get(key)走了一个弯路，所以它慢一些。

7.6 HashSet 和 HashMap 的负载因子

HashSet 和 HashMap 都运用哈希算法来存储元素。哈希表中的每个位置也称为桶（bucket）。当发生哈希冲突的时候，在桶中以链表的形式存放多个元素。

HashSet 和 HashMap 都有以下属性：

例如图 7-5 中共有 7 个桶，因此容量为 7。

（1）初始容量（initial capacity）：创建 HashSet 和 HashMap 对象时桶的数量。在 HashSet 和 HashMap 的构造方法中允许设置初始容量。

（2）大小（size）：元素的数目。

（3）负载因子(load factor)：等于 size/capacity。

负载因子为 0，表示空的哈希表；负载因子为 0.5，表示半满的哈希表。

轻负载的哈希表具有冲突少、适用于插入和查找的优点，但是用 Iterator 遍历元素的速度较慢。HashSet 和 HashMap 的构造方法允许指定负载因子，当哈希表的当前负载达到用户设定的负载因子时，HashSet 和 HashMap 会自动成倍地增加容量，并重新分配原有的元素的位置。

HashSet 和 HashMap 的默认负载因子为 0.75，它表示除非哈希表的 3/4 已经被填满，否则不会自动成倍地增加哈希表的容量。这个默认值很好地权衡了时间与空间的成本。

如果负载因子较高，虽然会减少对内存的空间要求，但会增加查找数据的时间开销，而查找是最频繁的操作。在 HashMap 的 get() 和 put()方法中都涉及查询操作，因此负载因子不宜设得很高。图 7-4 显示了负载因子与时间和空间的关系。

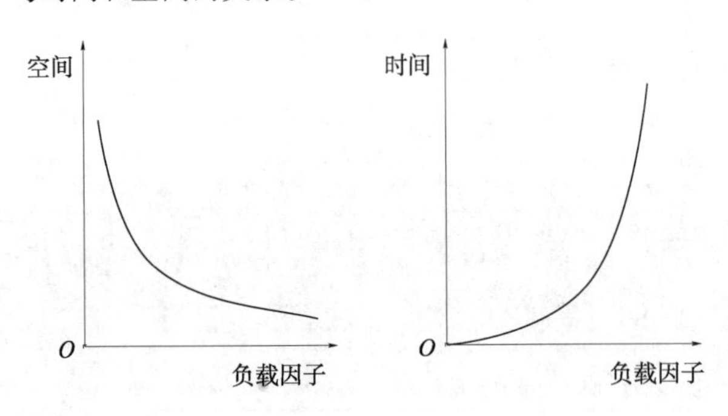

图 7-4 负载因子与时间和空间的关系

总结：

负载因子表示一个散列表的空间的使用程度，有这样一个公式：

initailCapacity × loadFactor= HashMap 的容量。

所以负载因子越大则散列表的装填程度越高，也就是能容纳更多的元素，元素多了，链表大了，所以此时索引效率就会降低。

反之，负载因子越小则链表中的数据量就越稀疏，此时会对空间造成浪费，但是此时索引效率高。

7.7 泛型在集合上的应用

1．泛型的概念

泛型是 Java 中的一个重要概念，当元素存入集合时，集合会将元素转换为 Object 类型存储，当取出时也是按照 Object 取出的，所以用 get()方法取出时，我们会进行强制类型转换，这样给开发带来很多不方便，用泛型就解决了这个麻烦。

泛型规定了某个集合只能存放特定类型的属性，当添加类型与规定不一致时，编译器会直接报错，可以清楚地看到错误。

当我们从集合中取出元素时直接取出即可，不用类型转换，因为已经规定了里面存放的只能是某种类型，集合中除了存入定义的泛型类型的实例，还可以存入泛型类型子类的实例。

泛型不能是基本类型，只能是引用类型，如果必须使用基本类型，可以使用基本类型的包装类。

2．泛型的使用

（1）使用格式：

```
集合<标签名(类类型)>  变量=new  集合<类类型> ();
```

集合中的泛型值的就是集合后面<>中的类容。如 Collection<E>指的就是 E 中的类容，它可以是一个自定义类，也可以是 String，还可以是 Integer，同样也可以是一个集合。 声明什么类型，那么添加元素就必须是它的实例或者子类的实例。

（2）遍历方式：集合使用泛型后可以采用增强 for 循环的格式遍历。

```
for(类型  临时变量 : 需要遍历的目标){……}
```

需要遍历的目标，即是泛型元素类型一致的集合，临时变量的类型应该和泛型集合的元素类型一致。执行过程为，从需要遍历的目标的集合中取得元素放入与其类型相同的临时变量，进行处理。

【例 7-12】泛型在 ArrayList 的使用。

```
 import java.util.*;
public class GenericDemo1 {
   public static void main(String[] args) {
      //创建一个只能保存字符串的 ArrayList 集合
      List<String> names=new ArrayList<String>();
      names.add("zhangsan");
      names.add("zhangsan");
      names.add("lisi");
      names.add("wangwu");
      names.add("tom");
      names.add("tony");
      // 增强 for 循环底层是使用迭代器遍历的
      for (String name : names) {
         System.out.println(name);
      }
   }
}
```

输出结果：

```
zhangsan
zhangsan
lisi
wangwu
```

```
tom
tony
```

说明：

（1）由于 names 集合是只能保存 String 类型数据的 ArrayList 集合，如果存放其他类型的对象时会出现编译错误。

（2）本例使用了增强 for 循环进行快速遍历，它只能对使用泛型的集合进行处理。由于使用泛型的 List 集合存放是 String 类型数据，它从 names 所指的 List 集合中取得 String 类型元素，存放到 String 类型的 name 变量中输出。

（3）可以看出 List 集合有序（和存储顺序一致），可重复（可以存放 hash 地址相同的 String 类型对象的地址）。

【例 7-13】泛型在 HashSet 的使用。

```
import java.util.*;
public class GenericDemo2 {
    public static void main(String[] args) {
        //创建一个只能保存 Integer 类型的 HashSet 集合
        Set<Integer> ages=new HashSet<Integer>();
        ages.add(20);
        ages.add(21);
        ages.add(22);
        ages.add(23);
        ages.add(24);
        ages.add(20);
        // 增强 for 循环便令底层是使用迭代器遍历的
        for (Integer age : ages) {
            System.out.println(age);
        }
    }
}
```

输出结果：

```
23
21
20
24
```

说明：

（1）由于 ages 集合是只能保存 Integer 的 HashSet 集合，如果存放其他类型的对象时会出现编译错误。本例中通过装箱技术把 int 类型数据转换成 Integer 类型对象加入到 Set 集合。

（2）本例使用了增强 for 循环进行快速遍历，它只能对使用泛型的集合进行处理。由于使用泛型的 Set 集合存放是 Integer 类型数据，它从 ages 所指的 Set 集合中取得 Integer 类型元素，存放到 Integer 类型的 age 变量中输出。

（3）可以看出 Set 集合无序（和存储顺序不一致），不可重复（只存放哈希地址不同的 Integer 对象的地址）。

【例 7-14】泛型在 HashMap 的使用。

```
import java.util.*;
public class GenericDemo3 {
    public static void main(String[] args) {
        //创建一个只能保存 key 为 Integer,value 为 String 类型的 Hashmap 集合
        Map<Integer,String> map = new LinkedHashMap<Integer,String>();
```

```
        map.put(1, "one");
        map.put(2, "two");
        map.put(3, "three");
        map.put(4, "four");
        map.put(5, "five");
        map.put(7, "seven");
        //使用增强 for 循环对 Map 进行迭代
        for(Map.Entry<Integer, String> en : map.entrySet()){
            int num = en.getKey();
            String value = en.getValue();
            System.out.println(num + "==" + value);
        }
    }
}
```

输出结果：

```
1==one
2==two
3==three
4==four
5==five
7==seven
```

说明：

（1）由于 map 集合是只能保存 key 为 Integer、value 为 String 类型的 Hashmap 集合，如果存放其他类型的对象时会出现编译错误。本例中通过装箱技术把 int 类型数据转换成 Integer 类型对象加入到 map 集合 key。

（2）本例使用了增强 for 循环进行快速遍历，它只能对使用泛型的集合进行处理。由于使用 key 为 Integer、value 为 String 类型的 Hashmap 集合，它从 map 所指的 Map 集合中取得封装 key 和 value 的 Entry 对象，存放到 Map.Entry 类型的 en 变量中，通过 getKey()方法得到 key 的值，通过 getValue()方法得到 Value 的值输出。

（3）可以看出 Map 集合无序（key 的值和存储顺序不一致），不可重复（key 的值只存放哈希地址不同的 Integer 对象的地址）。

7.8 应用案例

【案例】集合类管理数据示例。

```
import java.io.*;
import java.util.*;
public class MapExample {
    public static void main(String[] args) {
        Map<String, String> ha=new HashMap<String, String>();
        String file="d:\\test.txt";
        ObjectOutputStream objectOut;
        ha.put("one", "zhangshan");
        ha.put("two", "lisi");
        ha.put("three", "wangwu");
        ha.put("four", "xieliu");
        TreeMap<String, String> map=new TreeMap<String, String>(ha);
        Set mapping=map.entrySet();
```

```java
        for(Iterator i=mapping.iterator(); i.hasNext();){
            Map.Entry<String, String> me=(Map.Entry<String, String>)i.next();
            System.out.println(me.getKey());
            System.out.println(((String)me.getValue()) + "\r\n");
        }
        try {
            objectOut=new ObjectOutputStream(
                    new FileOutputStream(file));
            objectOut.writeObject(ha);
            objectOut.close();
        } catch (IOException e) {
            System.out.println(e.toString());
        }
    }
}
```

在程序运行时，使用集合类管理数据，此时集合类的对象是保存在内在中。当需要永久保存时，可将对象写入到具体的文件中。

可用 ObjectOutputStream 包装指向文件的 FileOutputStream 流对象，用 writeObject()方法对文件进行写操作。

小　　结

本章介绍 Java 的对象容器。Java 容器可动态改变其大小，可在序列中存储不同类型的数据。Java 的对象容器是以 Collection、Map 为根的集合类。本章重点介绍了 Vector 类、Iterator 类、ArrayList 类、LinkedList 类、HashSet 类、TreeSet 类、HashMap 类和 TreeMap 类的使用，以及 Properties 类对象在存取外部文件的使用特点，深入探讨了 HashSet 和 HashMap 的数据结构和负载因子的概念，介绍了数据的存储和加载的过程，及利用泛型对集合进行操作的特点。

习　　题

一、填空题

1. Collection 的四种主要接口是________、________、________、________。

2. Vector 类的对象是通过 capacity 和 capacityIncrement 两个值来改变集合的容量，其中 capacity 表示集合最多能容纳的______________。

3. List 接口的常用实现类有 Vector、______________和 LinkedList。

4. 如果不指定增长速度，Vector 容量不够时，会将其空间增大______________倍。

5. java.util.HashSet 实现了______________接口。

6. 迭代 HashSet 中所有的值时，其顺序与加入容器的顺序是______________的，是 HashSet 排序后的顺序。

7. TreeSet 类加入容器中的默认顺序是依______________顺序来排列的。

8. TreeSet 类如需根据实际要求来排列顺序，就必须定义一个实现______________接口的对象。

9. Map 接口的常用实现类有______________和 TreeMap。

10. TreeMap 类不仅实现了 Map 接口，还实现了 Map 接口的子接口______________。

11. Properties 类主要用于读取 Java 的______________，属性列表中每个键及其对应值都是一个字符串。

12. HashMap 实际上是一个______________的数据结构，即数组和链表的结合体。

13. HashMap 默认初始化容量是 16，默认负载因子是______________。

二、选择题

1. 欲构造 ArrayList 类的一个实例，此类继承了 List 接口，下列（　　）方法是正确的。

   A. ArrayList myList=new Object();

   B. ArrayList myList=new ArrayList();

   C. ArrayList myList=new List();

   D. List myList=new List();

2. （　　）类用于创建动态数组。

   A. ArrayList　　B. HashMap　　C. LinkedList　　D. HashTable

3. 向 ArrayList 对象里添加一个元素的方法是（　　）。

   A. set(Object o)　　B. add(Object o)　　C. setObject(Object o)　　D. addObject(Object o)

4. （　　）类可用于创建链表数据结构的对象。

   A. ArrayList　　B. HashMap　　C. Hashtable　　D. LinkedList

5. （　　）对象可以用键/值的形式保存数据。

   A. LinkedList　　B. ArrayList　　C. Collection　　D. HashMap

6. HashSet 的数据结构和（　　）相同。

   A. ArrayList　　B. HashMap　　C. LinkedList　　D. TreeSet

7. HashSet 和 HashMap 的负载因子越大，（　　）。

   A. 索引效率越低　　B. 索引效率越高　　C. 空间效率越低　　D. 空间效率越高

三、问答题

1. 能否将 null 值插入到 Set 集合中？

2. 如果需要在一个数据库中存储多个数据元素，而数据元素不能重复，并且在查询时没有优先级，应该采用哪个类或接口存储这些元素？

3. 简述 ArrayList 与 LinkedList 的区别。

4. 简述 HashSet 与 TreeSet 的区别。

5. 什么是负载因子？默认负载因子是多少？负载因子设定的大小对时间和空间使用会产生什么影响？

6. 在 Java 集合中使用泛型的优点是什么？

第 8 章 图形用户界面编程

图形用户接口（Graphical User Interface，GUI），即人机交互图形化用户界面，它能提供友好的界面，让用户操作更加直观与方便，如 Windows 操作系统是以图形界面方式操作的，我们可以用鼠标来单击按钮进行操作，而磁盘操作系统（DOS）就不具备 GUI，只能用命令行的方式输入。

8.1 Java GUI 概述

Java 1.0 刚发布时，就包含一个用于基本 GUI 界面编程的类库，称为抽象窗口工具箱（Abstract Window Toolkit，AWT），位于 java.awt 包中。AWT 是按照面向对象的思想来创建 GUI，它提供了容器类、组件和布局管理器类等。因为它与运行 Java 程序的计算机窗口系统（Windows、Solaris、Maintosh 等）底层相结合，所以在不同平台的 AWT 用户界面存在着不同的处理，否则会出现不同的 bug，我们必须在每个平台上测试并修改程序。直到 Swing 组件的出现才真正实现了“一次编写，处处运行”的口号。

JDK 1.2 提供了 Java 基础类（Java Foundation Classes，JFC），JFC 是一组支持在流行平台的客户端应用程序中创建 GUI 和图形功能的 Java 类库，大大简化了健壮 Java 应用程序的开发和实现，它包含 5 个部分，即 AWT、Java2D、Accessibility、Drag&Drop、Swing。抽象窗口工具箱为各类 Java 应用程序提供了多种 GUI 工具，Java2D 是一套图形 API，它为 Java 应用程序提供了一套高级的有关二维（2D）图形图像处理的类。Java2D API 扩展了 java.awt 和 java.awt. image 类，并提供了丰富的绘图风格，定义复杂图形的机制和精心调节绘制过程的方法和类。这些 API 使得独立于平台的图形应用程序的开发更加简便，Accessibility API 提供了一套高级工具，用以辅助开发使用非传统输入和输出的应用程序。它提供了一个辅助的技术接口，如：屏幕阅读器，屏幕放大器，听觉文本阅读器（语音处理）等，Drag & Drop 技术提供了 Java 和本地应用程序之间的互操作性，用来在 Java 应用程序和不支持 Java 技术的应用程序之间交换数据。JFC 模块的重点在 Swing，Swing 用来进行基于窗口的应用程序开发，它提供了一套丰富的组件和工作框架，以指定 GUI 独立于本地系统展现其视觉效果，它是构建在 AWT 上层的一些组件集合。它的四个顶层的窗口类（JApplet、JDialog、JFrame 与 JWindow）是由 AWT 重量级组件派生而来的。为了保证平台独立性，它是用 100%的纯 Java 代码编写。所有 Swing 都是轻量级组件。Swing 的一个显著特点是用 Swing 实现的图形界面可以任意更换。Swing 提供了比 AWT 更丰富的视觉感受，使用 Swing 组件构建图形用户界面成为主流，本章将主要介绍有关 GUI 程序中 Swing 组件。

8.2　基 本 概 念

学习 Java 的 GUI 设计就必须了解几个概念：组件、容器、容器布局、事件处理机制。

组件（Component）是具有图形界面，能显示在屏幕中，并可以与用户进行交互等功能的封装体。容器（Container）是用来包括其他组件的组件，它的子类有面板（Panel）、滚动面板（ScrollPane）以及窗口（Window）等。其中，Window 是一个没有边界和菜单栏的顶层窗口，它有两个子类 Frame 和 Dialog，Frame 窗口是带有标题和边框的顶层窗口，Dialog 对话窗口是一个带有标题和边界的顶层窗口，它有无模式和有模式之分，在默认情况下它是无模式的，有模式的 Dialog 会阻止将内容输入到应用程序的其他一些顶层窗口中。布局管理是指在容器中按一定的格式来添加相关的组件。程序是要与我们进行互动的，从而需要引入事件处理。

我们从一个最简单的 AWT 的窗口程序开始了解 Java GUI 的窗口创建一般过程。

【例 8-1】创建一个 Frame 窗口，设置窗口的大小与标题，并在窗体中显示出“Hello Frame”。

```
import java.awt.*;
public class MyFrame extends Frame{
   Label label=null;//准备好一个标签用来显示"Hello Frame"
   MyFrame(){
      //初始化该窗口
      this.setSize(300,200);//设置窗口的大小
      this.setTitle("这是第一个 Frame 程序.");//设置窗口的标题
      label=new Label("Hello Frame");
      //将 Frame 的布局设为空,通过坐标的方法来定位
      this.setLayout(null);
      //设置标签显示的位置及大小
      label.setBounds(80, 80, 300, 25);
      //将标签组件添加到窗口中
      this.add(label);
      //将窗口显示置于屏目的中央
      this. setLocationRelativeTo(null);
      //将窗口从内存中显示出来
      this.setVisible(true);
   }
   public static void main(String[] args) {
      new MyFrame();
   }
}
```

程序运行结果如图 8-1 所示。

图 8-1　第一个 Frame 窗口

由上例我们就可以知道一个 Frame 界面是“叠加”出来的，如果从窗口的侧面看，它分为多层，

最顶层是 Frame，然后是 Panel 在 Frame 上。在程序中我们将标签放到 Frame 中，其实是放在了 Frame 的 Panel 上面，因为 Frame 和 Window 的窗口默认布局是 BorderLayout（边界布局）。在这里想用坐标方式来进行定位，为了避免与默认布局的冲突，我们通过 setLayoutsetLayout（null）方法把 Frame 的默认布局设置为了“null”，设置好中间面板 Panel 后，我们在其上面添加基本组件，如标签（Label）、按钮（Button）等。

setSize(int width,int height)方法为设置窗体大小，使其宽度为 width、高度为 height。还可以利用另外一个方法 setBounds(int x, int y,int width, int height)，可以设置组件的大小及显示的位置。

窗体的默认显示位置是以屏幕的左上角为原点，然后按照指定的横坐标、纵坐标进行显示。如果需要窗体显示在屏幕的中央，需要调用 setLocationRelativeTo(Component c)方法，该方法是设置窗体相对于指定组件的位置，如果参数为 null 或者是当前对象，则此窗体就将置于屏幕的中央。

8.3 Swing 总体介绍

Swing 提供了一整套 GUI 组件，为了保证可移植性，它是完全用 Java 语言编写的。可插的外观和感觉使得开发人员可以构建这样的应用程序可以在任何平台上执行，而且看上去就像是专门为那个特定的平台而开发的：一个在 Windows 环境中执行的程序，似乎是专为这个环境而开发的；而同样的程序在 UNIX 平台上运行，它的行为又似乎是专为 UNIX 环境开发的。开发人员可以创建自己的客户化 Swing 组件，带有他们想设计出的任何外观和感觉。这增加了用于跨平台应用程序和 Applet 的可靠性和一致性。一个完整应用程序的 GUI 可以在运行时，从一种外观和感觉切换到另一种。

与 AWT 比较，Swing 提供了更完整的组件，引入了许多新的特性和能力。Swing API 是围绕着实现 AWT 各个部分的 API 构筑的。这保证了所有早期的 AWT 组件仍然可以使用。AWT 采用了与特定平台相关的实现，而绝大多数 Swing 组件却不是这样做的，因此 Swing 的外观和感觉是可客户化和可插的。

创建一个 Swing 窗体的步骤与创建 Frame 窗体基本一致，只需把 Frame 改成 JFrame。例如：

```
public class MyFrame extends JFrame{ …}。
```

当上例运行后，窗体我们关闭不了，那是因为我们没有对窗体注册事件进行关闭处理，在 JFrame 中，提供了一个方法 setDefaultCloseOperation(JFrame.EXIT_ON_CLOSE)，可以对窗口关闭按钮响应。

抽象类 JComponent 是除顶层容器外所有 Swing 组件的基类，可以看出，JComponent 继承而来的类名称前面都有个“J”。所有 Swing 子类（类名以 J 开头的）都是轻量级组件。Swing 提供了若干个包，其中最大的包是 javax.swing，我们在编写此组件时需要通过 import 导入所需的包。

Swing 组件从功能上可以分以下几类：

- 顶层容器：JFrame，JApplet，JDialog，JWindow。
- 中间容器：JPanel，JScrollPane，JSplitPane，JToolBar。
- 特殊容器：在 GUI 上起特殊作用的中间层，如 JInternalFrame，JLayeredPane，JRootPane。
- 基本控件：实现人际交互的组件，如 Jbutton，JComboBox，JList，JMenu，JSlider，JtextField。
- 不可编辑信息的显示：向用户显示不可编辑信息的组件，例如 JLabel，JProgressBar，ToolTip。
- 可编辑信息的显示：向用户显示能被编辑的格式化信息的组件，如 JColorChooser，JFileChoose，JFileChooser，Jtable，JtextArea。

8.4　Swing 的基本组件

1．标签（JLabel）

标签通常是用来标识另外一个组件的含义，以在标签上显示文字、图像或是文字图像的组合。它的主要构造方法如下：

```
JLabel() //创建无图像并且其标题为空字符串的 JLabel
JLabel(Icon image) //创建具有指定图像的 JLabel 实例
JLabel(Icon image, int horizontalAlignment) //创建具有指定图像和水平对齐方式的 JLabel 实例
JLabel(String text) //创建具有指定文本的 JLabel 实例
JLabel(String text, Icon icon, int horizontalAlignment)//创建具有指定文本、图像和水平对齐方式的 JLabel 实例
JLabel(String text, int horizontalAlignment) //创建具有指定文本和水平对齐方式的 JLabel 实例
```

【例 8-2】创建文字、图像和图像+文字的三种标签。

```
import javax.swing.*;
public class MyFrame extends JFrame{
    //准备三种标签：文字、图片、图片+文字
    JLabel j1=null;
    JLabel j2=null;
    JLabel j3=null;
    MyFrame(){
        //初始化该窗口
        this.setSize(300,200);//设置窗口的大小
        this.setTitle("这是第一个 JFrame 程序.");//设置窗口的标题
        //将面板的默认布局设为 null
        this.setLayout(null);
        //实例化三种标签对象
        j1=new JLabel("文字标签");
        //准备好一张图片对象
        ImageIcon ii=new ImageIcon("java.jpg");
        j2=new JLabel(ii);
        j3=new JLabel("图片+文字",ii,JLabel.RIGHT);
        //设置三个标签的大小及相对窗体显示的位置
        j1.setBounds(50, 50, 120, 26);
        j2.setBounds(120, 50, 60, 26);
        j3.setBounds(10, 90, 260, 26);
        //将三个标签对象添加到窗体的容器中
        this.add(j1);
        this.add(j2);
        this.add(j3);
        //将窗口居中显示
        this.setLocationRelativeTo(null);
        //响应关闭按钮
        this.setDefaultCloseOperation(JFrame.EXIT_ON_CLOSE);
        //将窗口显示出来
        this.setVisible(true);
    }
    public static void main(String[] args) {
        new MyFrame();
```

```
    }
}
```

程序运行结果如图 8-2 所示。

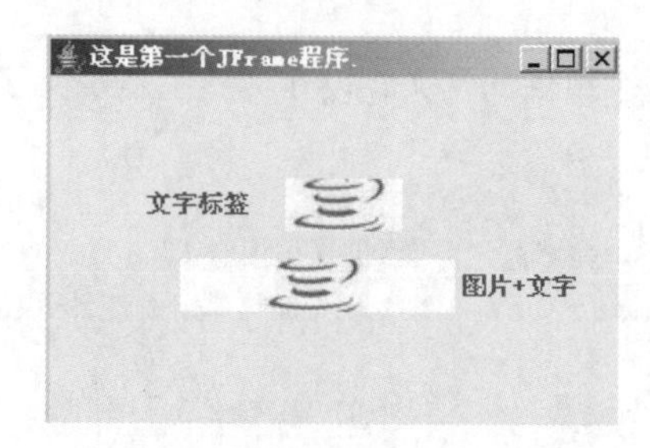

图 8-2　JLabel 标签

2. 文本框（JTextField）

该对象是允许编辑单行文本的文本组件。它主要构造方法如下：

```
JTextField()                    //构造一个新的 TextField
JTextField(int columns)         //构造一个具有指定列数的新的空 TextField
JTextField(String text)         //构造一个用指定文本初始化的新 TextField
JTextField(String text, int columns) //构造一个用指定文本和列初始化的新 TextField
```

3. 密码框（JPasswordField）

密码框实际上是一种特殊类型的文本框，用户可以向其中输入文本并加以编辑。和文本框不同的是，向密码框中输入文本时，显示的不是实际输入的文本，而是特殊的回显字符（默认情况下是"*"）。可以使用 setEchoChar(char c)方法来改变默认的回显字符。需要注意的是，取得文本框中的文本时，使用方法 getText()，该方法返回的是一个 String 类型的对象；而要取得密码框中的文本，使用方法 getPassword()，该方法返回的是一个 char 数组。它的主要构造方法如下：

```
JPasswordField() //构造一个新 JPasswordField，使其具有默认文档、为 null 的开始文本字符串和为 0 的列宽度
JPasswordField(int columns) //构造一个具有指定列数的新的空 JPasswordField
JPasswordField(String text) //构造一个利用指定文本初始化的新 JPasswordField
JPasswordField(String text, int columns) //构造一个利用指定文本和列初始化的新 JPasswordField
```

4. 按钮（JButton）

单击该按钮，通常用来提交相关数据。它有三种表现形式：文字按钮、图片按钮、图片+文字按钮。它的主要构造方法如下：

```
JButton()                        //创建不带有初始文本或图标的按钮
JButton(Icon icon)               //创建一个带图标的按钮
JButton(String text)             //创建一个带文本的按钮
JButton(String text, Icon icon) //创建一个带初始文本和图标的按钮
```

【例 8-3】利用标签、文本框、密码框和按钮创建一个登录界面。

```
import javax.swing.*;
public class MyFrame extends JFrame{
    JLabel j1,j2;
    JTextField uTxt;
    JPasswordField pTxt;
    JButton btn;
    MyFrame(){
        this.setSize(300,200);//设置窗口的大小
        this.setTitle("这是第一个 JFrame 程序.");//设置窗口的标题
```

```
        this.setLayout(null);
        j1=new JLabel("账号: ");
        j2=new JLabel("密码: ");
        uTxt=new JTextField(20);
        pTxt=new JPasswordField(20);
        btn=new JButton("登录");
        j1.setBounds(30,55,60,26);
        j2.setBounds(30,80,60,26);
        uTxt.setBounds(95,55,120,26);
        pTxt.setBounds(95,80,120,26);
        btn.setBounds(150,110,60,30);
        this.add(j1);
        this.add(j2);
        this.add(uTxt);
        this.add(pTxt);
        this.add(btn);
        this.setLocationRelativeTo(null);
        this.setDefaultCloseOperation(JFrame.EXIT_ON_CLOSE);
        this.setVisible(true);
    }
    public static void main(String[] args) {
        new MyFrame();
    }
}
```

程序的运行结果如图 8-3 所示。

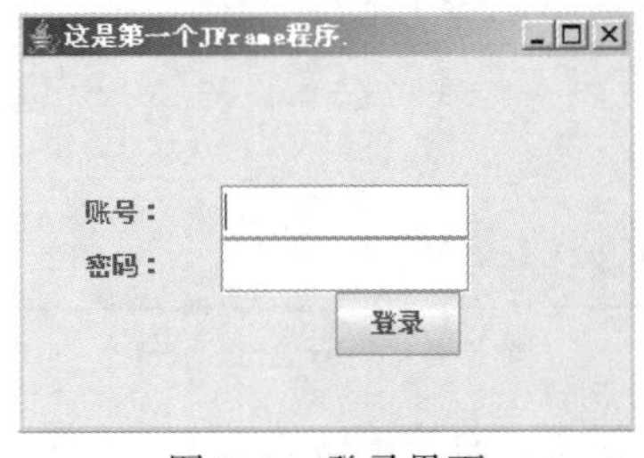

图 8-3　登录界面

5．**文本域**（JTextArea）

该对象与 JTextField 不同的是它可以显示多行纯文本。它的主要构造方法如下：

```
JTextArea()                              //构造空的 TextArea
JTextArea(int rows, int columns)         //构造具有指定行数和列数的新的空 TextArea
JTextArea(String text)                   //构造显示指定文本的新的 TextArea
JTextArea(String text, int rows, int columns)//构造具有指定文本、行数和列数的新的
TextArea
```

该对象可以调用 setEditable(flase)将该文本域设置成只读模式。

【例 8-4】创建一个文本域，行数为 30，列数为 60，默认显示“这个家伙很懒，什么都没有留下!”。创建语句如下：

```
import javax.swing.*;
public class MyFrame extends JFrame{
    //声明文本域对象
    JTextArea txt=null;
    MyFrame(){
        //初始化该窗口
```

```
        this.setSize(300,200);                    //设置窗口的大小
        this.setTitle("JTextArea Demo.");         //设置窗口的标题
        //将面板的默认布局设为null。
        this.setLayout(null);
        //实例化组件
        txt=new JTextArea("这个家伙很懒,什么都没有留下!",30,60);
        //设置组件的显示位置及大小
        txt.setBounds(5,5,200,100);;
        //将以上各组件添加到窗体窗口中
        this.add(txt);
        //将窗口居中显示
        this.setLocationRelativeTo(null);
        //响应关闭按钮
        this.setDefaultCloseOperation(JFrame.EXIT_ON_CLOSE);
        //将窗口显示出来
        this.setVisible(true);
    }
    public static void main(String[] args) {
        new MyFrame();
    }
}
```


程序运行效果如图 8-4 所示。

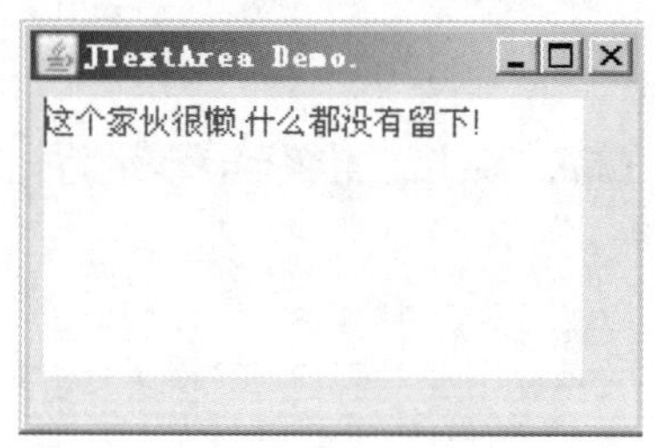

图 8-4　JTextArea 示例

从程序运行结果来看，当文本内容超过文本域的高度时，文本的内容被覆盖。这是因为文本域本身不带滚动条，它需要通过滚动面板来实现。

6．滚动面板（JScrollPane）

滚动面板实现相关组件可选的垂直和水平滚动条。通过它的构造方法 JScrollPane (Component view)来创建一个显示指定组件内容的 JScrollPane，当组件的内容超过视图大小就会显示水平和垂直滚动条。

【例 8-5】文本域的滚动实现。

```
import javax.swing.*;
public class MyFrame extends JFrame{
    //声明一个文本域
        JTextArea txt;
        MyFrame(){
        //初始化该窗口
        this.setSize(300,200);                    //设置窗口的大小
        this.setTitle("JScrollPane Demo.");       //设置窗口的标题
        //将面板的默认布局设为null
        this.setLayout(null);
        //实例化组件
```

```
        txt=new JTextArea("这个家伙很懒,什么都没有留下!",30,60);
        //创建一个滚动面板，并把文本域放入其中
        JScrollPane jsp=new JScrollPane(txt);
        jsp.setBounds(10,10,200,60);
        //将滚动面板添加到窗体窗口中
        this.add(jsp);
        //将窗口居中显示
        this.setLocationRelativeTo(null);
        //响应关闭按钮
        this.setDefaultCloseOperation(JFrame.EXIT_ON_CLOSE);
        //将窗口显示出来
        this.setVisible(true);
    }
    public static void main(String[] args) {
        new MyFrame();
    }
}
```

程序运行效果如图 8-5 所示。

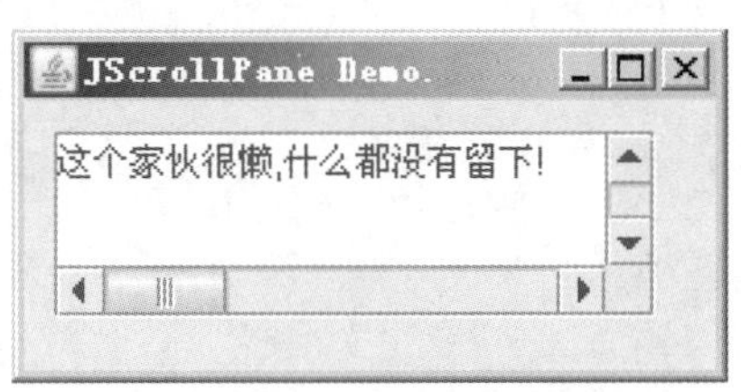

图 8-5　JScrollPane 示例

7. 单选按钮（JRadioButton）

该对象实现了一个单选按钮，此按钮项可被选择或取消选择，并可为用户显示其状态。还可以将其进行分组。它的常用构造方法如下：

```
JRadioButton()             //创建一个初始化为未选择的单选按钮，其文本未设定
JRadioButton(Icon icon)  //创建一个初始化为未选择的单选按钮，其具有指定的图像但无文本
JRadioButton(Icon icon, boolean selected) //创建一个具有指定图像和选择状态的单选按钮，但无文本
JRadioButton(String text) //创建一个具有指定文本的状态为未选择的单选按钮
JRadioButton(String text, boolean selected)// 创建一个具有指定文本和选择状态的单选按钮
JRadioButton(String text, Icon icon) //创建一个具有指定的文本和图像并初始化为未选择的单选按钮
JRadioButton(String text, Icon icon, boolean selected) //创建一个具有指定的文本、图像和选择状态的单选按钮
```

它一般与 ButtonGroup 对象配合使用，这样在同时刻只能有一个按钮被选中。

【例 8-6】创建一个性别选项，默认是“男”被选中。

```
import javax.swing.*;
public class MyFrame extends JFrame{
    public MyFrame(){
        //初始化该窗口
        this.setSize(300,200);                    //设置窗口的大小
        this.setTitle("JRadioButton Demo.");  //设置窗口的标题
        //将面板的默认布局设为null
        this.setLayout(null);
        //创建一个标签,标识为性别
        JLabel sex=new JLabel("性别:");
```

```
        //创建两个单选按钮,分别为"男"、"女", 其中"男"被选中
        JRadioButton r1=new JRadioButton("男",true);
        JRadioButton r2=new JRadioButton("女");
        //创建一个选项组,让两个单选按钮放在同一个组中
        ButtonGroup bg=new ButtonGroup();
        bg.add(r1);
        bg.add(r2);
        //设置各组件的大小及显示的位置
        sex.setBounds(10,20,50,30);
        r1.setBounds(60,20,60,30);
        r2.setBounds(130,20,60,30);
        this.add(sex);
        this.add(r1);
        this.add(r2);
        //将窗口居中显示
        this.setLocationRelativeTo(null);
        //响应关闭按钮
        this.setDefaultCloseOperation(JFrame.EXIT_ON_CLOSE);
        //将窗口显示出来
        this.setVisible(true);
    }
    public static void main(String[] args) {
        new MyFrame();
    }
}
```

程序运行结果如图 8-6 所示。

图 8-6　JRadioButton 示例

8. 复选按钮（JCheckBox）

该对象与单选按钮不同，它可以同时选多个选项。它的主要构造方法如下：

```
JCheckBox()                //创建一个没有文本、没有图标并且最初未被选定的复选框
JCheckBox(Icon icon)       //创建有一个图标、最初未被选定的复选框
JCheckBox(Icon icon, boolean selected)    //创建一个带图标的复选框，并指定其最初是否处于选定状态
JCheckBox(String text)   //创建一个带文本的、最初未被选定的复选框
JCheckBox(String text, boolean selected)     //创建一个带文本的复选框，并指定其最初是否处于选定状态
JCheckBox(String text, Icon icon) //创建带有指定文本和图标的、最初未选定的复选框
JCheckBox(String text, Icon icon, boolean selected) //创建一个带文本和图标的复选框，并指定其最初是否处于选定状态
```

【例 8-7】创建两个复选框。

```
import javax.swing.*;
public class MyFrame extends JFrame{
    public MyFrame(){
        //初始化该窗口
        this.setSize(300,200);                    //设置窗口的大小
        this.setTitle("JCheckBox Demo.");         //设置窗口的标题
```

```
        //将面板的默认布局设为null。
        this.setLayout(null);
        //创建一个标签，标识为兴趣
        JLabel in=new JLabel("兴趣: ");
        //创建复选框的两个选项
        JCheckBox cb1=new JCheckBox("Java");
        JCheckBox cb2=new JCheckBox("C CSharp");
        //设置各组件的大小及显示的位置
        in.setBounds(10, 20, 50, 30);
        cb1.setBounds(60, 20, 80, 30);
        cb2.setBounds(140, 20, 80, 30);
        this.add(in);
        this.add(cb1);
        this.add(cb2);
        //将窗口居中显示
        this.setLocationRelativeTo(null);
        //响应关闭按钮
        this.setDefaultCloseOperation(JFrame.EXIT_ON_CLOSE);
        //将窗口显示出来
        this.setVisible(true);
    }
    public static void main(String[] args) {
        new MyFrame();
    }
}
```

程序运行的结果如图 8-7 所示。

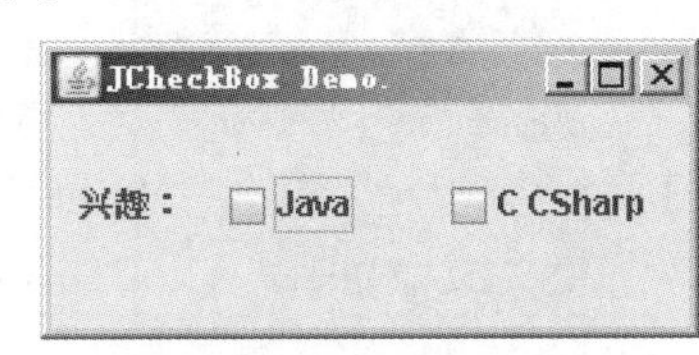

图 8-7　JCheckBox 示例

9. 下拉列表（JComboBox）

该组件提供了一些选项，与 JList 不同的是用户可以从下拉列表中选择相应的值，该组件里面的值可以进行编辑。它的主要构造方法如下：

```
JComboBox()                        //创建具有默认数据模型的 JComboBox
JComboBox(ComboBoxModel aModel)  //创建一个 JComboBox，其项取自现有的 ComboBoxModel
JComboBox(Object[] items)          //创建包含指定数组中的元素的 JComboBox
JComboBox     //默认情况下是不可以编辑里面的字段，如果需要更改，则可以通过 setEditable
(boolean aFlag)方法来设置是否允许编辑 JComboBox 中的选项
```

【例 8-8】创建兴趣爱好的下拉列表，并允许下拉列表可以编辑。

```
import javax.swing.*;
public class MyFrame extends JFrame{
    public MyFrame(){
        //初始化该窗口
        this.setSize(300,200);                //设置窗口的大小
        this.setTitle("JComboBox Demo."); //设置窗口的标题
        //将面板的默认布局设为null
        this.setLayout(null);
        //创建一个标签,标识为兴趣
```

```
        JLabel in=new JLabel("兴趣: ");
        //准备一些列表选项内容
        Object[] o=new Object[]{"Java","C#","数据库","JSP"};
        //创建一个下拉列表选项
        JComboBox cb=new JComboBox(o);
        //设置下拉列表可以编辑
        cb.setEditable(true);
        //设置标签及列表组件大小及显示的位置
        in.setBounds(10, 20, 50, 30);
        cb.setBounds(10, 55, 100, 30);
        //将所述控件添加到面板内容中
        this.add(in);
        this.add(cb);
        //将窗口居中显示
        this.setLocationRelativeTo(null);
        //响应关闭按钮
        this.setDefaultCloseOperation(JFrame.EXIT_ON_CLOSE);
        //将窗口显示出来
        this.setVisible(true);
    }
    public static void main(String[] args) {
        new MyFrame();
    }
}
```


程序运行结果如图 8-8 所示。

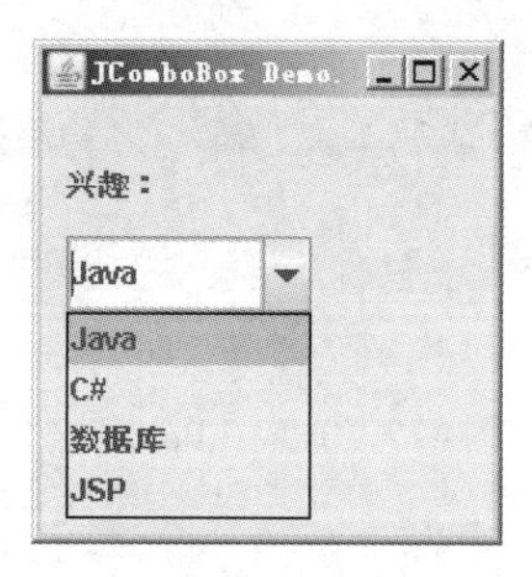

图 8-8　JComboBox 示例

10．表格（JTable）

该对象以二维表的方式显示程序查询结果，它的主要构造方法有：

```
JTable() //构造一个默认的 JTable，使用默认的数据模型、默认的列模型和默认的选择模型对其进行初始化
JTable(int numRows, int numColumns) //使用 DefaultTableModel 构造具有 numRows 行和 numColumns 列个空单元格的 JTable
JTable(Object[][] rowData, Object[] columnNames) //构造一个 JTable 来显示二维数组 rowData 中的值，其列名称为 columnNames
JTable(TableModel dm) //构造一个 JTable，使用数据模型 dm、默认的列模型和默认的选择模型对其进行初始化
JTable(TableModel dm, TableColumnModel cm) //构造一个 JTable，使用数据模型 dm、列模型 cm 和默认的选择模型对其进行初始化
JTable(TableModel dm, TableColumnModel cm, ListSelectionModel sm) //构造一个 JTable，使用数据模型 dm、列模型 cm 和选择模型 sm 对其进行初始化
JTable(Vector rowData, Vector columnNames) //构造一个 JTable 来显示 Vector 所组成的 Vector rowData 中的值，其列名称为 columnNames
```

【例 8-9】设定一组学生信息列表，通过表格组件显示结果。

```
import javax.swing.*;
public class MyFrame extends JFrame{
    //声明一个存放学生信息的二维数组及一个一维数组设定表格的表头
    Object[][] rowData;
    Object[] columnNames;
    //声明一个 JTable 组件
    JTable tab;
    //表格本身不支持滚动,创建一个滚动面板
    JScrollPane sp;
        MyFrame(){
        //初始化该窗口
        this.setSize(300,200);              //设置窗口的大小
        this.setTitle("JTable Demo.");      //设置窗口的标题
        //将面板的默认布局设为 null。
        this.setLayout(null);
        //实例化
        rowData=new Object[][]{{"张三","男",20,"软件 091"},{"李四","女",19,"软件
092"},{"王五","男",19,"软件 093"},{"赵六","男",20,"软件 093"}};
        columnNames=new Object[]{"姓名","性别","年龄","班在班级"};
        tab=new JTable(rowData,columnNames);
        sp=new JScrollPane(tab);
        //设置组件大小及显示的位置
        sp.setBounds(10, 20, 260,80);
        //将所述控件添加到面板内容中
        this.add(sp);
        //将窗口居中显示
        this.setLocationRelativeTo(null);
        //响应关闭按钮
        this.setDefaultCloseOperation(JFrame.EXIT_ON_CLOSE);
        //将窗口显示出来
        this.setVisible(true);
    }
    public static void main(String[] args) {
        new MyFrame();
    }
}
```

程序的运行结果如图 8-9 所示。

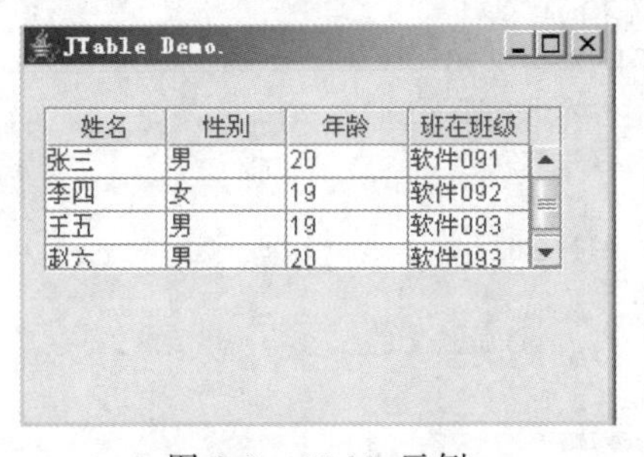

图 8-9　JTable 示例

11. 画布（Canvas）

画布是 AWT 中的一个组件，位于 java.awt.Canvas 包中，它表示在屏幕上一个空白矩形区域，应用程序可以在该区域进行绘图，或者可以从该区域捕获用户的相关事件。使用画布组件步骤：①定

义一个由 Canvas 派生出来的类；②重写 Canvas 类中的 paint()方法，在 paint()方法中的 Graphics 参数就好比一支画笔，我们可以利用 Graphics 类中的一些画图的方法来绘制各种不同的图形；③实例化定义的这个类之后，把它当作一种新的组件添加到窗口容器中。在 Canvas 类中还有一个 repaint()方法，该方法一般用在重绘画布上的画面，通过这种方式可以达到动画效果。repaint()方法其实也是再次调用了 paint()方法。

【例 8-10】创建一个画布，在其中展现一段字、一个矩形和一个圆。

```
import javax.swing.*;
import java.awt.*;
//定义一个画布类
class MyCanvas extends Canvas{
    //重写 Canvas 中的 paint()方法
    public void paint(Graphics g) {
        //将画笔的颜色更改成红色
        g.setColor(Color.RED);
        //画一段字符
        g.drawString("这是一个 Canvas 示例", 20, 20);
        //将画笔的颜色更改成蓝色
        g.setColor(Color.BLUE);
        //画一个矩形
        g.drawRect(20, 25, 100, 20);
        //将画笔的颜色更改成黑色
        g.setColor(Color.BLACK);
        //画一个圆
        g.drawOval(20,65, 60, 60);
    }
}
public class MyFrame extends JFrame{
    //声明一个画布对象
        MyCanvas my;
        MyFrame(){
        //初始化该窗口
        this.setSize(300,200);                //设置窗口的大小
        this.setTitle("Canvas Demo.");        //设置窗口的标题
        //将面板的默认布局设为 null
        this.setLayout(null);
        //实例化画布对象
        my=new MyCanvas();
        //设置组件大小及显示的位置
        my.setBounds(10, 20, 260,200);
        //将所述控件添加到面板内容中
        this.add(my);
        //将窗口居中显示
        this.setLocationRelativeTo(null);
        //响应关闭按钮
        this.setDefaultCloseOperation(JFrame.EXIT_ON_CLOSE);
        //将窗口显示出来
        this.setVisible(true);
    }
    public static void main(String[] args) {
        new MyFrame();
    }
}
```

程序运行的结果如图 8-10 所示。

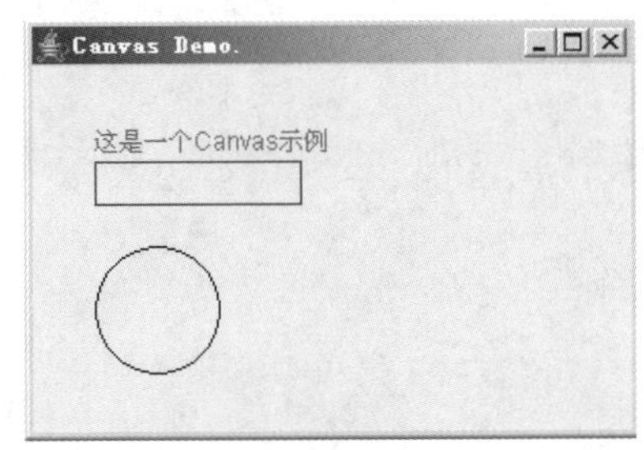

图 8-10　Canvas 示例

12. 面板（JPanel）

在 AWT 中一般使用 Panel 容器来添加组件，在 Swing 中 JPanel 也一样，而且它还支持双缓冲，使得画面更流畅。JPanel 也可以和画布一样用来画图，同时只要利用里面的 paint()方法即可。另外，在实际项目开发中，程序的界面切换可以通过 JPanel 进行。它的主要构造方法有：

```
JPanel() //建立一个具有 double buffering 功能的 JPanel，默认的版面管理是 Flow Layout
JPanel(boolean isDoubleBuffered) //选择建立是否具有 double buffering 功能的 JPanel，默认的版面管理是 Flow Layout
JPanel(LayoutManager layout) //建立一个具有 double buffering 功能 JPanel，可自定义版面管理器
JPanel(LayoutManager layout,boolean isDoubleBuffered) //选择建立是否具有 double buffering 功能的 JPanel，并自定义版面管理器
```

我们会在布局管理器中介绍它的有关运用。

13. 菜单（JMenu）、菜单条（JMenubar）、菜单项（JMenuItem）和弹出式菜单（JPopupMenu）

在 Java 程序中，一般都有菜单这些组件，菜单的实现也有着多样化。一般菜单分两种：①下拉式菜单；②弹出式菜单。菜单与其他组件不同，要将菜单添加到菜单容器中，不能将它添加到一般容器中。第一种菜单的创建步骤：先创建一个 JMenuBar mb=new JMenuBar(); 再把此菜单工具条放到窗体中。窗体对象.setJMenuBar(mb);有了菜单容器，接下来了我们就可以添加菜单了。

【例 8-11】 创建一个基本的下拉式菜单。

```
import javax.swing.*;
public class MyFrame extends JFrame{
        //声明菜单相关的一些组件
        JMenuBar mb;
        JMenu m1,m2,m3;
        MyFrame(){
        //初始化该窗口
        this.setSize(300,200);          //设置窗口的大小
        this.setTitle("菜单 Demo.");    //设置窗口的标题
        //实例化以上各组件
        mb=new JMenuBar();
        m1=new JMenu("文件");
        m2=new JMenu("编辑");
        m3=new JMenu("帮助");
        //将菜单添加到菜单条中
        mb.add(m1);
        mb.add(m2);
        mb.add(m3);
        //将菜单条添加到窗体中
```

```
        this.setJMenuBar(mb);
        //将窗口居中显示
        this.setLocationRelativeTo(null);
        //响应关闭按钮
        this.setDefaultCloseOperation(JFrame.EXIT_ON_CLOSE);
        //将窗口显示出来
        this.setVisible(true);
    }
    public static void main(String[] args) {
        new MyFrame();
    }
}
```

程序运行结果如图 8-11 所示。

图 8-11　菜单示例

需要注意的是：把菜单条创建好之后，添加到窗体中，不能调用 add()方法，而需要使用 setJMenuBar(mb)。上面的菜单之间还可以相互嵌套使用。接下来在相应的 JMenu 中添加相应的菜单项（JMenuItem），它们都是菜单树的“叶子”结点，是放在菜单中的按钮。代码如下：

```
JMenu m1=new JMenu("文件");
JMenuItem mi1=new JMenuItem("打开");
...
m1.add(mi1);
...
```

从而形成一套完整的菜单体系，如图 8-12 所示。

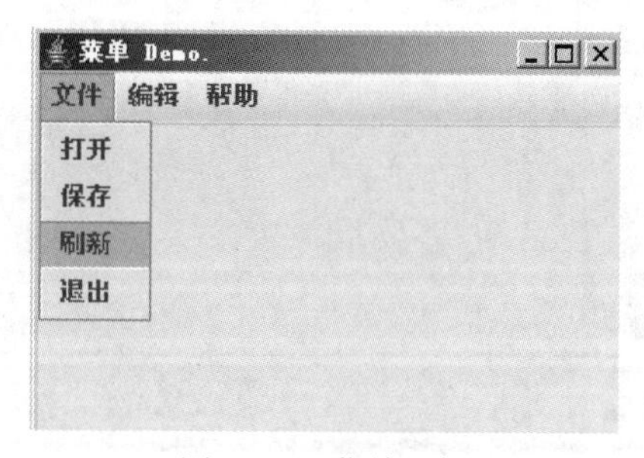

图 8-12　菜单示例

在实际项目菜单开发中，会有菜单项被选中或菜单项与菜单项之间有分隔线的情况。如果要实现菜单项被选中，那么得要使用“复选菜单项”JCheckboxMenuItem 来代替“菜单项”MenuItem，而分隔符则需要使用 addSeparator()方法。实现代码如下：

```
JMenuBar  mb=new JMenuBar();
JCheckBoxMenuItem cmi=new JCheckBoxMenuItem("刷新");
JMenu  m1=new JMenu("文件");
JMenuItem  mi1=new JMenuItem("打开");
m1.add(mi1);
```

```
m1.add(cmi);
m1.addSeparator();
```

程序运行如图 8-13 所示。

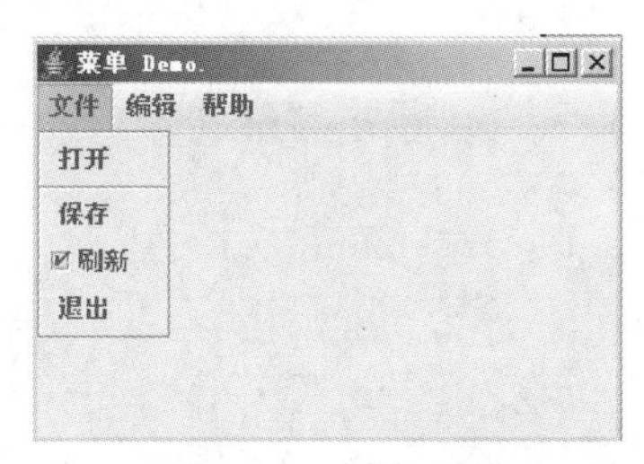

图 8-13　菜单示例

菜单的样式可以设计成多式多样，大家可以参考 SUN Java SE 帮助文档来进行相应的设计。接下来学习“弹出菜单”（PopupMenu），它可以在任何组件上显示，我们可以把任何菜单项添加到弹出菜单中。

【例 8-12】创建一个弹出式菜单，当鼠标在窗体上右击的时候，菜单会自动弹出。

```
import javax.swing.*;
import java.awt.event.*;
public class MyFrame extends JFrame implements MouseListener{
    //声明菜单相关的一些组件
        JPopupMenu pm;
        JMenuItem mi1,mi2,mi3;
        JCheckBoxMenuItem cmi;
        MyFrame(){
        //初始化该窗口
        this.setSize(300,200);//设置窗口的大小
        this.setTitle("弹出菜单 Demo.");//设置窗口的标题
        //实例化以上各组件
        pm=new JPopupMenu();
        mi1=new JMenuItem("打开");
        mi2=new JMenuItem("保存");
        mi3=new JMenuItem("退出");
        //将菜单项添加到弹出菜单中
        pm.add(mi1);
        pm.add(mi2);
        pm.add(mi3);
        //向窗体注册事件监听
        this.addMouseListener(this);
        //将窗口居中显示
        this.setLocationRelativeTo(null);
        //响应关闭按钮
        this.setDefaultCloseOperation(JFrame.EXIT_ON_CLOSE);
        //将窗口显示出来
        this.setVisible(true);
    }
    public static void main(String[] args) {
        new MyFrame();
    }
    //重写 MouseListener 监听器接口中的处理方法
    public void mouseClicked(MouseEvent e) {
```

```
        // TODO Auto-generated method stub
    }
    public void mouseEntered(MouseEvent e) {
        // TODO Auto-generated method stub
    }
    public void mouseExited(MouseEvent e) {
        // TODO Auto-generated method stub
    }
    public void mousePressed(MouseEvent e) {
        // TODO Auto-generated method stub
    }
    public void mouseReleased(MouseEvent e) {
            if(e.isPopupTrigger()){
                pm.show(this,e.getX(),e.getY());
            }
    }
}
```

程序运行结果如图 8-14 所示。

图 8-14　弹出菜单示例

如图 8-14 所示，当鼠标在窗体上的任何地方右击时，会弹出一个弹出菜单。我们对窗体的事件进行监听，如果“右击”事件产生，再去调用相应的事件处理方法。在处理方法中调用了 show(Component invoker,int x,int y)，第一个参数表示在哪个组件上弹出菜单，后面两个参数是指在组件调用者的坐标空间中的位置 X、Y 显示弹出菜单。

8.5　布局管理

在前面章节对组件的定位都是通过 setBounds(int x,int y,intwidth,int height)或者 setLocation (int x, int y)来实现的。今后在项目开发中如果只用这种方式，那会给窗体编程带来相当大的难度，因为它是根据坐标来定位的。现引入布局管理来简化操作。容器中的组件的位置可以由布局管理来控制。前面讲到的 JFrame 和 JDialog 的容器中都有一个缺少布局管理器“边界布局”(BorderLayout)，但是由于我们是通过坐标来定位的，所以在前面的程序中都把它们的布局设置成了“null”，当然，我们也可以通过 setLayout()方法来把它们的布局更改成其他的布局。布局管理器决定了容器中的每个组件的大小和位置。常用的布局管理器有 FlowLayout、BorderLayout、GridLayout、CardLayout 等，它们都位于 java.awt 包中。

1. 流行布局 (FlowLayout)

该布局按照组件的添加顺序从容器的左边到右边放置，当放置到容器的边界时，则把组件放置到下一行中，以此类推。它的主要构造方法如下：

```
FlowLayout() //构造一个新的 FlowLayout，它是居中对齐的，默认的水平和垂直间隙是 5 个单位。
FlowLayout(int align)//构造一个新的 FlowLayout，它具有指定的对齐方式，默认的水平和垂直间隙是 5 个单位。
FlowLayout(int align, int hgap, int vgap)//创建一个新的流布局管理器，它具有指定的对齐方式以及指定的水平和垂直间隙。
```

上述构造方法中，int align 参数是指组件的对齐方式，它可以是左对齐、居中对齐和右对齐的排列方式，它的值分别是 FlowLayout.LEFT、FlowLayout.CENTER 和 FlowLayout.RIGHT。它默认是居中对齐，当容器被缩放时，组件的位置可能会改变，但是组件的大小不会变化。

【例 8-13】在窗体上创建 6 个按钮，按照流式布局排列。

```
import javax.swing.*;
import java.awt.*;
public class MyFrame extends JFrame{
    MyFrame(){
        //初始化该窗口
        this.setSize(300,200);//设置窗口的大小
        this.setTitle("FlowLayout Demo.");//设置窗口的标题
        //把窗体的容器布局更改成 FlowLayout
        this.setLayout(new FlowLayout());
        //实例化按钮并添加到窗体的容器中
        for(int i=1;i<=6;i++){
        JButton jb=new JButton("按钮:"+i);
        this.add(jb);
        }
        //将窗口居中显示
        this.setLocationRelativeTo(null);
        //响应关闭按钮
        this.setDefaultCloseOperation(JFrame.EXIT_ON_CLOSE);
        //将窗口显示出来
        this.setVisible(true);
    }
    public static void main(String[] args) {
            new MyFrame();
    }
}
```

程序运行的结果如图 8-15 所示。

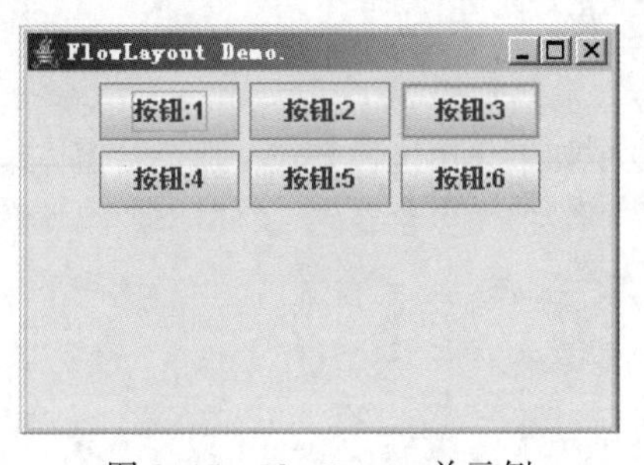

图 8-15 FlowLayout 单示例

在图 8-15 中，6 个按钮都是按从左到右的方向布局的，同时它们都是居中对齐，如果单击窗口的“最大化”按钮，则所有的按钮大小未改变，但是它们的位置改变了。如果想固定窗体大小，那我们可以调用窗体的 setResizable(Boolean b)来设置。

2. 边界布局（BorderLayout）

该布局把容器画分成五个区域所图 8-16 所示：东、西、南、北、中。每个区域最多只能包含一个组件，它是通过相应的常量进行标识：EAST、WEST、SOUTH、NORTH、CENTER。边界布局不仅对组件位置进行排列，而且还调整组件的大小。我们不必对五个区域都要添加相应组件，中部区域组件会自动调节大小，JFrame 和 JDialog 默认就是该布局。

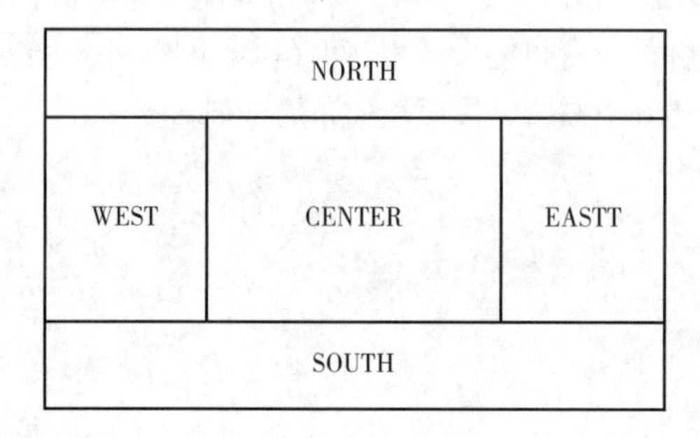

图 8-16　BorderLayout 布局

【例 8-14】在窗体中创建一个发言界面，中间是一个 JTextArea，南边有一个 JLabel、JTextField 和一个 JButton。

```
import javax.swing.*;
import java.awt.*;
public class Chat extends JFrame{
    //声明所需要的一些组件
        JLabel label;
        JTextArea txt;
        JButton btn;
        JTextField txtInput;
        Chat(){
            //初始化该窗口
            this.setSize(600,400);//设置窗口的大小
            this.setTitle("BorderLayout Demo.");//设置窗口的标题
            //因为 JFrame 的默认布局是 BorderLayout，则不需要更改布局设置
            //实例化所示组件
            label=new JLabel("发言:");
            btn=new JButton("发送");
            txtInput=new JTextField();
            txt=new JTextArea();
            //将 JTextArea 组件设置成不改编辑模式
            txt.setEditable(false);
            //创建一个 JPanel
            JPanel jp=new JPanel();
            //将 jp 的布局设置成 BorderLayout
            jp.setLayout(new BorderLayout());
            //把 JLabel、JTextField 和 JButton 放入该 JPanel 中
            jp.add(label,BorderLayout.WEST);
            jp.add(txtInput,BorderLayout.CENTER);
            jp.add(btn,BorderLayout.EAST);
            //再把 JPanel 组件放入窗口容器的南边
            this.add(jp,BorderLayout.SOUTH);
            //把 JTextArea 放到窗口容器的中部
            this.add(txt,BorderLayout.CENTER);
```

```
            //将窗口居中显示
            this.setLocationRelativeTo(null);
            //响应关闭按钮
            this.setDefaultCloseOperation(JFrame.EXIT_ON_CLOSE);
            //将窗口显示出来
            this.setVisible(true);
    }
    public static void main(String[] args) {
            new Chat();
    }
}
```

程序的运行结果如图 8-17 所示。

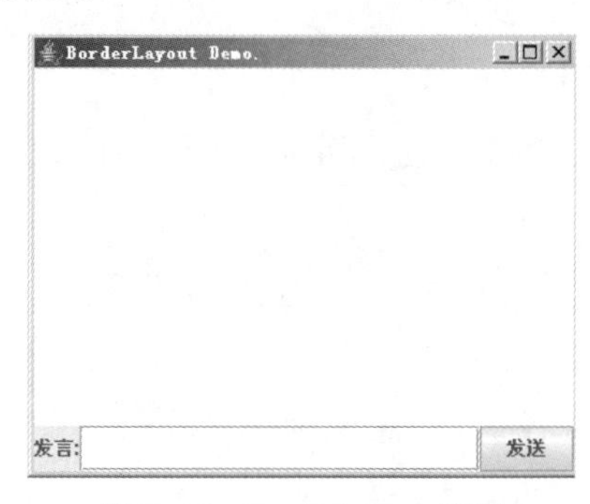

图 8-17　BorderLayout 界面

图 8-17 的界面程序运行了布局嵌套用法，因为 BorderLayout 中部会将放入其中的组件大小修改成该区域一样大，所以先在整个窗体运用 BorderLayout 把 JTextArea 组件放入它的中部，然后创建一个面板，把该面板的布局也设为 BorderLayout，再把 JLabel 放入面板的西部，JButton 放入这个面板的东部，由于 JTextField 是输入文字的区域，则把它放入该面板的中部，从而达到以上效果。

3. 网格布局（GridLayout）

该布局把容器分成大小相等的矩形，类似于 JTable 的二维表。组件被添加到容器，是由左上角开始，从左到右、从上到下排列组件。它的主要构造方法有：

```
GridLayout()//创建具有默认值的网格布局，即每个组件占据一行一列
GridLayout(int rows, int cols)//创建具有指定行数和列数的网格布局
GridLayout(int rows, int cols, int hgap, int vgap)//创建具有指定行数和列数的网格布局
```

【例 8-15】在窗体中创建以 1~9 为名称的九个按钮，以 3 行 3 列以及水平和垂直间隔为 2 px 的形式排列。

```
import javax.swing.*;
import java.awt.*;
public class Chat extends JFrame{
        Chat(){
        //初始化该窗口
        this.setSize(600,400);//设置窗口的大小
        this.setTitle("GridLayout Demo.");//设置窗口的标题
        //将容器的布局设置成为 GridLayout，行成 3 行 3 列，水平和垂直间隔为 2 px
        this.setLayout(new GridLayout(3,3,2,2));
        //实例化
        for(int i=1;i<=9;i++){
            JButton btn=new JButton(String.valueOf(i));
```

```
            this.add(btn);
        }
        //将窗口居中显示
        this.setLocationRelativeTo(null);
        //响应关闭按钮
        this.setDefaultCloseOperation(JFrame.EXIT_ON_CLOSE);
        //将窗口显示出来
        this.setVisible(true);
    }
    public static void main(String[] args) {
        new Chat();
    }
}
```

程序的运行结果如图 8-18 所示。

图 8-18　GridLayout 界面

4. 卡片布局（CardLayout）

该布局将容器中的每个组件看成一张卡片，一次只能看到一张卡片。第一个添加到容器中的组件为可见组件。它的主要构造方法有：

```
CardLayout() //创建一个间距大小为 0 的新卡片布局
CardLayout(int hgap, int vgap) //创建一个具有指定水平间距和垂直间距的新卡片布局
```

【例 8-16】在窗体上创建 3 个标签和 2 个按钮，一次只能看见一个标签，通过这两个按钮可以对标签进行切换。

```
import javax.swing.*;
import java.awt.*;
import java.awt.event.*;
public class MyFrame extends JFrame implements ActionListener{
    //声明相关组件
    CardLayout card;
    JButton btn1,btn2;
    JLabel label1,label2,label3;
    JPanel p1,p2;
    MyFrame(){
        //初始化该窗口
        this.setSize(300,200);//设置窗口的大小
        this.setTitle("CardLayout Demo.");//设置窗口的标题
        //将容器的布局设置成为 FlowLayout
        this.setLayout(new FlowLayout());
        //实例化
        card=new CardLayout();
        btn1=new JButton("上一张");
```

```
        btn2=new JButton("下一张");
        //注册按钮监听器
        btn1.addActionListener(this);
        btn2.addActionListener(this);
        p1=new JPanel();
        p2=new JPanel();
        label1=new JLabel("标签 1");
        label2=new JLabel("标签 2");
        label3=new JLabel("标签 3");
        //把 p1 的布局设置为 CarLayout
        p1.setLayout(card);
        //再将三个标签放入 p1 中
        p1.add("1",label1);
        p1.add("2",label2);
        p1.add("3",label3);
        //将 p2 的布局设置为 FlowLayout,并把两个按钮加入其中
        p2.setLayout(new FlowLayout());
        p2.add(btn1);
        p2.add(btn2);
        //再将面板 p1、p2 放入窗体容器中
        this.add(p1);
        this.add(p2);
        //将窗口居中显示
        this.setLocationRelativeTo(null);
        //响应关闭按钮
        this.setDefaultCloseOperation(JFrame.EXIT_ON_CLOSE);
        //将窗口显示出来
        this.setVisible(true);
    }
    //按钮事件处理程序
    public void actionPerformed(ActionEvent e) {
        if(e.getSource()==btn1){
            card.previous(p1);
        }else{
            card.next(p1);
        }


    }
    public static void main(String[] args) {
        new MyFrame();
    }
}
```

程序运行结果如图 8-19 所示。

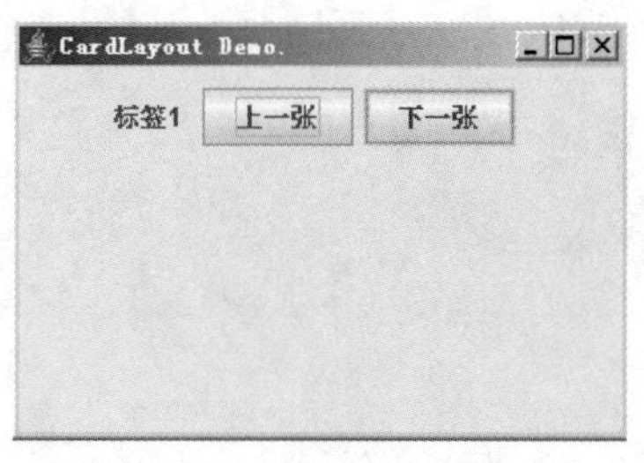

图 8-19　CardLayout 界面

以上是在界面编程时最常用的四种布局管理。一个界面只能有一个 JFrame 窗体组件，但是可以有多个 JPanel 面板，而且在面板上也可以有多种布局，它们之间可以相互嵌套，这样可以使我们的界面达到更复杂的效果。还有一个组件在实际开发中也会经常用到，这就是选项卡组件 JTabbedPane。它允许用户通过单击选项卡上给定的标题或者图标对组件进行切换。它的主要构造方法有：

```
JTabbedPane() //创建一个具有默认的 JTabbedPane.TOP 选项卡布局的空 TabbedPane
JTabbedPane(int tabPlacement) //创建一个空的 TabbedPane，使其具有以下指定选项卡布局中的一种：JTabbedPane.TOP、JTabbedPane.BOTTOM、JTabbedPane.LEFT 或 JTabbedPane.RIGHT
JTabbedPane(int tabPlacement, int tabLayoutPolicy) //创建一个空的 TabbedPane，使其具有指定的选项卡布局和选项卡布局策略
```

【例 8-17】在窗体上创建三种不同颜色的面板，使用选项卡组件让它们三者之间进行切换。

```
import javax.swing.*;
import java.awt.*;
public class MyFrame extends JFrame {
    //声明相关组件
    JTabbedPane jtp;
    JPanel jp1,jp2,jp3;
    MyFrame(){
        //初始化该窗口
        this.setSize(300,300);//设置窗口的大小
        this.setTitle("选项卡 Demo.");//设置窗口的标题
        //实例化
        jp1=new JPanel();
        jp1.setBackground(Color.RED);
        jp2=new JPanel();
        jp2.setBackground(Color.BLUE);
        jp3=new JPanel();
        jp3.setBackground(Color.BLACK);
        jtp=new JTabbedPane();
        //将 jp1,jp2,jp3 添加到 JTabbedPane 中
        jtp.add("红色",jp1);
        jtp.add("蓝色",jp2);
        jtp.add("黑色",jp3);
        //再将 jtp 放置窗体面板的中部
        this.add(jtp,BorderLayout.CENTER);
        //将窗口居中显示
        this.setLocationRelativeTo(null);
        //响应关闭按钮
        this.setDefaultCloseOperation(JFrame.EXIT_ON_CLOSE);
        //将窗口显示出来
        this.setVisible(true);
    }
    public static void main(String[] args) {
        new MyFrame();
    }
}
```

程序的运行结果如图 8-20 所示。

图 8-20 JTabbedPane 选项卡

8.6 事件和事件处理

前面已经学会了怎么利用组件、容器、布局对界面程序进行设计，接下来要介绍怎样对程序进行交互。从 JDK 1.1 开始，Java 采用了一种“事件授权模型”（Event Delegation Model）的事件处理机制，从而实现 Java 界面程序的交互功能。它的基本原理是事先定义许多事件类，用来描述用户在界面上进行了什么样的操作，再约定各种 GUI 组件在用户交互时会触发相应的事件，它会自动创建相应的事件类对象并提交给 Java 运行系统。当运行系统接收到该事件类对象后，立即将其发送给专门的监听器对象，该对象会自动调用其相应的事件处理方法，从而实现了 GUI 程序的业务逻辑。

在 Java 事件模型中，它都是以对象形式封装的，它主要包括三个概念：事件源（Event Source）、事件对象（Event）和事件监听器（Event Listener）。其中，事件源是指产生事件的组件对象，例如：按钮、菜单项等。在这些事件源上操作鼠标或者是键盘等设备都会有事件的产生。事件对象封装了事件源以及处理该事件的各种信息。事件监听器是用来对事件源中产生的事件对象进行监听，如果一旦有事件产生，相应的事件监听器就会接收到该事件对象，然后自动调用相应的方法来处理。事件处理方法（Event Handler）是指能够接收、解析和处理事件类对象。事件类一般位于 java.awt.event 和 javax.swing.event 包中，常用的事件类与之相应的监听器接口如表 8-1 所示。

表 8-1 事件类及事件监听器接口

事 件 类 型	监听器接口	含 义
java.awt.event.ActionEvent	ActionListener	单击按钮、菜单项等
java.awt.event.ItemEvent	ItemListener	单击复选框等
java.awt.event.KeyEvent	KeyListener	操作键盘
java.awt.event.MouseEvent	MouseListener	鼠标单击或移动
java.awt.event.WindowEvent	WindowListener	窗口打开、关闭等
java.awt.event.TextEvent	TextListener	文本框内容发生改变时
java.awt.event.FocusEvent	FousListener	组件获得或移动焦点时
java.awt.event.ComponentEvent	ComponentListener	移动、隐藏和改变组件大小等
java.awt.event.ContainerEvent	ContainerListener	向容器中添加、移动组件等
java.awt.event.AdjustmentEvent	AdjustmentListener	移动滚动条等
javax.swing.event.ListSelectionEvent	ListSelectionListener	列表框选项发生变化等

从表 8-1 可以，不同的事件类型的监听器接口不同，例如：事件 ActionEvent 的监听器为 ActionListener。从而我们可以得到：×××事件类的监听器接口是×××Listener。

事件处理步骤：使用“事件授权模型”处理的一般过程有三种，图 8-21 说明了处理的基本步骤。第一种：首先定义事件监听器类，该类是实现×××事件的×××Listener 监听器接口，该接口里面的所有方法都要实现，不过我们在开发中只需要实现对我们有用的方法即可，其他方法都可以空实现；再次向事件源注册相应的事件监听器对象，add×××Listener(new 相关的监听器类)。第二种：让窗体类本身去实现相关事件的监听器接口，然后再注册。第三种：直接通过匿名的内部类来实现。必须注意的是：在同一个事件源上，我们可以注册多种事件监听器。

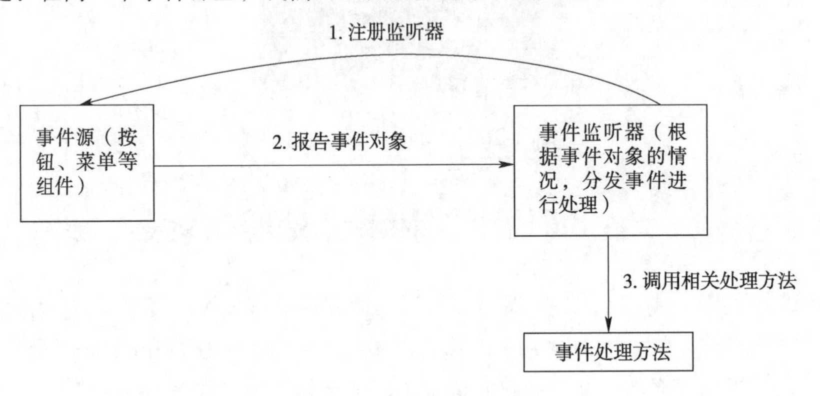

图 8-21　事件处理模型图

【例 8-18】把例 8-14 的例子加入事件监听操作。

实现方法一：

```
import javax.swing.*;
import java.awt.*;
import java.awt.event.*;
public class Chat extends JFrame{
        //声明所需要的一些组件
        JLabel label;
        JTextArea txt;
        JButton btn;
        JTextField txtInput;
         Chat(){
        //初始化该窗口
        this.setSize(600,400);//设置窗口的大小
        this.setTitle("BorderLayout Demo.");//设置窗口的标题
        //因为 JFrame 的默认布局是 BorderLayout，则不需要更改布局设置
        //实例化所示组件
        label=new JLabel("发言:");
        btn=new JButton("发送");
        txtInput=new JTextField();
        txt=new JTextArea();
        //向按钮注册事件监听器对象
        btn.addActionListener(new ButtonListener(txt,txtInput));
        //将 JTextArea 组件设置成不改变编辑模式
        txt.setEditable(false);
        //创建一个 JPanel
        JPanel jp=new JPanel();
        //将 jp 的布局设置成 BorderLayout
        jp.setLayout(new BorderLayout());
        //把 JLabel、JTextField 和 JButton 放入该 JPanel 中
        jp.add(label,BorderLayout.WEST);
```

```
        jp.add(txtInput,BorderLayout.CENTER);
        jp.add(btn,BorderLayout.EAST);
        //再把 JPanel 组件放入窗口容器的南边
        this.add(jp,BorderLayout.SOUTH);
        //把 JTextArea 放到窗口容器的中部
        this.add(txt,BorderLayout.CENTER);
        //将窗口居中显示
        this.setLocationRelativeTo(null);
        //响应关闭按钮
        this.setDefaultCloseOperation(JFrame.EXIT_ON_CLOSE);
        //将窗口显示出来
        this.setVisible(true);
    }
    public static void main(String[] args) {
        new Chat();
    }
}
//编写一个事件监听
class ButtonListener implements ActionListener{
    ////业务逻辑：当单击"发送"按钮后，把文本框中的内容发送到文本域中
        JTextArea txt;
        JTextField txtInput;
        //通过构造方法初始化
        ButtonListener(JTextArea txt,JTextField txtInput){
            this.txt=txt;
            this.txtInput=txtInput;
        }
    //重写 ActionListener 的处理方法
    public void actionPerformed(ActionEvent e) {
        txt.append(txtInput.getText()+"\n");
        //发送完成之后，清空文本框内容。
        txtInput.setText("");
    }
}
```

实现方法二：

```
import javax.swing.*;
import java.awt.*;
import java.awt.event.*;
public class Chat extends JFrame implements ActionListener{
    //声明所需要的一些组件
        JLabel label;
        JTextArea txt;
        JButton btn;
        JTextField txtInput;
        Chat(){
        //初始化该窗口
        this.setSize(600,400);//设置窗口的大小
        this.setTitle("BorderLayout Demo.");//设置窗口的标题
        //因为 JFrame 的默认布局是 BorderLayout，则不需要更改布局设置
        //实例化所示组件
        label=new JLabel("发言:");
        btn=new JButton("发送");
        txtInput=new JTextField();
```

```
        txt=new JTextArea();
        //向按钮注册事件监听器对象
        btn.addActionListener(this);
        //将 JTextArea 组件设置成不改变编辑模式
        txt.setEditable(false);
        //创建一个 JPanel
        JPanel jp=new JPanel();
        //将 jp 的布局设置成 BorderLayout
        jp.setLayout(new BorderLayout());
        //把 JLabel、JTextField 和 JButton 放入该 JPanel 中
        jp.add(label,BorderLayout.WEST);
        jp.add(txtInput,BorderLayout.CENTER);
        jp.add(btn,BorderLayout.EAST);
        //再把 JPanel 组件放入窗口容器的南边
        this.add(jp,BorderLayout.SOUTH);
        //把 JTextArea 放到窗口容器的中部
        this.add(txt,BorderLayout.CENTER);
        //将窗口居中显示
        this.setLocationRelativeTo(null);
        //响应关闭按钮
        this.setDefaultCloseOperation(JFrame.EXIT_ON_CLOSE);
        //将窗口显示出来
        this.setVisible(true);
    }
        //重写 ActionListener 的处理方法
        public void actionPerformed(ActionEvent e) {
            txt.append(txtInput.getText()+"\n");
            //发送完成之后，清空文本框内容
            txtInput.setText("");
        }

    public static void main(String[] args) {
        new Chat();
    }
}
```

实现方法三：

```
import javax.swing.*;
import java.awt.*;
import java.awt.event.*;
public class Chat extends JFrame{
    //声明所需要的一些组件
        JLabel label;
        JTextArea txt;
        JButton btn;
        JTextField txtInput;
        Chat(){
        //初始化该窗口
        this.setSize(600,400);//设置窗口的大小
        this.setTitle("BorderLayout Demo.");//设置窗口的标题
        //因为 JFrame 的默认布局是 BorderLayout，则不需要更改布局设置
        //实例化所示组件
        label=new JLabel("发言:");
        btn=new JButton("发送");
```

```
        txtInput=new JTextField();
        txt=new JTextArea();
        //向按钮注册事件监听器对象,通过匿名的内部类来实现的
        btn.addActionListener(new ActionListener(){
            //重写ActionListener的处理方法
            public void actionPerformed(ActionEvent e) {
                txt.append(txtInput.getText()+"\n");
                //发送完成之后,清空文本框内容
                txtInput.setText("");
            }
        });
        //将JTextArea组件设置成不改变编辑模式
        txt.setEditable(false);
        //创建一个JPanel
        JPanel jp=new JPanel();
        //将jp的布局设置成BorderLayout
        jp.setLayout(new BorderLayout());
        //把JLabel、JTextField和JButton放入该JPanel中
        jp.add(label,BorderLayout.WEST);
        jp.add(txtInput,BorderLayout.CENTER);
        jp.add(btn,BorderLayout.EAST);
        //再把JPanel组件放入窗口容器的南边
        this.add(jp,BorderLayout.SOUTH);
        //把JTextArea放到窗口容器的中部
        this.add(txt,BorderLayout.CENTER);
        //将窗口居中显示
        this.setLocationRelativeTo(null);
        //响应关闭按钮
        this.setDefaultCloseOperation(JFrame.EXIT_ON_CLOSE);
        //将窗口显示出来
        this.setVisible(true);
    }
    public static void main(String[] args) {
        new Chat();
    }
}
```

程序运行如图 8-22 所示。

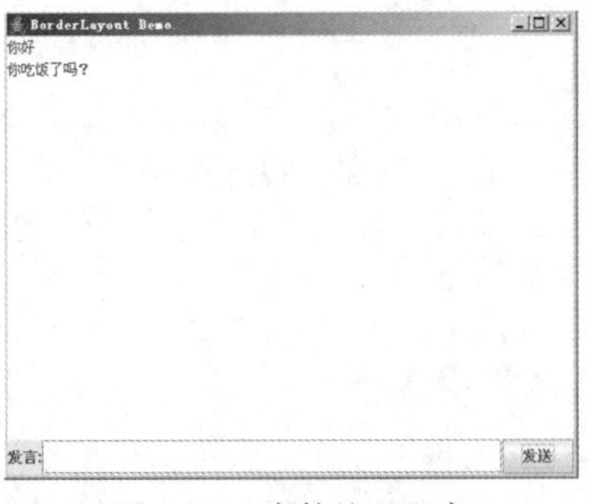

图 8-22　事件处理程序

以上三种方法都可以实现事件处理，方法三比方法二代码量少一些，方法二比方法一代码量少一些。如果用方法二把窗口类本身也作为一个监听器类实现，当该对象注册到多个事件源时，我们就得利用 public void actionPerformed(ActionEvent e)方法中的参数 ActionEvent 引用来调用 public String getActionCommand()或者 public Object getSource()方法来判别是由哪个事件源发出的，然后再做相应的处理。

例 8-12 在创建一个弹出式菜单中也用到了事件处理，我们是用了第二种方法来实现事件处理，它是给窗体注册了一个 MouseListener 的事件监听，当我们只需要右击时的处理方法。由于 MouseListener 是个接口，所以我们需要实现里面的所有方法。那样会产生一些不相关的方法，而且它们都是空实现的，没有太大的用处。SUN 给我们提供了另外一种实现事件监听器——事件适配器。

一般的事件监听器接口（除 ActionListener）之外都有相应的适配器，因为 ActionListener 里面只有一个处理方法。适配器都是与相应的事件监听器对应的，它是对相应的事件监听器的实现，不过都是空实现，SUN 都把它们定义为抽象类。虽然它们都是抽象类，但是它们里面的方法都是实方法。从而我们在定义事件监听器类的时候不一定要从×××Listener 监听器接口继承，还可以从它的适配器继承。我们可以从 SUN 的 Java SE 帮助文档可以查阅出，该×××Listener 监听器接口只要有适配器，那么它的名字就是×××Adapter。那在开发中如果一个类已经被继承，要用适配器来实现事件监听器类时，那只能以上方法一来实现。在 Java 中只允许继承。

【例 8-19】把例 8-12 修一下，通过适配器来实现。

```
import javax.swing.*;
import java.awt.event.*;
public class MyFrame extends JFrame{
        JPopupMenu pm;
        JMenuItem mi1,mi2,mi3;
        JCheckBoxMenuItem cmi;
        MyFrame(){
        this.setSize(300,200);//设置窗口的大小
        this.setTitle("弹出菜单 Demo.");//设置窗口的标题
        pm=new JPopupMenu();
        mi1=new JMenuItem("打开");
        mi2=new JMenuItem("保存");
        mi3=new JMenuItem("退出");
        pm.add(mi1);
        pm.add(mi2);
        pm.add(mi3);
        this.addMouseListener(new MyMouse(pm,this));
        this.setLocationRelativeTo(null);
        this.setDefaultCloseOperation(JFrame.EXIT_ON_CLOSE);
        this.setVisible(true);
    }
    public static void main(String[] args) {
        new MyFrame();
    }
}
class MyMouse extends MouseAdapter{
    JPopupMenu pm;
    MyFrame frame;
    MyMouse(JPopupMenu pm,MyFrame frame){
        this.pm=pm;
        this.frame=frame;
    }
    public void mouseReleased(MouseEvent e) {
```

```
            if(e.isPopupTrigger()){
                pm.show(frame,e.getX(),e.getY());
                }
        }
}
```

8.7 应 用 案 例

【案例】创建一个 SwingDemo 类，实现 Windows 操作系统的记事本程序的基本功能。

```
import java.awt.*;
import javax.swing.*;
import java.awt.event.*;
import java.io.*;
import java.util.*;
import javax.swing.event.*;

public class SwingDemo {
    String data, save;//变量存放对应的字符串
    ArrayList l = new ArrayList();//创建大小可变数组存放为撤销所用
    MyAction ma = new MyAction();//创建自定义的事件处理类对象
    JFrame f = new JFrame("新建 文本文档.txt-记事本");//创建带标题的窗体
    JTextArea ta = new JTextArea(30, 60);//创建特定大小以显示纯文本的多行区域
    JScrollPane jsp = new JScrollPane(ta);//创建滚动条，且将文本区域对象放入其中
    JFileChooser jfc = new JFileChooser();//创建选择文件
    JMenuBar mb=new JMenuBar();//菜单栏的实现
    JMenu mf=new JMenu("文件(F)");//实现是包含 JMenuItem 的弹出窗口
    JMenuItem mfn=new JMenuItem("新建");//创建菜单项
    JMenuItem mfo=new JMenuItem("打开"); JMenuItem mfs = new JMenuItem("保存");
    JMenuItem mfa=new JMenuItem("另存为"); JMenuItem mfx = new JMenuItem("退出");
    JMenu me = new JMenu("编辑(E)"); JMenuItem meu = new JMenuItem("撤销");
    JMenuItem met=new JMenuItem("剪切"); JMenuItem mec = new JMenuItem("复制");
    JMenuItem mep=new JMenuItem("粘贴"); JMenuItem mel = new JMenuItem("删除");
    JMenuItem mef=new JMenuItem("查找和替换"); JMenuItem med = new JMenuItem("日
期");
    JMenu mo=new JMenu("格式(O)"); JMenuItem mow = new JMenuItem("自动换行");
    JMenuItem mof=new JMenuItem("字体");//以上为创建菜单栏的需要对象
    JDialog ctd=new JDialog(f, "查找和替换");//创建自定义的对话框
    JTextField cttc=new JTextField(15);//创建编辑单行文本的组件对象
    JTextField cttt=new JTextField(15);
    JLabel ctlc=new JLabel("查找内容");//创建显示区
    JLabel ctlt=new JLabel("替换为");
    JLabel ctle=new JLabel();
    JButton ctb=new JButton("查找下一个");//创建按钮
    JButton ctb1=new JButton("替换");
    JButton ctb2=new JButton("全部替换");
    JButton ctb3=new JButton("取消");
    JFrame font=new JFrame("字体");//创建另一个字体选择窗体
    JPanel fpn=new JPanel(//创建用于显示的面板容器
            new GridLayout(1, 3, 5, 5));//为面板定义 1 行 3 列网格布局
    JPanel fpc=new JPanel(new BorderLayout());//边框布局
    JPanel fpcc=new JPanel(new GridLayout(1, 3, 5, 5));
    JPanel fpcn=new JPanel(new GridLayout(1, 3, 5, 5));
```

```
    JPanel fpe=new JPanel(new GridLayout(3, 1, 5, 5));
    JLabel lpl=new JLabel("字体");
    JLabel lpc=new JLabel("字形");
    JLabel lpr=new JLabel("大小");
    JTextField tpl=new JTextField();
    JTextField tpc=new JTextField();
    JTextField tpr=new JTextField();
    JList lil=new JList();//创建显示对象列表，显示字体对象
    JScrollPane jsp1=new JScrollPane(lil);//将对象列表放入滚动条
    String[] zx={ "常规", "粗体", "斜体", "粗斜体" };//创建一个字体数组
    JList lic=new JList(zx);//创建显示对象列表，显示字体对象
    String[] dx={ "15", "20", "25", "30", "35", "40", "45", "50" };
    JList lir=new JList(dx);//创建显示对象列表，显示大小对象
    JButton bs=new JButton("确定"); JButton be = new JButton("取消");
    GraphicsEnvironment ge=GraphicsEnvironment.getLocalGraphicsEnvironment();
    String[] flil=ge.getAvailableFontFamilyNames();//获得字体类别对象的集合
    public SwingDemo() {//构造函数
        jfc.setCurrentDirectory(new File("c:/"));//创建文件对象，指定了目录
        f.setLocation(150, 150);//设定主窗体的显示位置坐标
        // 设置菜单栏 MenuBar
        f.add(jsp,    BorderLayout.CENTER);//滚动条位置窗体布局的北上方
        f.setJMenuBar(mb);//为窗体添加菜单栏
        //把对应的菜单弹出窗口添加到菜单栏中
        mb.add(mf); mb.add(me); mb.add(mo);
        // 设置文件菜单
        mf.add(mfn); mf.add(mfo); mf.add(mfs); mf.add(mfa);
        mf.addSeparator();//添加分隔符
        mf.add(mfx);
        // 设置编辑菜单
        me.add(meu);//"撤销"
        me.addSeparator();me.add(met); me.add(mec); me.add(mep); me.add(mel);
        me.addSeparator();me.add(mef);me.addSeparator(); me.add(med);
        // 设置格式菜单
        mo.add(mow);//"自动换行"
        mo.add(mof);//"字体"
        // 设置“查找和替换”对话框界面
        ctd.setLayout(new GridLayout(3, 3, 5, 5));//设置对话框为 3 行 3 列网格布局
        //依照网格布局，添加对应的控件
        ctd.add(ctlc); ctd.add(cttc); ctd.add(ctb);
        ctd.add(ctlt); ctd.add(cttt); ctd.add(ctb1);
        ctd.add(ctb2); ctd.add(ctle); ctd.add(ctb3);
        // 设置字体窗口界面
    jsp1.setHorizontalScrollBarPolicy(ScrollPaneConstants.HORIZONTAL_SCROLLBAR_
NEVER);//设置不显示水平滚动条
        font.setBounds(300, 300, 400, 300);//设定字体选择窗体出现的位置和调整其大小
        font.add(fpc);//面板容器对象添加入字体选择窗体
        fpc.add(fpcn, BorderLayout.NORTH);//在面板容器中又嵌套其他面板容器
        fpc.add(fpcc, BorderLayout.CENTER); font.add(fpn, BorderLayout.NORTH);
        font.add(fpe, BorderLayout.EAST);
        //给相应的面板容器添加控件
        fpn.add(lpl);
        fpn.add(lpc);
        fpn.add(lpr);
```

```
        fpcn.add(tpl);
        fpcn.add(tpc);
        fpcn.add(tpr);
        fpcc.add(jsp1);
        fpcc.add(lic);
        fpcc.add(lir);
        fpe.add(bs);
        fpe.add(be);
        DefaultListModel fontModel = new DefaultListModel();//创建字体数据对象
        for (int i = 0; i < flil.length; i++) {
           fontModel.add(i, flil[i]);
        }//字体类别对象添加入字体数据对象且发生更改可以监听到事件
        lil.setModel(fontModel);//设置字体对象列表的数据源
        lil.setSelectedIndex(0);//设置字体对象列表的初始选择状态为索引为0的对象
        lic.setSelectedIndex(0);  lir.setSelectedIndex(0);
        tpl.setText(//设置单行文本显示域显示的内容
              (String)//强制类型转换为字符型
              lil.getSelectedValue());//获得选择的字体内容
        tpc.setText((String) lic.getSelectedValue());
        tpr.setText((String) lir.getSelectedValue());
        tpl.setEditable(false);//设置单行文本显示域为不可编辑
        tpc.setEditable(false); tpr.setEditable(false);
        // 设置快捷键:  ALT+
        mf.setMnemonic('f'); me.setMnemonic('e'); mo.setMnemonic('o');
   mfn.setAccelerator(KeyStroke.getKeyStroke(KeyEvent.VK_N,
   InputEvent.CTRL_MASK));
   mfo.setAccelerator(KeyStroke.getKeyStroke(KeyEvent.VK_O,
   InputEvent.CTRL_MASK));
   mfs.setAccelerator(KeyStroke.getKeyStroke(KeyEvent.VK_S,
   InputEvent.CTRL_MASK));
   mfx.setAccelerator(KeyStroke.getKeyStroke(KeyEvent.VK_Q,
   InputEvent.CTRL_MASK));
   meu.setAccelerator(KeyStroke.getKeyStroke(KeyEvent.VK_Z,
   InputEvent.CTRL_MASK));
   met.setAccelerator(KeyStroke.getKeyStroke(KeyEvent.VK_X,
   InputEvent.CTRL_MASK));
   mec.setAccelerator(KeyStroke.getKeyStroke(KeyEvent.VK_C,
   InputEvent.CTRL_MASK));
   mep.setAccelerator(KeyStroke.getKeyStroke(KeyEvent.VK_V,
   InputEvent.CTRL_MASK));
        mel.setAccelerator(KeyStroke.getKeyStroke(KeyEvent.VK_DELETE,
InputEvent.CTRL_MASK));
     mef.setAccelerator(KeyStroke.getKeyStroke(KeyEvent.VK_F,InputEvent.CTRL_MASK));
     med.setAccelerator(KeyStroke.getKeyStroke(KeyEvent.VK_D,InputEvent.CTRL_MASK));
        f.pack();//调整此窗口的大小，以适合其子组件的首选大小和布局
        f.setVisible(true);//设定窗体可见
        //设定窗体的关闭按钮有效
        f.setDefaultCloseOperation(WindowConstants.EXIT_ON_CLOSE);
        // 添加事件
        mfn.addActionListener(ma);mfo.addActionListener(ma);
        mfs.addActionListener(ma);mfa.addActionListener(ma);
        mfx.addActionListener(ma);meu.addActionListener(ma);
        med.addActionListener(ma);met.addActionListener(ma);
```

```
        mec.addActionListener(ma);mep.addActionListener(ma);
        mel.addActionListener(ma);mef.addActionListener(ma);
        ctb.addActionListener(ma);ctb1.addActionListener(ma);
        ctb2.addActionListener(ma);ctb3.addActionListener(ma);
        mow.addActionListener(ma);mof.addActionListener(ma);
        lil.addListSelectionListener(ma);lic.addListSelectionListener(ma);
        lir.addListSelectionListener(ma);bs.addActionListener(ma);
        be.addActionListener(ma);
    }
    class MyAction implements ActionListener, ListSelectionListener {//继承对应
的监听接口
        int returnVal, i, ft;
        File file;
        public void actionPerformed(ActionEvent e) {
            if (e.getSource()==mfn) {// 新建文本
                f.setTitle("无标题-记事本");
                ta.setText("");
            } else if (e.getSource()==mfo) {// 打开文件
                returnVal=jfc.showOpenDialog(f);
                file=jfc.getSelectedFile();
                if (returnVal==JFileChooser.APPROVE_OPTION) {
                    ta.setText(openFile(file));
                    f.setTitle(jfc.getName(file) + "- 记事本");
                }
            } else if (e.getSource()==mfs) {// 保存文件
                if (f.getTitle()=="无标题 - 记事本") {
                    data=ta.getText(); returnVal=jfc.showSaveDialog(f);
                    file=jfc.getSelectedFile();
                    if (returnVal==JFileChooser.APPROVE_OPTION) {
                        saveFile(file, data);
                        f.setTitle(jfc.getName(file) + " - 记事本");
                    }
                } else {
                    data=ta.getText();
                    if (file != null) {
                        saveFile(file, data);
                    }
                }
            } else if (e.getSource()==mfa) {// 另存为
                data=ta.getText();
                returnVal=jfc.showSaveDialog(f);
                file=jfc.getSelectedFile();
                if (returnVal==JFileChooser.APPROVE_OPTION){
                    saveFile(file, data);
                    f.setTitle(jfc.getName(file) + "- 记事本");
                }
            } else if (e.getSource()==mfx) {// 退出
                System.exit(0);
            } else if (e.getSource()==meu) {// 撤销
                if (l.size() > 0) {
                    save=(String) l.get(l.size()-1);
                    l.remove(l.size()-1);ta.setText(save);
                }
```

```
            } else if (e.getSource()==met) {// 剪切
                l.add(ta.getText());ta.cut();
            } else if (e.getSource()==mec) {// 复制
                l.add(ta.getText());ta.copy();
            } else if (e.getSource()==mep) {// 粘贴
                l.add(ta.getText());ta.paste();
            } else if (e.getSource()==mel) {// 删除
                l.add(ta.getText());ta.replaceSelection(null);
            } else if (e.getSource()==med) {// 时间日期
                l.add(ta.getText());Calendar cd=Calendar.getInstance();
                ta.append("" + cd.get(Calendar.HOUR_OF_DAY)
                        + ":" + cd.get(Calendar.MINUTE) + " "
                        + cd.get(Calendar.YEAR) + "-"
                        + (cd.get(Calendar.MONTH) + 1)
                        + "-" + cd.get(Calendar.DATE));
            } else if (e.getSource()==mef) {// 设置查找和替换功能
                ctd.setLocation(450, 450);ctd.setResizable(false);
                ctd.pack(); ctd.setVisible(true);
            } else if (e.getSource()==ctb3) {// 退出查 找和替换界面
                ctd.setVisible(false);
            } else if (e.getSource()==ctb) {// 查找下一个
                find(cttc.getText());
            } else if (e.getSource()==ctb1) {// 替换
                l.add(ta.getText());
                if (ta.getSelectedText().equals(cttc.getText())) {
                    ta.replaceSelection(cttt.getText());
                    find(cttc.getText());
                }
            } else if (e.getSource()==ctb2) {// 替换全部
                l.add(ta.getText());
                String all=ta.getText().replaceAll(cttc.getText(), cttt.getText());
                ta.setText(all);
            } else if (e.getSource()==mow) {// 自动换行
                ta.setLineWrap(true);
            } else if (e.getSource()==mof) {// 弹出字体设置窗口
                font.setVisible(true);
            } else if (e.getSource()==bs) {// 设置字体窗口确定按钮功能
                String zt=(String)lic.getSelectedValue();
                if (zt.equals("常规")) {
                    ft=Font.PLAIN;
                } else if (zt.equals("斜体")) {
                    ft=Font.ITALIC;
                } else if (zt.equals("粗体")) {
                    ft=Font.BOLD;
                } else if (zt.equals("粗斜体")) {
                    ft=Font.BOLD + Font.ITALIC;
                }
                ta.setFont(new Font((String)lil.getSelectedValue(),ft,Integer.
parseInt((String)lir.getSelectedValue())));
                font.setVisible(false);
            } else if (e.getSource()==be) {// 设置字体窗口取消按钮功能
                font.setVisible(false);
            }
        }
        public void valueChanged(ListSelectionEvent e) {
```

```
            if (e.getSource()==lil) {// 设置字体窗口选择功能
                tpl.setText((String)lil.getSelectedValue());
            } else if (e.getSource()==lic) {// 设置字形窗口选择功能
                tpc.setText((String)
                lic.getSelectedValue());
            } else if (e.getSource()==lir) {// 设置字体大小选择功能
                tpr.setText((String)lir.getSelectedValue());
            }
        }
        public void saveFile(File f, String data) {//保存文件
            PrintWriter pw=null;
            try {
                pw = new PrintWriter(f);
                pw.println(data);
            } catch (IOException e) {
                e.printStackTrace();
            } finally {
                pw.close();
            }
        }
        public String openFile(File f) {//打开文件
            String s="";
            StringBuffer s1=new StringBuffer();
            BufferedReader br=null;
            try {
                br=new BufferedReader(new FileReader(f));
                s=br.readLine();
                while (s!=null) {
                    s1.append(s + "\r\n");s = br.readLine();
                }
            } catch (IOException e) {
                e.printStackTrace();
            } finally {
                try {
                    if (br!=null) {
                        br.close();
                    }
                } catch (Exception e1) {
                    e1.printStackTrace();
                }
            }
            return s1.toString();
        }
        public void find(String s) {  // 查找文本
            int n=ta.getText().indexOf(s, i);
            i=n+1;
            if (n>=0) {
                ta.select(n, n + s.length());
            } else {
                ctle.setText("找不到" + s);
            }
        }
    }
    //main 主函数（程序入口）
    public static void main(String[] args) {
        new SwingDemo();
    }
}
```

程序运行的结果如图 8-23 ~ 图 8-26 所示。

图 8-23　程序界面

图 8-24　程序“文件”菜单项

图 8-25　程序“编辑”菜单项

图 8-26　记事本程序“格式”菜单项

小　　结

本章主要阐述了 Swing 的界面编程以及相应的事件处理。开发 GUI 界面程序的步骤为：①继承 JFrame 类；②定义需要的相关组件；③实例化这些组件；④设置容器的布局管理器；⑤添加相应的组件；⑥定义相关的事件监听器类并注册到相应的事件源上；⑦显示窗体。

习　　题

一、填空题

1. Java 的抽象窗口工具包中包含了许多类来支持____________设计。
2. Button 类、Label 类是包 java.awt 中的类，并且是 java.awt 包中的____________的子类。
3. Java 把有 Component 类的子类或间接子类创建的对象称为一个____________。
4. Java 程序中可以向容器添加组件，一个容器可以使用____________方法将组件添加到该容器中。
5. 在 java.awt 包中的____________类是专门用来建立文本框，它的一个对象就是一个文本框。
6. Java 的____________包中包含了许多用来处理事件的类和接口。
7. Java 中能够产生事件的对象都可以成为____________，如文本框、按钮、键盘等。
8. Java 中事件源发生事件时，____________就自动调用执行被类实现的某个接口方法。
9. 在文本框中输入字符并回车时，java 包 java.awt.event 中的____________类自动创建了一个事件对象。
10. Java 中为了能监视到 ActionEvent 类型的事件，事件源必须使用____________方法获得监视器。
11. Java.awt 包的类____________是用来建立面板的。

12. Java 的 java.awt 包中定义了 5 种布局类，分别是 FlowLayout、BorderLayout、CardLayout、______________和 GridBagLayout。

13. Java 的 java.awt 包中的______________类或子类所创建的一个对象就是一个窗口。

14. Java 中如果想给一个窗口起个名字，需使用方法 super(String s)调用父类的______________方法来完成这个任务。

15. 在 Menu 类的方法中，______________方法是向菜单增加指定的选项。

16. Java.awt 包中的______________类是负责创建菜单项的，它的一个实例就是一个菜单项。

17. 对话框分为两种，______________对话框只让程序响应对话框内部的事件，对于对话框以外的事件程序不响应。

18. Java 程序中发生鼠标事件的事件源往往是一个______________。

19. 使用 MouseListener 接口处理鼠标事件，事件源发生的鼠标事件有 5 种，按下鼠标键、______________鼠标键、单击鼠标键、鼠标进入和鼠标退出。

20. Java 键盘事件中，当按下键盘上某个键时，______________就会发现，然后 keyPressed()方法就会自动执行。

二、选择题

1. 在 Java 编程中，关于 Graphics，下面（　　）是正确的。

A. 在这个类中定义了一些基本的绘图方法

B. 这个类还存在一些不足，因此出现了 Graphics2D 类，弥补了这个类的某些不足

C. 这个类是一个抽象类，我们不能创建这个类的实例

D. 以上说法都正确

2. 在 Java 编程中，将鼠标指针放在按钮上以后，用鼠标单击按钮，将会发生鼠标事件和组件激活事件，就鼠标事件而言，将调用（　　）个监听器方法。

A. 1　　B. 2　　C. 3　　D. 4

3. Java 中，为了辨别用户关闭窗口的时间，要实现监听器接口（　　）。

A. MouseListener　　B. ActionLisener

C. WindowListener　　D. 以上都要

4. 在 Java 语言中，Panel 默认的布局管理器是（　　）。

A. Borderlayout　　B. FlowLayout

C. GridLayout　　D. GridBagLayout

5. 在 Java 编程中，Swing 包中的组件处理事件时，下面（　　）是正确的。

A. Swing 包中的组件也是采用事件的授权处理模型来处理事件的

B. Swing 包中的组件产生的事件类型，也都带有一个 J 字母，如 JMouseEvent

C. Swing 包中的组件也可以采用事件的传递处理机制

D. Swing 包中的组件所对应的事件适配器也是带有 J 字母的，如 JMouseAdapter

6. 在 Java 中，下列代码段允许按钮注册一个 action 事件的是（　　）。

A. button.enableActionEvents();

B. button.addActionListener(anActionListener);

C. button.enableEvents(true);

D. button.enableEvents(AWTEvent.ACTION_EVENT_MASK);

7. 在 Java 语言中，按“东，西，南，北，中”指定组件的位置的布局管理器是（　　）。

A. FlowLayout　　B. GridLayout

C. BorderLayout　　D. CardLayout

8. 在 Java 语言中，把组件放在 BorderLayout 的（　　）区域时，它会自动垂直调整大小，但不是水平调整。

A. North 或 South　　B. East 或 West

C. Center　　D. North,South 或 Center

三、编程题

1. 用图形界面设计一个简单的计算器。

2. 创建一个 Frame，有两个 Button 按钮和一个 TextField，单击按钮，在 TextField 上显示 Button 信息。

3. 用图形界面实现简单的银行柜台业务，包含创建新账户、取款、存款、查询账户余额等业务。

4. 构造一个类来描述屏幕上的一个点，该类的构成包括点的 x 和 y 两个坐标，以及一些对点进行的操作，包括：取得点的坐标值，对点的坐标进行赋值，编写应用程序生成该类的对象并对其进行操作。

5. 编写一个应用程序，完成文件的复制功能，文件名从命令行得到。

6. 使用 Swing 中的组件绘制如图 8-27 所示的对话框。要求：单击登录界面的按钮后，按钮的上方出现文字“欢迎参加 Java 考试”，如图 8-28 所示。

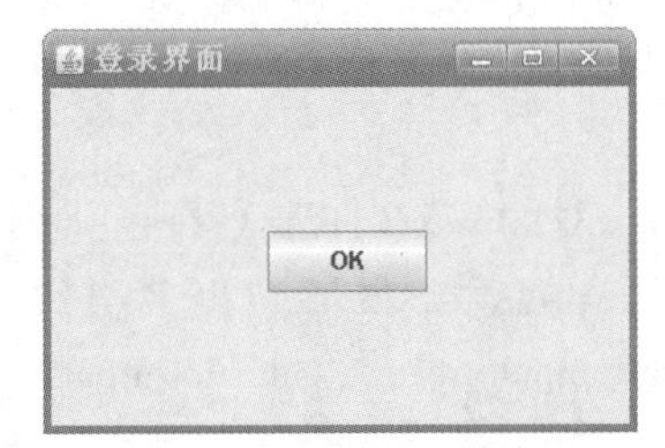

图 8-27　登录界面（单击前）

图 8-28　登录界面（单击后）

第 9 章 文件、流和输入/输出技术

Java 语言为各种输入/输出类设计了统一的接口，使得编程更加简单明了，可以实现对文件的读写、网络数据传输等操作。Java 平台将应用程序间、应用程序与磁盘文件之间的数据传输抽象为各种类型的流（Stream）对象，将文件系统中的文件抽象为 File 对象。

9.1 File 类

在应用程序设计中，除了基本的键盘输入和屏幕输出外，最常用的输入输出就是对磁盘文件的读写。Java 语言提供了 File 类进行文件和目录的管理（实际上，Java 语言把目录看作一种特殊的文件）。在 java.io 包中定义的大多数类是实行流式操作的，但是 File 类是一个与流无关的类，它独立与 InputStream 类和 OutputStream 等类。

File 类的对象都与某个目录或文件相关联，调用 File 类的方法对目录或文件进行管理，如创建、删除文件或目录，修改文件和目录的名字，获取文件和目录的相关信息等。但是，File 类并没有指定怎样从文件中读取信息或如何向文件存储信息，还是需要由 FileInputStream 类和 FileOutputStream 等类来实现。

9.1.1 File 类的构造函数

使用 File 类之前需要创建 File 类的对象，创建 File 类的对象有以下 3 种常用的构造方法。

（1）File(String pathname)

功能：通过指定的文件路径字符串来创建一个新 File 类对象。参数 pathname 是包含目录和文件名的字符串。如果没有文件名，则代表目录。

例如：

```
File file1=new File("e:\\java\\myinput");//创建一个与目录相关的对象
File file2=new File("e:\\java\\myinput\\myjava.txt");//创建一个与文件相关的对象
```

注意：转义字符“\\”代表一个“\”。

（2）File(String parent, String child)

功能：根据指定的父路径字符串和子路径字符串创建 File 类的实例对象。参数 parent 表示目录或文件所在路径，参数 child 表示目录或文件名称。

例如：

```
File file1=new File("e:\\java","myinput");//创建一个与目录相关的对象
File file2=new File("e:\\java\\myinput","myjava.txt");//创建一个与文件相关的对象
```

（3）File(File parent, String child)

功能：根据指定的File类的父路径和字符串类型的子路径创建File类的实例对象。该构造方法与第（2）种不同之处，在于参数parent的类型变成了File，代表parent是一个已经创建的File类文件对象（指向目录）。

例如：

```
File file1=new File("e:\\java\\myinput");//创建一个与目录相关的对象
File file2=new File(file1,"myjava.txt");//创建一个与文件相关的对象
```

9.1.2 File类的常用方法

File类为各种文件操作提供了一套完整的方法，使用这些方法来完成对目录和文件的管理。常用的方法如表9-1所示。

表9-1 File类常用的方法

方法名称	功能描述
getName()	获取文件的名字
getParent()	获取文件的父路径字符串
getPath()	获取文件的相对路径字符串
getAbsolutePath()	获取文件的绝对路径字符串
exists()	判断文件或文件夹是否存在
canRead()	判断文件是否可读的
isFile()	判断文件是否是一个正常的文件，而不是目录
canWrite()	判断文件是否可被写入
idDirectory()	判断是不是文件夹类型
isAbsolute()	判断是不是绝对路径
isHidden()	判断文件是否是隐藏文件
delete()	删除文件或文件夹，如果删除成功返回结果为true
mkdir()	创建文件夹，如果创建成功返回结果为true
mkdirs()	创建路径中包含的所有父文件夹和子文件夹，如果所有父文件夹和子文件夹都成功创建，返回结果为true
createNewFile()	创建一个新文件
length()	获取文件的长度
lastModified()	获取文件的最后修改日期

【例9-1】使用File类管理文件和目录。

```
import java.io.*;
import java.util.Date;
public class FileTest {
  public static void main(String []args)throws Exception{
    String fileName="e:\\java\\myjava.txt";
    File myFile=new File(fileName);
    myFile.createNewFile();        //创建新文件
    if(!myFile.exists() ) {        //判断文件是否存在
      System.err.println(fileName+"未找到!");
      return;
    }
    if( myFile.isDirectory() ) { //判断是否为目录
```

```
        System.err.println("文件对象"+myFile.getName()+"是目录!");
        File myData=new File("mydata");
        if(!myData.exists()){
          myData.mkdir();    //新建目录
          System.out.println("目录"+myData.getAbsolutePath() +"创建结束!");
        }
        return;
      }
      if(myFile.isFile()){       //判断是否为文件
        System.out.println("文件对象:"+myFile.getAbsolutePath());
        System.out.println("文件字节数:"+myFile.length());
        System.out.println("文件是否能读:"+myFile.canRead());
        if(myFile.canWrite()){   //判断文件是否可写
          System.out.println("设置文件为只读:"+myFile.setReadOnly());//设置文件为只读
        }
        System.out.println("文件是否可写:"+myFile.canWrite());
        Date modifyDate=new Date(myFile.lastModified());//获取文件的最后修改时间
        System.out.println("文件上次修改时间:"+modifyDate. toString());
      }
    }
  }
```


运行结果：

```
文件对象: e:\java\myjava.txt
文件字节数: 0
文件是否能读: true
设置文件为只读: true
文件是否可写: false
文件上次修改时间: Sun Nov 22 18:29:16 CST 2009
```

说明：

（1）在进行 I/O 操作时，经常会发生异常，所以需要捕获异常。

（2）创建一个 File 类的对象时，如果它代表的文件不存在，系统不会自动创建，必须要调用 createNewFile()方法来创建。

（3）在 Windows 平台上，分隔符为斜杠符（\），在 UNIX 平台上，则是反斜杠符（/）。Java 语言提供了一个属性 File.separator，表示与系统有关的默认名称分隔符，来代替不同的系统的分隔符。

9.2 流

9.2.1 流的基本概念

Java 语言中没有标准的输入和输出语句，在 Java 语言中将信息的输入与输出过程抽象为输入输出流，通过输入输出流实现输入输出的操作。流（Stream）是指同一台计算机或网络中不同计算机之间有序运动的数据序列，Java 语言把这些不同来源和目标的数据都统一抽象为数据流。

输入输出流可以从以下几个方面进行分类：

1．根据流的方向划分，分为输入流和输出流

输入流：从其他设备流入计算机的数据序列。为了从信息源获取信息，程序打开一个输入流，程序可从输入流读取信息，如图 9-1 所示。

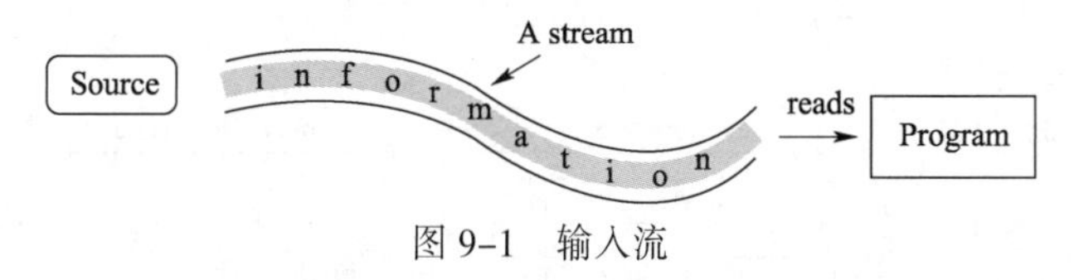

图 9-1　输入流

输出流：从计算机流向外围设备的数据序列。当程序需要向目标位置写信息时，便需要打开一个输出流，程序通过输出流向这个目标位置写信息，如图 9-2 所示。

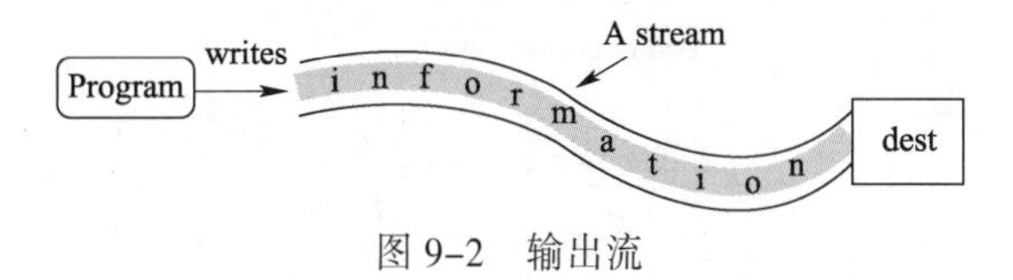

图 9-2　输出流

2．根据流的分工划分，分为节点流和过滤流

节点流：从特定的地方读写的流类。

过滤流：使用节点流作为输入或输出。过滤流是使用一个已经存在的输入流或输出流连接创建的，如图 9-3 所示。

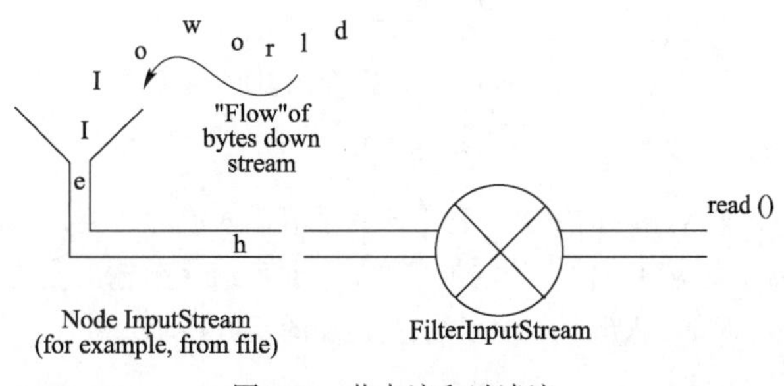

图 9-3　节点流和过滤流

3．根据流的内容划分，分为字符流和字节流

字符流：数据流中最小的数据单元是字符。

字节流：数据流中最小的数据单元是字节。

9.2.2　输入/输出流

在 Java 语言中，用类实现了流的输入/输出。其中一些最简单的类提供了基本的输入/输出，这些类都包含在 java.io 包中。图 9-4 是 java.io 包的顶级层次结构。

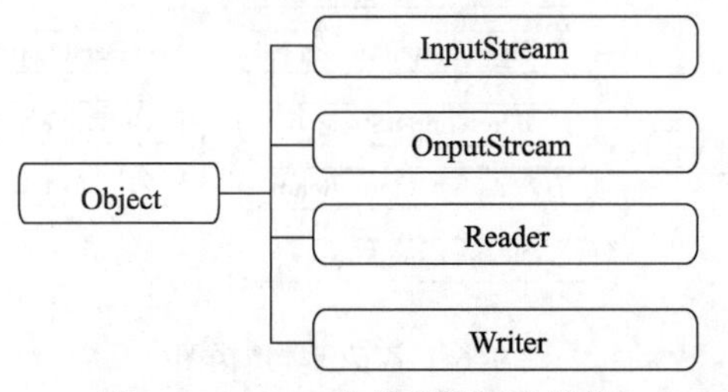

图 9-4　java.io 包的顶级层次结构

1．字符输入/输出流

Reader 类是字符输入流的抽象类，所有字符输入流的实现都是它的子类。Writer 类是字符输出

流的抽象类，所有字符输出流的实现都是它的子类。Java 中字符输入/输出流的继承关系如图 9-5 所示。

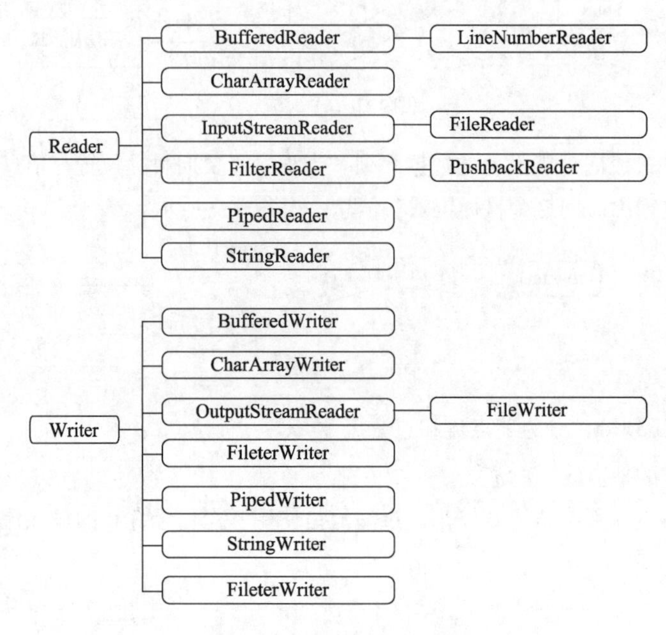

图 9-5　字符流类结构图

2. 字节输入/输出流

InputStream 类是字节输入流的抽象类，它是所有字节输入流的父类，其各种子类实现了不同的数据输入流。OutputStream 类是字节输出流的抽象类，它是所有字节输出流的父类，其子类实现了不同数据的输出流。Java 中字节输入/输出流的继承关系如图 9-6 所示。

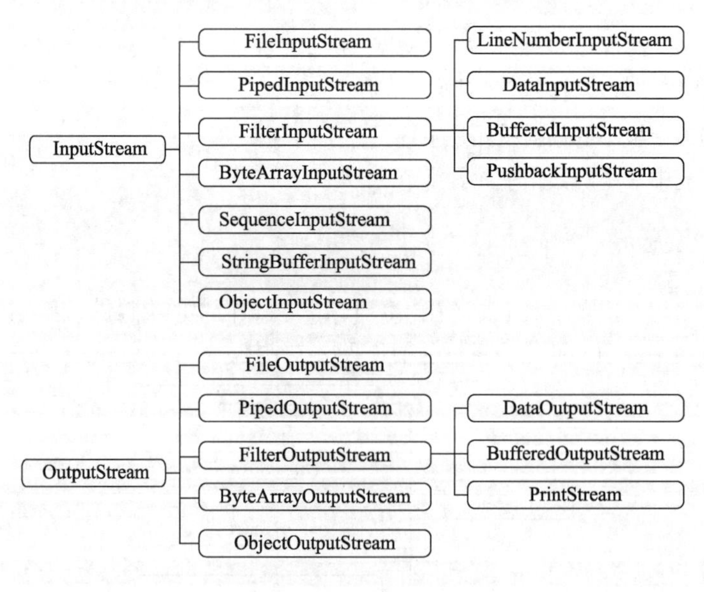

图 9-6　字节流类结构图

3. 标准输入输出流对象

Java 语言中有三种标准输入输出流对象，这三种标准输入输出流都是 System 类中定义的类成员变量：

（1）System.in：InputStream 类型的，代表标准输入流，这个流是已经打开了的，默认状态对应于键盘输入。

（2）System.out：PrintStream 类型的，代表标准输出流，默认状态对应于屏幕输出。

（3）System.err：PrintStream 类型的，代表标准错误信息输出流，默认状态对应于屏幕输出。

9.3 字 节 流

在很多情况下，数据源或目标中含有非字符数据，这些信息不能被解释为字符，所以必须用字节流来输入输出。

9.3.1 InputStream 类与 OutputStream 类

InputStream 类与 OutputStream 类是用来处理 8 位字节流的抽象基类，程序使用这两个类的子类读写字节信息。这种流通常被用来读写诸如图片、声音之类的二进制数据。

InputStream 类与 OutputStream 类定义了操作输入/输出流的各种方法。InputStream 类的常用方法如表 9-2 所示。OutputStream 类的常用方法如表 9-3 所示。

表 9-2　InputStream 类的常用方法

方 法 名 称	功 能 描 述
available()	返回当前输入流的数据读取方法可以读取的有效字节数量
read(byte[]　bytes)	从输入数据流中读取字节并存入数组 bytes 中
read(byte[] bytes,int off,int len)	从输入数据流读取从下标 off 开始的 len 个字节，并存入数组 bytes 中
reset()	将当前输入流重新定位到最后一次调用 mark() 方法时的位置
mark(int readlimit)	在输入数据流中加入标记
markSupported()	测试输入流中是否支持标记
close()	关闭当前输入流，并释放任何与之关联的系统资源
skip(long n)	在输入流中跳过 n 个字节，并返回实际跳过的字节数
Abasract　read()	从当前数据流中读取一个字节。若已到达流结尾，则返回-1

在 InputStream 类的方法中，read()方法被定义为抽象方法，目的是为了让继承 InputStream 类的子类可以针对不同的外围设备实现不现的 read()方法。

表 9-3　OutputStream 类的常用方法

方 法 名 称	功 能 描 述
write(byte[]　bytes)	将数组 bytes 中的数据写入到当前输出流
write(byte[] bytes,int off,int len)	将数组 bytes 中的从下标 off 开始的 len 个字节写入到当前输出流
flush()	刷新当前输出流，并强制写入所有缓冲的字节数据
close()	关闭当前输出流，并释放任何与之关联的系统资源
Abasract　write(int b)	将指定的字节写入到当前输出流

9.3.2 FileInputStream 类

FileInputStream 类是 InputStream 类的子类。它实现了文件的读取，是文件字节输入流。该类所有的方法都是从 InputStream 类继承并重写的，适用于比较简单的文件读取。创建文件字节输入流常用的构造方法有两种：

（1）FileInputStream（String filePath）

功能：根据指定的文件名称和路径，创建 FileInputStream 类的实例对象。

filePath：文件的绝对路径或相对路径。

（2）FileInputStream(File file)

功能：使用 File 类型的文件对象创建与之关联的 FileInputStream 类的实例对象。

file：File 文件类型的实例对象。

【例 9-2】编写一程序，接收用户从键盘输入的数据，回车后保存到文件 test.txt 中。若用户输入符号“#”，则退出程序。

```
import java.io.*;
public class WriteFile{
  public static void main(String args[]){
    byte buffer[]=new byte[128];
    System.out.println("请输入数据，回车后保存到文件 test.txt");
    System.out.println("输入“#”则退出");
    try{
      FileOutputStream f=new FileOutputStream("test.txt");
      while(true){
        int n=System.in.read(buffer);
        if(buffer[0]=='#' ){
          break;
        }
        f.write(buffer,0,n);
        f.write('\n');
      }
      f.close();
    }
    catch(IOException e){
      System.out.println(e.toString());
    }
  }
}
```

运行结果：

```
请输入数据，回车后保存到文件 test.txt
输入“#”则退出
你好！欢迎进入 Java 世界
#
```

说明：

（1）打开同一目录下的 test.txt 文件，里面的内容为“你好！欢迎进入 Java 世界”。

（2）如果程序所在目录下无 test.txt 文件，会自动生成 test.txt 文件。

（3）test.txt 必须是可写的，否则会抛出 FileNotFoundException 异常。

9.3.3 FileOutputStream 类

FileOutputStream 类是 OutputStream 类的子类。它实现了文件的写入，能够以字节形式写入文件中。该类所有的方法都是从 OutputStream 类继承并重写的，适用于比较简单的文件读取。创建文件字节输入流常用的构造方法有两种：

（1）FileOutputStream（String filePath）

功能：根据指定的文件名称和路径，创建 FileOutputStream 类的实例对象。

filePath：文件的绝对路径或相对路径。

（2）FileOutputStream(File file)

功能：使用 File 类型的文件对象创建与之关联的 FileOutputStream 类的实例对象。

file：File 文件类型的实例对象。

【例 9-3】 使用 FileInputStream 类与 FileOutputStream 类复制文件。

```
import java.io.*;
class CopyFile{
 public static void main(String[] args) {
   String file1,file2;
   int ch=0;
   file1="test.txt";
   file2="test.bak";
   try {
     FileInputStream fis=new FileInputStream(file1);
     FileOutputStream fos=new FileOutputStream(file2);
     int size=fis.available();
     System.out.println("字节有效数: "+size);
     while ((ch=fis.read())!=-1){
       System.out.write(ch);
       fos.write(ch);
     }
     fis.close();
     fos.close();
   }
   catch (IOException e){
     System.out.println(e.toString());
   }
  }
}
```

运行结果：

```
字节有效数: 4
```

说明：

（1）此例中使用上例的 test.txt 文件。打开 test.bak 文件，里面的内容为“你好！欢迎进入 Java 世界”。

（2）read()方法按字节对 test.txt 文件进行读取，每读一个字节存入 ch 变量（int 型）中，再通过 write()方法将读取的 int 型的低字节部分顺序写 test.bak 文件中。

9.3.4 I/O 链机制

Java 语言的 I/O 库提供了一个称为链接的机制，可以将一个流与另一个流首尾相接，形成一个流管道的链接。这种机制实际上是一种被称为 Decorator（装饰）设计模式的应用。通过流的链接，可以动态地增加流的功能，而这种功能的增加是通过组合一些流的基本功能而动态获取的。要获取一个 I/O 对象，往往需要产生多个 I/O 对象，这也是 Java I/O 库不太容易掌握的原因，但在 I/O 库中 Decorator 模式的运用，给我们提供了实现上的灵活性。

1. 链机制的基础类

链机制中使用的基础类有以下几种：

（1）BufferedInputStream 和 BufferedOutputStream

功能：过滤流，需要使用已经存在的节点流来构造，提供带缓冲的读写，提高了读写的效率。

（2）DataInputStream 和 DataOutputStream

功能：过滤流，需要使用已经存在的节点流来构造，提供了读写 Java 中的基本数据类型的功能。

一个程序可以用 FileInputStream 类从一个磁盘文件读取数据，为了增加缓冲功能，BufferedInputStream 过滤流可以把 FileInputStream 流对象的输出当作输入，DataInputStream 流处理器再将 BufferedInputStream 流对象的输出当作输入，将 Byte 类型的数据转换成 Java 的基本类型和 String 类型的数据。同样道理，也可以用 DataOutputStream 类、BufferedOutputStream 类和 FileOutputStream 类组成输出链向一个磁盘文件写入基本类型数据。

2. BufferedInputStream 和 BufferedOutputStream

（1）BufferedInputStream（缓冲输入流）

Java 语言的 BufferedInputStream 类允许把任何 InputStream 类包装成缓冲流并提高其性能。BufferedInputStream 有两个构造方法。

① BufferedInputStream(InputStream inputStream)

功能：生成一个默认缓冲长度的输入缓冲流。

② BufferedInputStream(InputStream inputStream, int bufSize)

功能：生成一个缓冲长度为 bufSize 的输入缓冲流。

有时候我们在处理来自输入流的数据时，希望能够重设流并回到较靠前的位置。这需要使用缓冲来实现，通过使用 BufferedInputStream 类，可以利用 mark()和 reset()方法在缓冲的输入流中往回移动。

（2）BufferedOutputStream（缓冲输出流）

Java 语言的输出缓冲流并不提供额外的功能，只是提高性能。BufferedOutputStream 有两个构造方法。

① BufferedOutputStream(OutputStream outputStream)

功能：生成一个默认缓冲长度的输出缓冲流。

② BufferedOutputStream(OutputStream outputStream, int bufSize)

功能：生成一个缓冲长度为 bufSize 的输出缓冲流。

通过使用 BufferedOutputStream 类，可以先将输出写到内存缓冲区，再使用 flush 方法将数据写入磁盘，而不必每输出一个字节就向磁盘中写一次数据。

3. DataInputStream 和 DataOutputStream

DataInputStream 类具有写各种基本数据类型的方法。表 9-4 列出 DataInputStream 类中最常用的一些方法。

表 9-4　DataInputStream 类的常用方法

名　称	说　明
DataInputStream(InputStream in)	构造方法，使用 InputStream 类对象创建一个 DataInputStream
boolean readBoolean()	读取一个字节，如果该字节不为零，则返回 true，否则返回 false
byte readByte()	读取并返回一个字节
char readChar()	读取两个字节并返回一个 char 值

续表

名　　称	说　　明
double readDouble()	读取八个字节并返回一个 double 值
float readFloat()	读取四个字节并返回一个 float 值
int readInt()	读取四个字节并返回一个 int 值
long readLong()	读取八个字节并返回一个 long 值
short readShort()	读取两个字节并返回一个 short 值
int readUnsignedByte()	读取一个字节，将它的左侧补零转变为 int 类型，并返回结果，结果范围是 0 ~ 255
int readUnsignedshort()	读取两个字节，并返回 0 到 65 535 范围内的一个 int 值
void readFully(byte[] b)	从输入流中读取一些字节，并将它们存储在数组 b 中
void readFully(byte[] b, int off,int len)	从输入流中读取个字节
int skipBytes(int n)	试图在输入流中跳过数据的 n 个字节，并丢弃跳过的字节
String readUTF()	读入一个已使用 UTF-8 修改版格式编码的字符串

【例 9-4】读取数据文件 data1.dat 中的三个 int 型数字，显示相加结果。设文件中的三个值分别为 255、-1、0。

```
import java.io.*;
class InputChain{
   public static void main ( String[] args ) {
      String fileName="data1.dat";
      int sum=0;
      try{
         DataInputStream instr=new DataInputStream(
             new BufferedInputStream(new FileInputStream( fileName  ) ) );
         sum+=instr.readInt();
         sum+=instr.readInt();
         sum+=instr.readInt();
         System.out.println( "The sum is: " + sum );
         instr.close();
      }
      catch ( IOException iox ){
         System.out.println("Problem reading " + fileName );
      }
   }
}
```

运行结果：

```
The sum is:254
```

说明：

（1）readInt()方法可以从输入流中读入 4 个字节并将其当作 int 型数据，因而可以直接进行算术运算。

（2）如只知道文件中是 int 型数据而不知道数据的个数时，DataInputStream 的读入操作遇到文件结尾抛出 EOFException 异常，所以程序可改为：

```
try{
   while ( true )  {
      sum+=instr.readInt();
   }
}
catch ( EOFException  eof ){
```

```
        System.out.println( "The sum is: " + sum );
        instr.close();
    }
```

DataOutputStream 类具有读各种基本数据类型的方法。表 9-5 列出 DataOutputStream 类中最常用的一些方法。

表 9-5　DataOutputStream 类的常用方法

名　称	说　明
DataOutputStream(OutputStream out)	创建一个新的数据输出流，将数据写入指定基础输出流
void flush()	清空此数据输出流
int size()	返回计数器的当前值，即到目前为止写入此数据输出流的字节数
void write(byte[] b, int off, int len)	将指定 byte 数组中从偏移量 off 开始的 len 个字节写入基础输出流
void write(int b)	将指定字节（参数 b 的八个低位）写入基础输出流
void writeBoolean(Boolean v)	将一个 boolean 值以 1-byte 值形式写入基础输出流
void writeByte(int v)	将一个 byte 值以 1-byte 值形式写出到基础输出流中
void writeBytes(String s)	将字符串按字节顺序写出到基础输出流中
void writeChar(int v)	将一个 char 值以 2-byte 值形式写入基础输出流中，先写入高字节
void writeChars(String s)	将字符串按字符顺序写入基础输出流
void writeDouble(double v)	使用 Double 类中的 doubleToLongBits 方法将 double 参数转换为一个 long 值，然后将该 long 值以 8-byte 值形式写入基础输出流中，先写入高字节
void writeFloat(float v)	使用 Float 类中的 floatToIntBits 方法将 float 参数转换为一个 int 值，然后将该 int 值以 4-byte 值形式写入基础输出流中，先写入高字节
void writeInt(int v)	将一个 int 值以 4-byte 值形式写入基础输出流中，先写入高字节
void writeLong(int v)	将一个 long 值以 8-byte 值形式写入基础输出流中，先写入高字节
void writeShort(int v)	将一个 short 值以 2-byte 值形式写入基础输出流中，先写入高字节
void writeUTF(String str)	以与机器无关方式使用 UTF-8 修改版编码将一个字符串写入基础输出流

【例 9-5】向文件中写入各种数据类型的数，并统计写入的字节数。

```
import java.io.*;
class OutputChain{
    public static void main ( String[] args ) throws IOException {
        String fileName="mixedTypes.dat";
        DataOutputStream dataOut=new DataOutputStream(
                         new BufferedOutputStream(
                          new FileOutputStream( fileName  ) ) );
        dataOut.writeInt( 0 );
        System.out.println( dataOut.size()  + " bytes have been written.");
        dataOut.writeDouble( 31.2 );
        System.out.println( dataOut.size()  + " bytes have been written.");
        dataOut.writeBytes("Java");
        System.out.println( dataOut.size()  + " bytes have been written.");
        dataOut.close();
    }
}
```

运行结果：

```
4bytes have been written.
12bytes have been written.
16bytes have been written.
```

说明：

（1）FileOutputStream 类的构造方法负责打开文件“mixedTypes.dat”用于写数据。

（2）如果“mixedTypes.dat”这个文件不存在则创建一个新文件，如果文件已存在则用新创建的文件替代。

（3）FileOutputStream 类的对象与一个 BufferedOutputStream 对象相连，BufferedOutputStream 对象再与一个 DataOutputStream 对象相连，DataOutputStream 类具有写各种基本数据类型的方法。

9.4 字 符 流

Java 语言使用 16-bit 的 Unicode 编码来表示字符。Unicode 编码是一种通用的字符集，对所有语言的文字进行了统一编码，对每一个字符都用 2 个字节来表示。Java 语言通过 Unicode 保证其跨平台特性。字符流可以实现 Java 程序中的内部格式和文本文件、显示输出、键盘输入等外部格式之间的转换。

9.4.1 Reader 类与 Writer 类

Reader 类与 Writer 类是 java.io 包中所有字符流的抽象基类。Reader 类定义了操作输入流的各种方法。常用方法如表 9-6 所示。

表 9-6 Reader 类常用方法

名 称	功 能
read()	读入一个字符。若已读到流结尾，则返回值为-1
read(char[])	读取一些字符到 char[]数组内，并返回所读入的字符的数量。若已到达流结尾，则返回-1
reset()	将当前输入流重新定位到最后一次调用 mark() 方法时的位置
skip(long n)	跳过参数 n 指定的字符数量，并返回所跳过字符的数量
close()	关闭该流并释放与之关联的所有资源。在关闭该流后，再调用 read()、ready()、mark()、reset() 或 skip() 将抛出异常

Writer 类定义了操作输出流的各种方法。常用方法如表 9-7 所示。

表 9-7 Writer 类常用方法

名 称	功 能
write(int c)	将字符 c 写入输出流
write(String str)	将字符串 str 写入输出流
write(char[] cbuf)	将字符数组的数据写入到字符输出流
flush()	刷新当前输出流，并强制写入所有缓冲的字节数据
close()	向输出流写入缓冲区的数据，然后关闭当前输出流，并释放所有与当前输出流有关的系统资源

9.4.2 写文本文件

1. FileWriter 类

在磁盘上创建一个文本文件并往其中写入字符数据，需要用到 FileWriter 类。如图 9-5 所示，FileWriter 类继承于 Writer 类。它实现了将字符数据写入文件中，是文件字符输出流。该类的所有方法都是从 Writer 类中继承来的。FileWriter 类的常用构造方法有四种：

（1）FileWriter(String filePath)

功能：根据指定的文件名称和路径，创建关联该文件的 FileWriter 类的实例对象。

（2）FileWriter(String filePath, boolean append)

功能：根据给定的文件名以及指示是否附加写入数据的 boolean 值来创建与该文件关联的 FileWriter 类的实例对象。

（3）FileWriter(File file)

功能：使用 File 类型的文件对象，创建与该文件关联的 FileWriter 类的实例对象。

（4）FileWriter(File file, boolean append)

功能：使用 File 类型的文件对象以及指示是否附加写入数据的 boolean 值创建与该文件关联的 FileWriter 类的实例对象。

其中：filePath 是文件的绝对路径或相对路径。file 是 File 文件类型的实例对象。

【例 9-6】在 C 盘根目录创建文本文件 Hello.txt，并往里写入若干行文本。

```
import java.io.*;
class TestFileWriter{
   public static void main ( String[] args ) {
      String fileName="c:\\Hello.txt" ;
      try {
         FileWriter writer=new FileWriter( fileName ,true );
         writer.write( "This is a text file,\n"  );
         writer.write("输入一行中文也可以\n");
         writer.close();
      }
      catch ( IOException iox) {
         System.out.println("Problem writing" + fileName );
      }
   }
}
```

运行结果如图 9-7 所示。

图 9-7　使用 FileWriter 写入记事本

说明：

（1）运行结果中并没有出现换行，是因为不同厂商生产的计算机对文字的换行方法可能不同，所以在程序中采用每一行末尾加换行符“\n”进行换行，不一定能在各种机器上产生同样的效果。

（2）如 C 盘下没有 Hello.txt 文件，将在磁盘中新建一个。

（3）将程序再次运行，会发现在原文件内容后面又追加了重复的内容，这就是将构造方法的第二个参数设为 true 的效果。

（4）如将文件属性改为只读属性，运行本程序，就会出现 I/O 错误。

2．BufferedWriter 类

BufferedWriter 类是提高写文件效率的缓冲器流。FileWriter 和 BufferedWriter 类都用于输出字符流，包含的方法几乎完全一样，但 BufferedWriter 多提供了一个 newLine()方法用于换行。这将解决例 9-6 中换行的问题。修改后的程序见例 9-7。

【例 9-7】使用 BufferedWriter 完成例 9-6 实现的功能。

```
import java.io.*;
class TestBufferedWriter{
   public static void main ( String[] args ) {
      String fileName = "c:\\Hello.txt" ;
      try {
         BufferedWriter writer = new BufferedWriter(new FileWriter( fileName ,
true ));
         writer.write( "This is a text file,\n"  );
         writer.newLine();
         writer.write("输入一行中文也可以\n");
         writer.close();
      }
      catch ( IOException iox) {
         System.out.println("Problem writing" + fileName );
      }
   }
}
```

运行结果如图 9-8 所示。

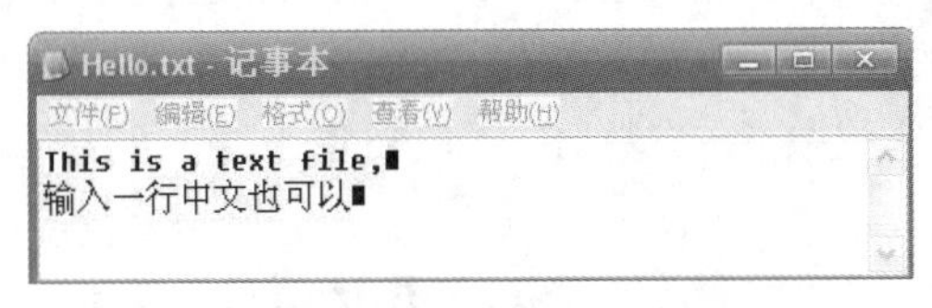

图 9-8　使用 BufferedWriter 写入记事本

说明：用任何文本编辑打开此文件都会出现正确的换行效果。

9.4.3　读文本文件

从文本文件中读取字符需要使用 FileReader 类，从图 9-5 所示，FileReader 类继承于是 Reader 类。它实现了从文件中读出字符数据，是文件字符输入流。该类的所有方法都是从 Reader 类中继承来的。FileReader 类的常用构造方法有两种：

（1）FileReader(String filePath)

功能：根据指定的文件名称和路径，创建 FileReader 类的实例对象。

filePath：文件的绝对路径或相对路径。

（2）FileReader(File file)

功能：使用 File 类型的文件对象创建 FileReader 类的实例对象。

file：File 文件类型的实例对象。

对应于写文本文件的缓冲器，读文本文件也有缓冲器类 BufferedReader，具有 readLine()方法，可以对换行符进行鉴别，一行一行地读取输入流中的内容。

【例 9-8】从例 9-6 中创建的 Hello.txt 中读取文本并显示在屏幕上。

```
import java.io.*;
class TestReadFile{
   public static void main ( String[] args ) {
      String fileName="C:/Hello.txt" ;
      String line;
```

```
        try {
            BufferedReader in=new BufferedReader(
                                new FileReader( fileName  ) );
            line=in.readLine();   //读取一行内容
            while ( line!=null ) {
                        System.out.println( line );
                        line=in.readLine();
            }
            in.close();
        }
        catch ( IOException iox ) {
           System.out.println("Problem reading " + fileName );
        }
    }
}
```

运行结果：

```
This is a text file
输入一行中文也可以
```

说明：

（1）运行该程序，屏幕上将逐行显示出 Hello.txt 文件中的内容。

（2）FileReader 对象被创建后将打开 Hello.txt 文件，如果此文件不存在，会抛出一个 IOException。

（3）BufferedReader 类的 readLine()方法将从一个面向字符的输入流中读取一行文本，并将其放入字符变量 line 中。如果输入流中不再有数据，返回 null。

9.5 Scanner 类

Scanner 类是 JDK 1.5 新增的一个类，是 java.util 包中的类。Scanner 类是 Java 语言提供了专门的输入数据类，此类不只可以完成输入数据操作，也可以方便地对输入数据进行验证。创建 Scanner 类常见的构造方法有两种。

（1）Scanner(InputStream in)

功能：从指定的字节输入流 in 中接收内容。

（2）Scanner(File file)

功能：从指定文件 file 中接收内容。

通过控制台进行输入，首先要创建一个 Scanner 对象。然后使用 Scanner 类提供的方法进行操作。表 9-8 中是 Scanner 类常用的方法。

表 9-8　Scanner 类常用的方法

方　法	功能描述
boolean hasNext(Pattern pattern)	判断输入的数据是否符合指定的模式
boolean hasNextInt()	判断输入的是否是整数
boolean hasNextFloat()	判断输入的是否是小数
String next()	查找并返回来自此扫描器的下一个完整标记
String next(Pattern pattern)	如果下一个标记与指定模式匹配，则返回下一个标记
int nextInt()	将输入信息的下一个标记转为 int
float nextFloat()	将输入信息的下一个标记转为 float
Scanner useDelimiter(String pattern)	将此扫描器的分隔模式设置为从指定的模式

说明：

（1）Scanner 类可以接收任意的输入流。

（2）在 Scanner 类中提供了一个可以接收 InputStream 类型的构造方法，这就表示只要是字节输入流的子类都可以通过 Scanner 类进行方便的读取。

【例 9-9】使用 Scanner 类接收数据。

```
import java.text.ParseException;
import java.text.SimpleDateFormat;
import java.util.Date;
import java.util.Scanner;
public class TestScanner {
  public static void main(String[] args) {
    String strDate=null;
    Date date=null ;
    String str=null ;
    Scanner scan=new Scanner(System.in); // 从键盘接收数据
    System.out.print("输入数据: ");
    str=scan.next();
    System.out.println("输入的数据为: "+str);
    System.out.print("输入小数: ");
    if(scan.hasNextFloat()){ // 判断输入的是否是小数
       System.out.println("小数数据: " +scan.nextFloat()) ; // 接收小数
    }
    else{// 输入错误的信息
        System.out.println("输入的不是小数! ") ;
    }
    System.out.print("输入日期(yyyy-MM-dd): ");
    if (scan.hasNext("^\\d{4}-\\d{2}-\\d{2}$")) { // 判断输入格式是否是日期
         strDate=scan.next("^\\d{4}-\\d{2}-\\d{2}$");// 接收日期格式的字符串
         try {                 // 转换成日期
               date=new SimpleDateFormat("yyyy-MM-dd").parse(str) ;
       }
       catch (ParseException e) {
          e.printStackTrace();
       }
    }
    else{
       System.out.println("输入的日期格式错误! ");
    }
    System.out.println(date);
  }
}
```

运行结果：

```
输入数据: hello world
输入的数据为: hello
输入小数: 12.8
小数数据: 12.8
输入日期(yyyy-MM-dd): 2009-08-12
Wed Aug 12 00:00:00 CST 2009
```

说明：

（1）从运行结果中可以发现，空格后的数据没有了，造成这样的结果是因为 Scanner 将空格当作了一个分隔符，所以为了保证程序的正确，可以将分隔符号修改为“\n”。将例 9-10 程序改为：

```
Scanner scan=new Scanner(System.in); // 从键盘接收数据
scan.useDelimiter("\n") ;            // 修改输入数据的分隔符
System.out.print("输入数据: ");
```

运行修改的程序后，可以得到所需要的结果：hello world。

（2）Scanner 类支持 int 或 float 等类型的数据，但是在输入之前先使用 hasNextXxx()方法进行验证，程序会更健壮。

（3）在 Scanner 类中没有提供专门的日期格式输入操作，所以，如果想得到一个日期类型的数据，则必须自己编写模式验证，并手工转换。程序使用 hasNext()对输入的数据进行模式验证，如果合法，则转换成 Date 类型。

9.6 对象序列化

序列化的过程就是对象写入字节流和从字节流中读取对象。将对象状态转换成字节流之后，可以用 java.io 包中的各种字节流类将其保存到文件中，使用另一线程中或通过网络连接将对象数据发送到另一主机。对象序列化功能非常简单、强大，在 RMI、Socket、JMS、EJB 都有应用。Java 对象序列化机制一般来讲有两种用途：

（1）使用套接字在网络上传送对象的程序。

（2）需要将对象的状态保存到文件中，而后能够通过读入对象状态来重新构造对象，恢复程序状态。

Java 序列化比较简单，通常不需要编写保存和恢复对象状态的定制代码。我们通过让类实现 java.io.Serializable 接口可以将类序列化。对于要实现它的类来说，该接口不需要实现任何方法。它主要用来通知 Java 虚拟机（JVM），需要将一个对象序列化。

并非所有类都可以序列化，例如：socket 是不可序列化的。Java 有很多基础类已经实现了 serializable 接口，比如 string,vector 等。但是 hashtable 就没有实现 serializable 接口。

序列化分为两大部分：序列化和反序列化。序列化是这个过程的第一部分，将数据分解成字节流，以便存储在文件中或在网络上传输。反序列化就是打开字节流并重构对象。对象序列化不仅要将基本数据类型转换成字节表示，有时还要恢复数据。恢复数据要求有恢复数据的对象实例。

java.io 包有两个序列化对象的类。ObjectOutputStream 负责将对象写入字节流，ObjectInputStream 从字节流重构对象。

ObjectOutputStream 类写入基本数据类型的方法是 writeObject()。writeObject()方法用于对象序列化。如果对象包含其他对象的引用，则 writeObject()方法递归序列化这些对象。ObjectInputStream 类读取基本数据类型的方法是 readObject()。readObject()方法从字节流中反序列化对象。使用这些方法的对象必须已经被序列化的，也就是说，必须已经实现 Serializable 接口。

【例 9-10】创建一个雇员对象和一个管理人员对象，并把它们输出到一个文件 employee.dat 中，然后再把这两个对象读出来，在屏幕上显示对象信息。

```
import java.io.*;
public class TestSerializable {
    public static void main(String[] args) {
        Employee harry=new Employee("Harry Hacker", 50000);
        Manager manager1=new Manager("Tony Tester", 80000);
        manager1.setSecretary(harry);
```

```
        Employee[] staff=new Employee[2];
        staff[0]=harry;
        staff[1]=manager1;
        try{
            ObjectOutputStream out=new ObjectOutputStream(
                new FileOutputStream("employee.dat"));
            out.writeObject(staff);
            out.close();
            ObjectInputStream in=new ObjectInputStream(
                new FileInputStream("employee.dat"));
            Employee[] newStaff=(Employee[])in.readObject();
            in.close();
            newStaff[0].raiseSalary(10);
            for (int i=0; i<newStaff.length; i++)
                System.out.println(newStaff[i]);
        }
        catch (Exception e){
            e.printStackTrace();
        }
    }
}
class Employee implements Serializable{
    private String name;
    private double salary;
    public Employee(String n, double s){
        name=n;
        salary=s;
    }
    //加薪水
    public void raiseSalary(double byPercent){
        double raise=salary * byPercent / 100;
        salary+=raise;
    }
    public String toString(){
        return getClass().getName()
            + "[name="+ name
            + ",salary="+ salary
            + "]";
    }
}
class Manager extends Employee{
    private Employee secretary;
    public Manager(String n, double s){
        super(n, s);
        secretary=null;
    }
    //设置秘书
    public void setSecretary(Employee s){
        secretary=s;
    }
    public String toString(){
```

```
        return super.toString()
            + "[secretary="+ secretary
            + "]";
    }
}
```

运行结果:

```
Employee[name=Harry Hacker,salary=55000.0]
Manager[name=Tony Tester, salary=80000.0][secretary= Employee[name=Harry Hacker,salary=55000.0]]
```

说明:

(1)运行程序，将会生成 employee.dat 文件。

(2)序列化时，类的所有数据成员应可序列化除了声明为 transient 或 static 的成员。因此在序列化的过程中，有些数据字段我们不想将其序列化，对于此类字段我们只需要在定义时给它加上 transient 关键字即可，对于 transient 字段，序列化机制会跳过，不会将其写入文件，也不会被恢复。

9.7 应用案例

【案例 9-1】从键盘输入数据。

```
//app2_3.java        由键盘输入字符串
import java.io.*;    //加载java.io类库里的所有类
public class app2_3{
  public static void main(String args[]) throws IOException{
    BufferedReader buf;
    String str;
    buf=new BufferedReader(new InputStreamReader(System.in));
    System.out.print("请输入字符串; ");
    str=buf.readLine();        //将输入的文字指定给字符串变量str存放
    System.out.println("您输入的字符串是: "+str);    //输出字符串
  }
}
```

【案例 9-2】简易记事本。

```
import java.awt.*;
import javax.swing.*;
import java.io.*;
import java.awt.event.*;

class Edit extends JFrame implements ActionListener{
    JTextArea t;
    JButton open,clear,save;
    JPanel panel;
    Edit(){
        this.setSize(800,600);//设置窗口的大小
        this.setTitle("记事本");//设置窗口的标题
        //将面板的默认布局设为null
        this.setLayout(null);
        t=new JTextArea();
        t.setBounds(100, 0, 700, 580);
        this.add(t);
```

```
        panel=new JPanel(new GridLayout(4,1,5,5));
        panel.setBounds(0, 150, 100, 200);
        buttonInit();
        panel.add(open);
        panel.add(save);
        panel.add(clear);
        this.add(panel);
        this.setDefaultCloseOperation(JFrame.EXIT_ON_CLOSE);
        //将窗口显示出来
        this.setVisible(true);
    }
    void buttonInit(){
        open=new JButton("Open");
        save=new JButton("Save");
        clear=new JButton("Clear");
        open.addActionListener(this);
        save.addActionListener(this);
        clear.addActionListener(this);
    }
    public void actionPerformed(ActionEvent e){
        JButton ob=(JButton)e.getSource();
        if(ob==clear) t.setText("");
        else if(ob==open) open();
        else save();
    }
    void open(){                    //文件打开
        JFileChooser fc=new JFileChooser();
        fc.showOpenDialog(this);
        File file=fc.getSelectedFile();
        try{
            FileInputStream in=new FileInputStream(file);
            byte[] b=new byte[in.available()];
            in.read(b);
            t.setText(new String(b));
            in.close();
        }
        catch(Exception e){}
    }
    void save(){                    //文件保存
        JFileChooser fc=new JFileChooser();
        fc.showSaveDialog(this);
        File file=fc.getSelectedFile();
        try{
            FileWriter out=new FileWriter(file);
            out.write(t.getText());
            out.close();
        }
        catch(Exception e){}
    }
    public static void main(String[] args)
    {
        Edit edit=new Edit();
    }
}
```

运行界面，如图 9-9 所示：在文本区域输入字符。

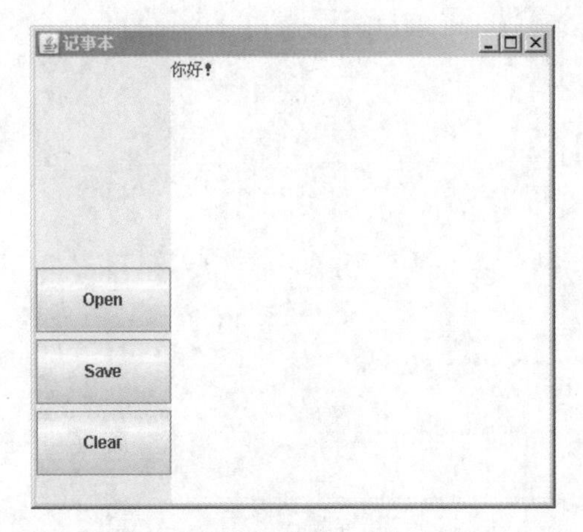

图 9-9　简易记事本

单击“Save”按钮，可进行保存，如图 9-10 所示。

保存
保存：本地磁盘 (D:)
114Downloads　Dev-Cpp　Program Files
360Downloads　Documents and Settings　StormMedia
98d7ad22c85e4cb1ba　jdk1.6　temp
baidu player　JMSOFT　TGData
C++_Workspace　kankan　whiteBoard(java)
C_Workspace　Media　Youku Files
文件名：1
文件类型：所有文件
保存　取消

图 9-10　简易记事本保存界面

小　　结

本章介绍 Java 语言的 I/O 操作，Java 把数据都抽象为数据流。并提供了丰富的输入/输出流类对其进行处理。Java 数据流包括多种类型的数据操作，按操作对象的数据特征可分为字节流和字符流，按数据在流中的流向，又分为输入流和输出流。通过打开一个到数据源的输入流，程序可以从数据源读取数据，同样打开一个到目标的输出流则可以向外部目标写数据。Java 语言的 I/O 库提供了一个称为链接的机制，能够提高操作的效率和增强 I/O 操作的功能。

通过本章的学习，读者就对 Java 语言的流输入/输出处理机制有比较全面的了解，并掌握编写完整 Java 输入/输出及文件处理程序的知识和技能。

习　　题

一、填空题

1. Java 中的 IO 流分为两种：一种是字节流，另一种是________，分别由四个抽象类来表示（每种流包括输入和输出两种，所以一共四个）:InputStream，________，Reader，________。它们通过重载 read()和________方法定义了 6 个读写操作方法。

2. 目录是一个包含其他文件和路径列表的 File 类。当你创建一个____________且它是目录时，isDirectory( ) 方法返回 true。这种情况下，可以调用该对象的 String [ ]list( )方法来提取该目录内部其他文件和目录的列表.

3. 所有的输出过滤流都是抽象类____________的子类。

4. 字符输入流 BufferedReader 使用了__________技术。

5. InputStreamReader 负责将 InputStream 转化成 Reader，而 OutputStreamWriter 则将 OutputStream 转化成 Writer。实际上是通过____________来关联。

6. 设 a.txt 为当前目录下的一个文本文件，则以字符方式向该文件写数据时，需要建立的输出流通道为：____________________________。

7. 随机访问文件类是_____________，它实现了与__________________类同样实现的接口 DataInput、DataOutput。

二、选择题

1. 要从文件"file.dat"文件中读出第 10 个字节到变量 C 中，下列（　　）方法适合。
   A. FileInputStream in=new FileInputStream("file.dat");
      in.skip9.;int c=in.read();
   B. FileInputStream in=new FileInputStream("file.dat");
      in.skip10.;int c=in.read();
   C. FileInputStream in=new FileInputStream("file.dat");
      int c=in.read();
   D. RandomAccssFile in=RandomAccssFile("file.dat");in.skip9.;
      int c=in.readByte();

2. Character 流与 Byte 流的区别是（　　）。
   A. 每次读入的字节数不同
   B. 前者带有缓冲，后者没有
   C. 前者是块读写，后者是字节读写
   D. 二者没有区别，可以互换使用

3. 在程序读入字符文件时，能够以该文件作为直接参数的类是（　　）。
   A. FileReader　　B. BufferedReader
   C. FileInputStream　　D. ObjectInputStream

4. java.io 包的 File 类是（　　）。
   A. 字符流类　　B. 字节流类　　C. 对象流类　　D. 非流类

5. 下列描述中，正确的是（　　）。
   A. 在 Serializable 接口中定义了抽象方法
   B. 在 Serializable 接口中定义了常量
   C. 在 Serializable 接口中没有定义抽象方法，也没有定义常量
   D. 在 Serializable 接口中定义了成员方法

6. Java 中用于创建文件对象的类是（　　）。
   A. File　　B. Object　　C. Thread　　D. Frame

7. 从键盘上输入一个字符串创建文件对象，若要判断该文件对象为目录文件或数据文件，可使用（　　）方法。

A. getPath()　B. getName()　C. isFile()　D. isAbsolute()

8. (　　) 类不对直接创建对象。

A. InputStream　B. FileInputStream

C. BufferedInputStream　D. DataInputStream

9. 从键盘上输入多个字符时，为了避免回车换行符的影响，需要使用 (　　) 流方法。

A. write()　B. flush()　C. close()　D. skip()

10. 以对象为单位把某个对象写入文件，则需要使用 (　　) 方法。

A. writeInt()　B. writeObject()　C. write()　D. writUTF()

11. (　　) 方法能够直接把简单数据类型写入文件。

A. OutputStream　B. BufferedWriter　C. ObjectOutputStream.　D. FileWriter

12. 若一个类对象能被整体写入文件，则定义该类时必须实现 (　　) 接口？

A. Runnable　B. ActionListener　C. WindowsAdapter　D. Serializable

13. (　　) 类型的数据能以对象的形式写入文件。

A. String　B. Frame　C. Dialog　D. Button

14. File 类的方法中，用于列举某目录下的子目录及文件的方法是 (　　)。

A. long length()　B. long lastModified()

C. String [] list()　D. String getName()

15. 能够以字符串为单位写入文件数据的流类是 (　　)。

A. FileOutputStream　B. FileWriter

C. BufferedWriter　C. OutputStream

16. 能够向文件输入逻辑型数据的类是 (　　)。

A. FileOutputStream　B. OutputStream

C. FileWriter　D. DataOutputStream

17. 如果我们想实现“先把要写入文件的数据先缓存到内存中，再把缓存中的数据写入文件中”的功能时，则需要使用 (　　) 类？

A. FileReader　B. OutputStream　C. FilterOutputStream　D. DataOutputStream

18. 用 read()方法读取文件内容时，判断文件结束的标记为 (　　)。

A. 0　B. 1　C. -1　D. 无标记

19. (　　) 方法只对使用了缓冲的流类起作用。

A. read()　B. write()　C. skip()　D. flush()

三、输出结果题

1. 写出以下程序的功能。

```
import java.io.*;
public class C {
   public static void main(String[] args) throws IOException {
        File  inputFile=new File("a.txt");
        File  outputFile=new File("b.txt");
        FileReader  in=new FileReader(inputFile);
        FileWriter  out=new FileWriter(outputFile);
        int c;
        while ((c=in.read() )!=-1)
        out.write(c);
        in.close();
```

```
        out.close();
    }
}
```

2. 写出以下程序的功能。

```
import java.io.*;
class  Test_4{
    public static void main(String[ ]  args) throws IOException{
        int b;
        FileInputStream  fileIn=new FileInputStream("Test.java");
        while((b=fileIn.read())!=-1){
            System.out.print((char)b);     }
    }
}
```

四、问答题

1. 什么叫流？流式输入输出有什么特点？

2. Java 流被分为字节流、字符流两大流类，两者有什么区别？

3. File 类有哪些构造函数和常用方法？

五、编程题

1. 编写一个文件复制的程序，将文件 C:\test1.txt 的内容复制到 C:\test2.txt 中。

2. 写一个 Java Application 程序，从键盘输入一个字符，输出这个字符的整数数值，以“#”结束输入。

3. 编写一个程序，统计给定文件中每个字母出现的频率。

4. 编写一个程序，统计给定文件中包含的单词数目，并按单词表的顺序显示统计结果。

5. RandomAccessFile 类的主要用途是什么？它和 File 类有什么区别？

6. 编写一程序，利用 RandomAccessFile 类将一个文件的全部内容追加到另一个文件的末尾。

7. 编写一程序，利用 RandomAccessFile 类往新文件中写入 20 个整数（0~19），然后从该文件的第 12 个字节开始，将后面所有的数据读出。

8. 利用文件输入输出流编写一个实现文件复制的程序，源文件名和目标文件名通过命令行参数传入。

9. 编写一个程序，在当前目录下创建一个子目录 test，在这个新创建的子目录下创建一个文件，并把这个文件设置成只读。

10. 编写一个程序，从键盘输入一串字符，统计这串字符中英文字母、数字、其他符号的字符数。

11. 编写一个程序，从键盘输入一串字符，从屏幕输出并将其存入 a.txt 文件中。

12. 编写一个程序，从键盘输入 10 个整数，并将这些数据排序后在标准输出上输出。

第10章 多线程

在前面的章节中所举例的程序都是单线程的。因此如果程序执行因等待某个 I/O 操作的完成而受阻，则其他部分程序无法进行。但是，当今现代化操作系统上的用户都熟悉了启动多个程序，使它们并发进行，即使只有一个 CPU 也能够运行多个程序。多线程（Multithreading）使一个程序中的多个进程并发执行得以实现。

Java 语言是通过多线程运行机制来支持多任务和并行处理的。多线程编程是 Java 语言最重要的特征之一，也是动画的基础。不仅语言本身有多线程的支持，可以方便地生成强大的多线程应用程序，而且运行环境也利用多钱程的应用程序并发提供多项服务，如内存单元回收等。

10.1 概　　述

Java 编程环境和运行时（Runtime）库的一个关键特征是多线程结构。多线程可以极大地提高程序的运行效率。Java 虚拟机允许一个应用程序同时运行多个线程。

10.1.1 线程与进程

学习线程时，应注意区分线程与进程这两个不同的概念。

1．进程（Process）

进程是程序的一个顺序执行序列。一个进程包括一个程序模块和该模块一次执行时所处理的数据。每个进程与其他进程拥有不同的数据块，其内存地址是分开的。进程之间的通信要通过寻址，一般需使用信号、管道等进行通信。在多线程操作系统中，进程就不再作为一个执行的实体，进程只是作为拥有系统资源的基本单位，通常的进程都包含多个线程并为它们提供资源。多线程操作系统中的进程有以下属性：

（1）作为系统资源分配的单位。

（2）可包括多个线程。

（3）进程不是一个可执行的实体。

2．线程（Thread）

线程和进程很相象，它们都是程序的一个顺序执行序列，也称为“轻量进程”。 线程是指进程内部一段可独立执行的有独立控制流的指令序列。子线程与其父线程共享一个地址空间，同一个任务中的不同线程共享任务的各项资源。每个线程都是作为 CPU 运行的基本单位，是运行开销最小的实体。线程具有下述属性：

（1）轻型实体。

（2）独立调度和分派的基本单位。

（3）可并发执行。

（4）共享进程资源。

3. 进程和线程的联系和区别

（1）线程与进程之间的联系

① 通常一个进程可拥有多个线程，其中要求有一个是主线程。

② 线程也有进程的五种状态及状态的转换。

③ 线程与进程都是顺序执行的指令序列。

（2）线程与进程之间的区别

① 线程的划分比进程小。由此，支持多线程的系统要比只支持多进程的系统并发度高。现代操作系统都支持多线程。

② 进程能独立运行，父进程和子进程部有各自独立的数据空间和代码；线程不能独立运行，父线程和子线程共享相同的数据空间并共享系统资源。

③ 进程是相对静止的，它代表代码和数据存放的地址空间；而线程是动态的，每个线程代表进程内的一个执行流。

4. 线程和多线程

单独的线程有一个入口、一个出口以及一组顺序执行的指令序列。但线程不能独立运行，而必须在 Java 程序中运行。实质上线程是一个顺序控制流。

Java 的多线程是指在一个 Java 程序中可同时执行两个或两个以上的线程。其中，每个线程有不同的功能，实现了多任务的并发执行。因此，线程是并行程序设计而引入的概念：从宏观上是同时或并行，从 CPU 的处理（微观上）则是分时的。

在多 CPU 的计算机中，多线程的实现是真正的物理上的同时执行。而对于单 CPU 的计算机而言，实现的只是逻辑上的同时执行。在每个时刻，真正执行的只有一个线程，由操作系统进行线程管理调度，但由于 CPU 的速度很快，让人感到像是多个线程在同时执行。

多线程比多进程更方便于共享资源，而 Java 又提供了一套先进的同步原语解决线程之间的同步问题，使得多线程设计更易发挥作用。Java 语言正是有了线程与多线程，使 Java 程序具有生动、美观的效果远胜于其他编程语言；此外，线程还减轻了编写交互频繁的程序的难度；改善多处理器的性能并增大了数据的吞吐量。

10.1.2 线程的状态和属性

1. 线程的状态

同进程一样，一个线程也有从创建、运行到消亡的过程，称为线程的生命周期。用线程的状态（state）表明线程处在生命周期的哪个阶段。线程有创建、可运行、运行、阻塞和死亡五种状态。如图 10-1 所示。

一个具有生命的线程，总是处于这五种状态之一：

（1）创建状态。使用 new 运算符创建一个线程后，该线程仅仅是一个空对象，系统没有分配资源，称该线程处于创建状态（new thread）。

（2）可运行状态。线程处于创建状态时，对其进行 start()操作后，系统为该线程分配了除 CPU 外的所需资源，使该线程处于可运行状态（Runnable）。

（3）运行状态。对于单 CPU 的系统，不可能同时运行所有线程，Java 运行系统通过调度选中一个处于可运行状态的线程，使其占有 CPU 并转为运行状态（Running），此时，系统真正执行线程的 run()方法。

（4）阻塞状态。一个正在运行的线程因某种原因不能继续运行时，进入阻塞状态（Blocked）。阻塞状态有几种典型的状态。

① 线程在执行 synchronized 同步代码块时，如果没有获得指定对象的锁（lock），就会进入该对象的 lock 池。直到获得对象的锁，该线程才能进入可运行状态。

② 当线程调用 wait()方法后，就会释放锁并进入等待某个对象的 wait 池，直到对此对象进行操作的另一个线程调用了 notify()或 notifyAll()方法后，等待线程才会从 wait 池进入 lock 池。

（5）死亡状态。在线程的 run()方法执行结束后，处于运行状态的线程就进入了死亡状态（Dead）。

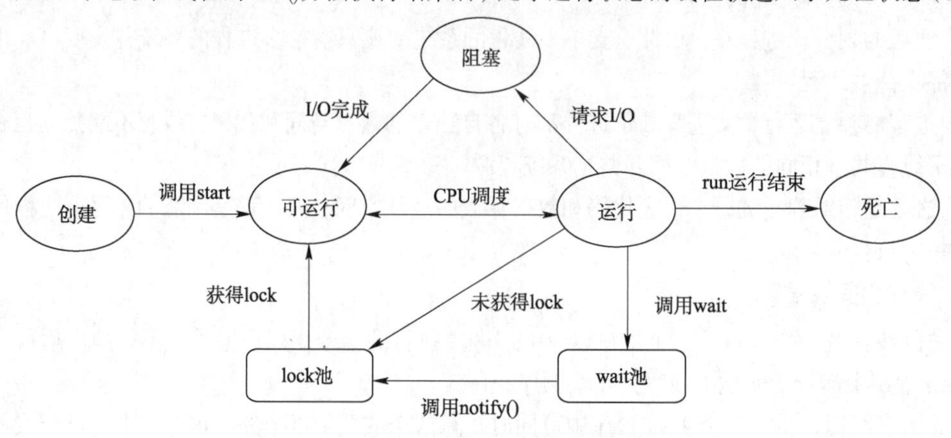

图 10-1　线程生命周期状态图

2. 线程的属性

线程除了有状态之外，还有自己的属性。下面是一些重要属性。

（1）优先级。由于我们一般使用单 CPU 的计算机，所以在执行多线程程序时需进行线程调度。线程调度是由线程的优先级决定的。高优先级的线程总是先运行的。Java 采用的是抢占式的调度方式，即当高优先级的线程进入可运行（runnable）状态时，会抢占低优先级的线程的位置，并开始执行。当同时有两个或两个以上的线程具有高优先级并进入可运行状态，Java 的调度会自动在这些线程间交替调度执行。Java 中的线程有 10 个优先级。但是结合操作系统来说，每个操作系统的线程优先级的数量各不相同。所以，Java 提供了三个常量，分别是 MIN_PRIORITY、NORM_PRIORITY 和 MAX_PRIORITY。

一个线程的优先级应在 MAX_PRIORITY 与 MIN_PRIORITY 之间。NORM_PRIORITY 是缺省的优先级值，一般是 MIN_PRIORITY 与 MAX_PRIORITY 的平均值。

在 Java 中，Thread 类提供了方法设置和获取优先级。

```
setPriority(int)    //用于设置线程的优先数
setPriority()      //用于获取线程的优先数
```

（2）守护属性 ：如果线程被标志为守护属性，那么这个线程就是守护线程 。守护线程不能阻止程序的退出，只要没有主线程，程序就结束，而不管守护线程的运行状态。所以，我们一般不在守护线程中做一些主要工作。

设置线程的守护属性函数为：setDaemon(true)。

（3）未捕获的异常处理器（UncaughtExceptionHandler）。如果线程抛出的异常没有被捕获，线程就会死亡。UncaughtExceptionHandler 表示如果有异常没有被捕获，那么就会启动这个处理器来处理这个异常，这样，就加强了我们对线程的处理能力。不会出现因没有捕获异常，造成线程死亡的现象。设置方法：

```
setUncaughtExceptionHandler(Thread.UncaughtExceptionHandler e)
```

10.2 线程的实现方法

Java 语言提供了两种方法创建线程：一种是通过继承 Thread 类来实现；另一种则是实现接口 Runnable。

10.2.1 继承 Thread 类

Thread 类是负责向其他类提供线程功能的最主要的类，封装了 Java 程序中一个线程对象需要拥有的属性和方法，如表 10-1 所示。为了向一个类增加线程功能，可以简单地从 Thread 类派生一个类，并重载 run()方法。run()方法是线程需要执行的程序段，它常常被称为线程体。

表 10-1 Thread 类的主要方法

名　称	说　明
public Thread()	构造一个新的线程对象，默认名为 Thread-n，n 是从 0 开始递增的整数
public Thread(Runnable target)	构造一个新的线程对象，以一个实现 Runnable 接口的类的对象为参数。默认名为 Thread-n，n 是从 0 开始递增的整数
public Thread(String name)	构造一个新的线程对象，并同时指定线程名
public static Thread currentThread()	返回当前正在运行的线程对象
public static void yield()	使当前线程对象暂停，允许别的线程开始运行
public static void sleep(long millis)	使当前线程暂停运行指定毫秒数，但此线程并不失去已获得的锁旗标
public void start()	启动线程，JVM 将调用此线程的 run()方法，结果是将同时运行两个线程，当前线程和执行 run 方法的线程
public void run()	Thread 的子类应该重写此方法，内容应为该线程应执行的任务
public final void stop()	停止线程运行，释放该线程占用的对象锁旗标
public void interrupt()	打断此线程
public final void join()	在当前线程中加入调用 join()方法的线程 A，直到线程 A 死亡才能继续执行当前线程
public final void join(long millis)	在当前线程中加入调用 join()方法的线程 A，直到到达参数指定毫秒数或线程 A 死亡才能继续执行当前线程
public final void setPriority(int newPriority)	设置线程优先级
public final void setDaemon(Boolean on)	设置是否为后台线程，如果当前运行线程均为后台线程则 JVM 停止运行。这个方法必须在 start()方法前使用
public final void checkAccess()	判断当前线程是否有权力修改调用此方法的线程
public void setName(String name)	更改本线程的名称为指定参数
public final boolean isAlive()	测试线程是否处于活动状态，如果线程被启动并且没有死亡则返回 true

创建一个新线程可以从 Thread 类派生一个子类，创建这个子类的对象就可以产生一个新的线程。这个子类应该重写 Thread 类的 run()方法，在 run()方法中写入需要在新线程中执行的语句段。这个子类的对象需要调用 start()方法来启动，新线程将自动进入 run()方法。原线程将同时继续往下执行。

【例 10-1】通过继承 Thread 类实现多线程

```
public class TestThread {
   public static void main( String [] args ) {
```

```
        System.out.println("main thread starts");
        CreateThread thread=new CreateThread();//创建线程
        thread.start();       //启动线程
        System.out.println("main thread ends " );
    }
}
class CreateThread extends Thread {
    public void run() {
      System.out.println("new thread started" );
      for(int i=1;i<=5;i++){
         System.out.println("thread run "+i+" times" );
      }
      System.out.println("new thread ends");
    }
}
```

运行结果：

```
main thread starts
main thread ends
thread run 1 times
thread run 2 times
thread run 3 times
thread run 4 times
thread run 5 times
new thread ends
```

说明：从运行结果可看出 main 线程已经执行完后，新线程才执行完。原因是 main()函数调用 thread.start()方法启动新线程后并不等待其 run 方法返回就继续运行，thread.run()函数和原来的 main()函数的并发运行，并不影响 main()函数的执行。

【例 10-2】创建 2 个线程，每个线程随机睡眠一段时间后结束。

```
public class TestTwoThread {
   public static void main( String [] args )  {
      //创建并命名每个线程
      TwoThread thread1=new TwoThread( "thread1" );
      TwoThread thread2=new TwoThread( "thread2" );
      System.out.println( "Starting threads" );
      thread1.start(); // 启动线程 1
      thread2.start(); // 启动线程 2
      System.out.println( "Threads started, main ends\n" );
   }
}
class TwoThread extends Thread {
   private int sleepTime;
   public TwoThread( String name ) {
      super( name );
      sleepTime=( int ) ( Math.random() * 6000 );
   }
   public void run() {
      try {
         System.out.println(
            getName() + " going to sleep for " + sleepTime );
         Thread.sleep( sleepTime ); //线程休眠
      }
```

```
      catch ( InterruptedException exception ) {};
      System.out.println( getName() + " finished" );
   }
}
```

运行结果：

```
Starting threads
Threads started, main ends
thread1 going to sleep for 3184
thread2 going to sleep for 1030
thread2 finished
thread1 finished
```

说明：

（1）sleep()方法的功能是使当前线程休眠一会儿。

（2）由于线程 1 休眠时间比线程 2 的休眠时间要长，所以线程 2 先结束，线程 1 后结束。

（3）每次运行都会产生不同的随机休眠时间，所以结果都不相同。

10.2.2 实现 Runnable 接口

Runnable 是 Java 语言中用以实现线程的接口，任何实现线程功能的类都必须实现这个接口。因此 Thread 类也是因为实现了 Runnable 接口，所以继承它的类才能实现线程的功能。实现 Runnable 接口的类的对象可以用来创建线程，这时 start()方法启动此线程就会在此线程上运行 run()方法。

【例 10-3】使用实现 Runnable 接口的类来实现例 10-1 的功能。

```
public class TestRunnable {
   public static void main( String [] args ) {
       System.out.println("main thread starts");
         CreateThread thread1=new CreateThread();
         new Thread(thread1).start();
       System.out.println("main thread ends " );
   }
}
 class CreateThread implements Runnable {
   public void run() {
      System.out.println("new thread started" );
      for(int i=1;i<=5;i++){
          System.out.println("thread run "+i+" times" );
      }
      System.out.println("new thread ends");
   }
}
```

运行结果：

```
main thread starts
main thread ends
thread run 1 times
thread run 2 times
thread run 3 times
thread run 4 times
thread run 5 times
new thread ends
```

运行结果和例 10-1 的结果完全一样。

事实上，无论用继承 Thread 的方法或用实现接口 Runnable 的方法来实现多线程，在程序书写时区别不大。使用继承 Thread 类的方法比较简单易懂，实现方便，使用 Runnable 接口来实现线程，在书写时会比较麻烦，需要多做一些工作才可调用 Thread 的方法。在编写复杂程序时相关的类可能已经继承了某个基类，而 Java 不支持多继承，在这种情况下，便需要通过实现 Runnable 接口来生成多线程。比如，实现 Applet 时，每个 Applet 必须是 java.applet.Applet 的子类，此时想要实现多线程，只有通过使用 Runnable 接口。

10.3 线程的同步与死锁

10.3.1 同步的概念

前面举的例子中涉及的线程彼此之间是独立的、不同步的，即每个线程都可以独自运行，不需要考虑同时运行的其他的线程的状态与行为。但是在现实世界，很多线程同时运行时需要共享一些数据，并且要考虑到彼此的状态与行为。例如，一个线程向文件写数据，而同时另一个线程从同一文件中读取数据，因此就必须要考虑其他线程的状态与行为，这是就需要实现同步来得到预期的结果。如不加以控制，可能会导致变量数据更新的丢失，或者是访问变量时返回不正确的值等错误。

【例 10-4】多线程运行示例。

```
class CallMe{
   void call(String msg){
      System.out.print("["+msg);
      try{
         Thread.sleep(1000);
      }
      catch(Exception e){
      }
      System.out.println("]");
   }
}
class Caller implements Runnable{
   String msg;
   CallMe target;
   public Caller(CallMe t,String s){
      target=t;
      msg=s;
      new Thread(this).start();
   }
   public void run(){
      target.call(msg);
   }
}
public class UnSynch{
   public static void main(String[] args){
      CallMe target=new CallMe();
      new Caller(target,"Hello");
      new Caller(target,"Synchronized");
      new Caller(target,"World");
   }
}
```

运行结果：

```
[Hello[World[Synchronized]
]
]
```

说明：本例通过让线程休眠来模拟不同线程的轮流运行，三个线程同时调用一个方法。由于没有进行控制，从运行结果可以看出结果并不是程序设计所期望的结果。

10.3.2 Synchronized 方法

在多线程程序设计中，将程序中那些不能被多个线程并发执行的代码段称为临界区（如例 10-4 中的 call()方法），当某个线程已在临界区中时，其他的线程就不允许再进入临界区。在 Java 语言程序中，为了使线程处于同步工作状态，每个对象都配备了一个与之关联的锁（它自动成为对象的一部分，但没有特定的代码）。当一线程获得了一个对象的锁后，另一线程也想获得该对象的锁，就必须等到第一线程完成后，释放锁后，才能获得该对象的锁执行操作。所以利用一个对象锁的争夺，可以实现不同线程的互斥效果。

Java 语言专门引入了关键字 synchronized 来定义临界区，实现与一个对象锁的交互。其一般定义格式如下：

```
synchronized(对象){代码段}
```

【例 10-5】 修改例 10-4，使用 synchronized 对三个线程进行控制。

```
class CallMe{
    void call(String msg){
        System.out.print("["+msg);
        try{
            Thread.sleep(1000);
        }
        catch(Exception e){
        }
        System.out.println("]");
    }
}

class Caller implements Runnable{
    String msg;
    CallMe target;
    public Caller(CallMe t,String s){
        target=t;
        msg=s;
        new Thread(this).start();
    }
    public void run(){
        synchronized(target){
            target.call(msg);
        }
    }
}

public class Synch{
    public static void main(String[] args){
        CallMe target=new CallMe();
```

```
        new Caller(target,"Hello");
        new Caller(target,"Synchronized");
        new Caller(target,"World");
    }
}
```

运行结果：

```
[Hello]
[Synchronized]
[World]
```

说明：

（1）本例只需将临界区的语句段放入到 synchronized(对象){代码段}的语句框中，且两处的对象是相同的。

（2）当线程执行到 synchronized 时，检查传入的实参对象，并申请得到该对象的锁。如果得不到，那么线程就被放到一个与该对象锁相对应的等待线程池中。直到该对象的锁被归还，池中的等待线程才能重新去获得锁，然后继续执行下去。

（3）除了可以对指定的代码段进行同步控制之外，还可以定义整个方法在同步控制下执行，只要在方法定义前加上 synchronized 关键字即可。这样程序看起来会更清楚。

【例 10-6】在方法定义前加上 synchronized 实现线程的同步。

```
class CallMe{
    synchronized void call(String msg){
        System.out.print("["+msg);
        try{
            Thread.sleep(1000);
        }
        catch(Exception e){
        }
        System.out.println("]");
    }
}

class Caller implements Runnable{
    String msg;
    CallMe target;
    public Caller(CallMe t,String s){
        target=t;
        msg=s;
        new Thread(this).start();
    }
    public void run(){
        target.call(msg);
    }
}
public class SynchB{
    public static void main(String[] args){
        CallMe target=new CallMe();
        new Caller(target,"Hello");
        new Caller(target,"Synchronized");
        new Caller(target,"World");
    }
}
```

运行结果：

```
[Hello]
[Synchronized]
[World]
```

10.4 线程间协作

通过保证在临界区上多个线程的互斥，线程同步完全可以避免资源冲突的发生，但是有时候，还需要线程之间的相互协作。Java 语言在类 java.lang.Object 中定义了 wait()和 notify()方法，调用它们也可以实现线程之间的协作。表 10-2 列出了线程间协作相关的方法的基本功能。

表 10-2 用于线程间协作的主要方法

方 法	功 能
public final void wait()	如果一个正在执行同步代码（synchronized）的线程调用 wait()方法（在某对象上），该线程暂停执行而进入此对象的等待池，并释放已获得的对象的锁。该线程要一直等到其他线程在此对象上调用 notify()或 notifyAll()方法，才能够在重新获得对象的锁后继续执行（从 wait 语句后继续执行）
public void notify()	随机唤醒一个等待的线程，本线程继续执行
public void notifyAll()	唤醒所有等待的线程，具有最高优先级的线程首先被唤醒并执行

【例 10-7】使用 wait()和 notify()方法解决生产者和使用者问题的经典用法。

分析：在这个问题中生产者生成数据供使用者使用。然而，如果生产者生成数据的速度比使用者使用数据的速度快，则新生成的数据可能在使用之前被覆盖。另一方面，如果生产者生成数据的速度比使用者使用数据的速度慢，则使用者可能继续使用已处理的数据。

```
import java.io.*;
public class ProduceConsume{
    static int produceSpeed=200;
    static int consumeSpeed=200;
    public static void main(String[] args){
        if(args.length>0){
            produceSpeed=Integer.parseInt(args[0]);
        }
        if(args.length>1){
            consumeSpeed=Integer.parseInt(args[1]);
        }
        Monitor monitor=new Monitor();
        new Producer(monitor,produceSpeed);
        new Consumer(monitor,consumeSpeed);
        try{
            Thread.sleep(1000);
        }
        catch(InterruptedException e){
        }
        System.exit(0);
    }
}
class Monitor{
    PrintWriter out= new PrintWriter(System.out,true);
    int token;
    boolean valueSet=false;
```

```
    synchronized int get(){
        if(!valueSet){
            try{
                wait();
            }
            catch(InterruptedException e){
            }
        }
        valueSet=false;
        out.println("Get:"+token);
        notify();
        return token;
    }
    synchronized void set(int value){
        if(valueSet){
            try{
                wait();
            }
            catch(InterruptedException e){
            }
        }
        valueSet=true;
        token=value;
        out.println("Set:"+token);
        notify();
    }
}
class Producer implements Runnable{
    Monitor monitor;
    int speed;
    Producer(Monitor monitor,int speed){
        this.monitor=monitor;
        this.speed=speed;
        new Thread(this,"Producer").start();
    }
    public void run(){
        int i=0;
        while(true){
            monitor.set(i++);
            try{
                Thread.sleep((int)(Math.random()*speed));
            }
            catch(InterruptedException e){
            }
        }
    }
}
class Consumer implements Runnable{
    Monitor monitor;
    int speed;
    Consumer(Monitor monitor,int speed){
        this.monitor=monitor;
        this.speed=speed;
```

```
        new Thread(this,"Consumer").start();
    }
    public void run(){
        while(true){
            monitor.get();
            try{
                Thread.sleep((int)(Math.random()*speed));
            }
            catch(InterruptedException e){
            }
        }
    }
}
```

输入命令：

```
java ProduceConsume 200 400
```

运行结果：

```
Set:0
Get:0
Set:1
Get:1
Set:2
Get:2
Set:3
Get:3
Set:4
```

说明：

（1）wait()和 notify()方法只能在同步代码块里调用。

（2）布尔变量 valueSet 来表示数据是否可以使用（false）或已经使用（true）。

（3）get()方法首先测试数据是否可以使用，如果不能，则调用线程等待，直到某个其他线程设置数据并通知当前线程。然后通知等待产生新数据的线程开始产生，如果没有等待产生数据的线程，则 notify()方法被忽略。

（4）set()方法首先测试数据是否已经被使用，如果没有则调用线程等待，直到某个其他线程使用该数据并通知当前线程。然后通知等待使用数据的线程开始使用，如果没有等待的线程，则 notify()方法被忽略。

10.5 死锁问题

在线程间协作时，可能出现死锁现象。所谓死锁，即出现线程 A 可能会陷于对线程 B 的等待，而线程 B 同样陷于对线程 C 的等待，依此类推，整个等待链最后又可能回到线程 A，所有的线程只能无限等待。

下面一个例子解释一个典型的死锁是如何发生的。步骤如下：

（1）线程 A 在调用对象 C 的 synchronized()方法时，获得了对象 C 的锁。

（2）线程 B 在调用对象 D 的 synchronized()方法时，获得了对象 D 的锁。

（3）线程 A 试图调用对象 D 的 synchronized()方法时，发现对象 D 被线程 B 锁住，所以线程 A 需要等待直到对象 D 被解锁。

（4）线程 B 试图调用对象 C 的 synchronized()方法时，发现对象 C 被线程 A 锁住，所以线程 B 需要等待直到对象 C 被解锁。

这样就会产生死锁。

然而 Java 语言并没有提供一种机制来自动检测和解决死锁。但是可以采用防备措施降低死锁发生的可能性。

10.6 线 程 池

服务器应用程序中经常出现的情况是：单个任务处理的时间很短而请求的数目却是巨大的。有时候需要建立一堆线程来执行一些小任务，然而频繁地建立线程有时会开销较大。因为线程的建立必须与操作系统互动，Java 5.0 及以上版本已经提供了线程池（Thread pool）功能来管理这些小线程并加以重复使用，线程池对于系统效能是个改善的方式。这些类位于 java.util.concurrent 包中。

Executors 类经常用来建立线程池，Executors 类提供了一组创建线程池对象的方法，常用的有以下几个：

（1）public static ExecutorService newCachedThreadPool()

功能：创建一个线程池，这个线程池可根据需要新建线程。

说明：对于执行很多短期异步任务的程序而言，这些线程池通常可提高程序性能。因为在以前构造的线程可用时，线程池将调用 execute()方法重用它们。如果现有线程没有可用的，则创建一个新线程并添加到池中。每个线程的空闲时间为 60 ms，超时将被终止并从缓存中移除。

（2）public static ExecutorService newFixedThreadPool(int nThreads)

功能：创建一个包含固定数量线程对象的线程池。

说明：nThreads 代表要创建的线程数，如果某个线程在运行的过程中因为异常而终止了，那么一个新的线程会被创建和启动来代替它。

（3）public static ExecutorService newSingleThreadExecutor()

功能：只在线程池中创建一个线程，来执行所有的任务。

以上三个方法都返回了一个 ExecutorService 类型的对象。实际上，ExecutorService 是一个接口，它的 submit()方法负责接收任务并交与线程池中的线程去运行。

【例 10-8】Executors 类使用示例。

```
import java.util.concurrent.ExecutorService;
import java.util.concurrent.Executors;
public class ExecutorDemo {
   public static void main(String[] args) {
      ExecutorService service=Executors.newFixedThreadPool(5);
      for(int i=0; i<10; i++) {
         final int count=i;
         Runnable runnable=new Runnable() {
            public void run() {
               System.out.println(count);
               try {
                  Thread.sleep(2000);
               }
               catch (InterruptedException e) {
                  e.printStackTrace();
               }
            }
         };
```

```
            service.submit(runnable);
        }
        service.shutdown(); // 最后记得关闭 Thread pool
    }
}
```

执行结果：

```
0
1
3
4
2
5
9
8
7
6
```

说明：

（1）程序每次执行结果会是 0 到 9，不过每次执行时数字的顺序会有不同。

（2）程序使用 newFixedThreadPool()方法建立线程池，含有 5 个可以重复使用的线程。可以指定 Runnable 对象给它，程序中会产生 10 个 Runnable 对象。由于线程池中只有 5 个可用的线程，所以后来建立的 5 个 Runnable 必须等待有空闲的线程才会被执行。

10.7 ThreadLocal 类

java.lang. ThreadLocal 来存放线程的局部变量，每个线程都有单独的局部变量，彼此之间不会共享。

10.7.1 ThreadLocal 的概念

1. ThreadLocal 的定义

ThreadLocal 不是一个线程而是一个线程的本地化对象。当工作于多线程环境中的对象采用 ThreadLocal 来维护的变量时，ThreadLocal 为每一个使用该变量的线程分配一个独立的副本，每一个线程都可以独立地改变自己的副本，而不影响其他线程的副本。

2. ThreadLocal 的作用

如果某个对象是非线程安全的，在多线程环境下对象的访问需要采用 synchronized 进行同步，但是采用 synchronized 进行同步会降低系统的并发性能，此外还可能会增加好几倍的实现难度，采用 ThreadLocal 就会很好地解决线程安全的难题。

3. ThreadLocal 与线程同步机制的比较

线程同步机制通过对象的锁机制保证同一个时间只有一个线程去访问变量，该变量对多个线程是共享的。

ThreadLocal 则为每一个线程提供了一个变量的副本，从而隔离了多个线程访问数据的冲突，ThreadLocal 提供了线程安全的对象封装，在编写多线程的代码时，可以把不安全的代码封装进 ThreadLocal。

概括地说，对于多线程资源共享的安全问题，安全线程的同步机制采取了时间换空间的方式，访问串行化、对象共享化；而 ThreadLocal 则采取了空间换时间的方式，访问并行化、对象独享化。

10.7.2 ThreadLocal 的应用

1. Spring 中采用 ThreadLocal 解决线程安全的问题

在一般情况下，只有无状态的 bean 才可以在多线程环境下共享。在 Spring 中对绝大多数的状态对象采用了 ThreadLocal 进行封装，让它们成为线程安全的对象，因此在 Spring 中有状态的 bean 对象就可以以 singleton 的方式在多线程中正常工作了。

2. Hibernate 中采用 ThreadLocal 解决懒加载异常

由于 Hibernate 默认懒加载开启，这就会造成从数据库取数据时没有真正取得实际数据而是一个代理对象，只有真正使用数据时，才会通过持久化管理器 session 取得和数据库的连接，访问数据库。

而持久化管理器 session 是线程不安全的，要求在访问数据库后，即使取得代理对象也要尽快关闭，而真正会在视图层如 JSP 页面通过 EL 表达式和标签使用数据，这就需要通过持久化管理器 session 取得和数据库的连接，访问数据库。而此时 session 已经关闭了，这就会造成懒加载异常。

为了解决懒加载异常，Hibernate 通过 ThreadLocal 把 session 绑定到相应的线程上去，从而保证了 session 线程安全，这样在访问数据库生成代理对象时可以不用关闭 session，当在 JSP 页面中真正使用数据时就可以从当前线程中取得对应的 session，就可以通过 session 取得和数据库的连接，通过连接从数据库中取得真正的数据，当渲染结束后结果信息，即将回传到浏览器时，关闭 session 并和当前线程解除绑定。

10.7.3 ThreadLocal 的原理

ThreadLocal 类主要由四个方法组成：initialValue()，get()，set(T)，remove()。

在 ThreadLocal 类中有一个线程安全的 Map，用于存储每一个线程的变量的副本。

```
Public classThreadLocal{
   private Map values = Collections.synchronizedMap(new HashMap());; //线程安全
   // set 方法——设置当前线程的局部变量
   public void set(Object newValue) {
      values .put(Thread.currentThread(), newValue);}
   //get 方法——返回当前线程的局部变量
   public Object get() {
      Thread curThread=Thread.currentThread();
      Object o=values.get(currentThread);//判断 Map 中是否包含这样的 key
      if (o==null&&!values.containsKey(curThread)){
         o=initialValue();
         values.put(curThread, o);}
      return o;
   }
   // initialValue 方法——返回当前线程的局部变量的初始值
   protected Object initialValue()
   { return null;
   }
// remove 方法——移除当前线程的局部变量
```

```
public void remove()
{                                   //通过 key 将键值对删除
      values.remove(Thread.currentThread());
   }
}
```

说明：当线程处于活动状态时它会持有该线程的局部变量的引用，当该线程运行结束后，该线程拥有的局部变量都会结束生命周期。

【例 10-9】使用 ThreadLocal 的完整例子。

```
public class  ThreadLocalDemo
{  //静态内部类
   public static class MyRunnable implements Runnable
   {private ThreadLocal threadLocal=new ThreadLocal();
   public void run()
   {threadLocal.set((int)(Math.random()*100D));
   try{
   Thread.sleep(2000);
   }catch (InterruptedException e)
   {
   }
   System.out.println(threadLocal.get());
   }
   }
   public static void main(String[] args)
   {MyRunnable shareRunnableInstance=new MyRunnable();
   Thread t1=new Thread(shareRunnableInstance);
   Thread t2=new Thread(shareRunnableInstance);
   t1.start();
   t2.start();
}
  }
```

输出结果：

```
51
22
```

说明：

上例创建了一个 MyRunnable 对象，并将该对象作为参数传递给两个线程。两个线程分别执行了 run()方法，并且都在 ThreadLocal 实例上保持了不同的值。

如果它们访问的不是 ThreadLocal 对象并且调用的.set()方法被同步了，则第二个线程会覆盖第一个线程设置的值。

但是由于它们访问的是一个 ThreadLocal 对象，因此这两个线程都无法看到对方保存的值，也就是说它们存取的是两个不同的值。

【例 10-10】hibernate 使用 ThreadLocal 解决懒加载异常。

```
public class HibernateFilter implements Filter {
   private static ThreadLocal hibernateHolder=new ThreadLocal();
   private static SessionFactory factory=null;
   public void destroy() {
   }
public void doFilter(ServletRequest servletRequest, ServletResponse servletResponse,
         FilterChain filterChain) throws IOException, ServletException {
```

```
        try {
            filterChain.doFilter(servletRequest, servletResponse);
        } finally {
            Session session=(Session)hibernateHolder.get();
            if (session!=null) {
                if (session.isOpen()) {
                    session.close();
                }
                hibernateHolder.remove();
            }
        }
    }

    public void init(FilterConfig filterConfig) throws ServletException {
        try {
            Configuration cfg=new Configuration().configure();
            factory=cfg.buildSessionFactory();
        }catch(Exception e) {
            e.printStackTrace();
            throw new ServletException(e);
        }
    }

    public static Session getSession() {
        Session session=(Session)hibernateHolder.get();
        if (session==null) {
            session=factory.openSession();
            hibernateHolder.set(session);
        }
        return session;
    }
}
```

程序执行步骤：

（1）当服务器启动时会创建过滤器 Filter 对象并创建 ThreadLocal 对象。

（2）执行 init()方法创建 SessionFactory。

（3）当调用 getSession()方法取得 session 时，先到 ThreadLocal 对象中根据当前的线程取得绑定的 session。如果没有取得，则通过 SessionFactory 创建 session 对象并绑定到当前的线程中。

（4）通过 session 取得访问数据库数据的代理对象，由于 session 对象已经绑定到当前的线程中，线程安全，因此不需要关闭 session 对象。

（5）在 JSP 页面中通过代理对象取得数据时，到 ThreadLocal 对象中取得当前线程绑定的 session，得到连接访问数据库，取得真正的数据。

（6）在数据即将回传到浏览器时，过滤器关闭 session 并解除和当前线程的绑定。

10.8 应用案例

【案例10-1】生产者与消费者问题。生产者生产数据；消费者消费数据；消费者在没有数据可供消费的情况下，不能消费；生产者在原数据没有被消费掉的情况下，不能生产新数据。假设数据空间只有一个。

如果要实现正确的生产和消费，两个线程应严格地交替执行。

（1）生产者和消费者共同拥有的锁的类。

```
package cn.jxau.jxausoft;
public class ProcuderCustomer {
    //初始状态的数据为 0 个
    protected static volatile int count=0;
    //执行锁
    protected final static Object lock=new Object();
}
```

（2）生产者的类。

```
package cn.jxau.jxausoft;
public class Procuder extends ProcuderCustomer implements Runnable {
    //存放数据的空间
    private int[] dataSpace;
    public Procuder(int[] dataSpace, String threadName) {
        this.dataSpace=dataSpace;
        //启动线程
        new Thread(this, threadName).start();
    }
    @Override
    public void run() {
        int i=0;
        while (true) {
            synchronized (lock) {
                //判断是否空间已满
                if (count < dataSpace.length) {
                    //产生者放数据
                    dataSpace[count]=i++;
                    System.out.println("[" + Thread.currentThread().getName()
                            + "]线程生产了一个数:" + dataSpace[count++]
                            + " " + count);
                    try {
                        //只是为了看得清楚，沉睡 2 s
                        Thread.sleep(200);
                    } catch (InterruptedException e) {
                        e.printStackTrace();
                    }
                    //唤醒消费者
                    lock.notify();
                } else {
                    try {
                        //使自己处于阻塞状态
                        lock.wait();
                    } catch (InterruptedException e) {
                    e.printStackTrace();
                    }
                }
            }
        }
    }
}
```

（3）消费者的类。

```
package cn.jxau.jxausoft;
public class Customer extends ProcuderCustomer implements Runnable {
    //存放数据的空间
    private int[] dataSpace;
    public Customer(int[] dataSpace, String threadName) {
        this.dataSpace=dataSpace;
        //启动线程
        new Thread(this, threadName).start();
    }
    @Override
    public void run() {
        while (true) {
            //加锁
            synchronized (lock) {
                //判断是否有数据
                if (count>0) {
                    System.out.println("[" + Thread.currentThread().getName()
                            + "]线程消费了一个数:" + dataSpace[--count]);
                    //唤醒生产者
                    lock.notifyAll();
                } else {
                    try {
                        //使自己处于阻塞状态
                        lock.wait();
                    } catch (InterruptedException e) {
                        e.printStackTrace();
                    }
                }
            }
        }
    }
}
```

（4）测试类。

```
import cn.jxau.jxausoft.*;
public class Test {
    public static void main(String[] args) {
        int[] data=new int[10];
        new Procuder(data, "生产者1");
        new Procuder(data, "生产者2");
        new Customer(data, "消费者");
    }
}
```

小　结

本章主要介绍了 Java 的多线程编程机制。详细介绍了线程的概念、线程的状态和主要属性；说明了通过继承 Thread 类和实现 Runnable 接口产生线程的方法；介绍了线程的同步问题和线程间协作的问题及解决的方法；并介绍了线程产生死锁问题和线程池的概念，以及 ThreadLocal 的概念、原理和应用，重点是 ThreadLocal 在线程安全方面的优势。通过这一章的学习，读者应对 Java 多线程机制有一个全面地了解，并掌握编写 Java 多线程程序的知识和技能。

习　　题

一、填空题

1. Java 开发程序大多是________的，即一个程序只有一条从头至尾的执行线索。

2. ________是指同时存在几个执行体，按几条不同的执行线索共同工作的情况。

3. ________是程序的一次动态执行过程，它对应了从代码加载、执行至执行完毕的一个完整过程。

4. 一个进程在其执行过程中，可以产生多个________，形成多条执行线索。

5. 每个 Java 程序都有一个默认的主________。

6. 对于 Java 应用程序，主线程都是从________方法执行的线索。

7. 在 Java 中要想实现多线程，必须在主线程中创建新________。

8. Java 语言使用________类及其子类的对象来表示线程。

9. 当一个 Thread 类或其子类的对象被声明并创建时，新生的线程对象处于________状态，此时它已经有了相应的内存空间和其他资源。

10. 当就绪状态的线程被调度并获得处理器资源时，便进入________状态。

11. 在线程排队时，________的线程可以排在较前的位置，能优先享用到处理器资源，而其他线程只能排在它后面再获得处理器资源

12. Java 中编程实现多线程应用有两种途径：一种是创建自己的线程子类；一种是在用户自己的类中实现________接口。

13. ________类综合了 Java 程序中一个线程需要拥有的属性和方法。

14. Java 多线程使用中，调用________方法可确定当前占有 CPU 的线程。

15. 在处理________时，要做的第一件事就是要把修改数据的方法用关键字 synchronized 来修饰。

16. Java 系统中支持 3 种主要的图像格式，分别为 GIF、JPEG 和________。

17. ThreadLocal 来存放线程的局部变量，每个线程都有单独的局部变量，彼此之间不会________。

18. 对于多线程资源共享的安全问题，ThreadLocal 采取了________的方式，访问并行化，对象独享化。

二、选择题

1. Java 语言具有许多优点和特点，下列选项中，(　　)反映了 Java 程序并行机制的特点。

   A. 安全性　　B. 多线程　　C. 跨平台　　D. 可移植

2. 下列关于 Java 线程的说法正确的是(　　)。

   A. 每一个 Java 线程可以看成由代码、一个真实的 CPU 以及数据三部分组成

   B. 创建线程的两种方法中，从 Thread 类中继承的创建方式可以防止出现多父类问题

   C. Thread 类属于 java.util 程序包

   D. 以上说法无一正确

3. 运行下列程序，结果为(　　)。

```
public class X extends Thread implements Runable{
   public void run(){
      System.out.println("this is run()");
   }
   public static void main(String args[]) {
      Thread t=new  Thread(new X());
      t.start();
   }
}
```

A. 第一行会产生编译错误　　B. 第六行会产生编译错误

C. 第六行会产生运行错误　　D. 程序会运行和启动

4. 下面（　　）方法不可以在任何时候被任何线程调用。

A. wait()　　B. sleep()　　C. yield()　　D. synchronized(this)

5. 下列关于线程优先级的说法中，正确的是（　　）。

A. 线程的优先级是不能改变的

B. 线程的优先级是在创建线程时设置的

C. 在创建线程后的任何时候都可以设置

D. B和C

6. 线程生命周期中正确的状态是（　　）。

A. 新建状态、运行状态和终止状态

B. 新建状态、运行状态、阻塞状态和终止状态

C. 新建状态、可运行状态、运行状态、阻塞状态和终止状态

D. 新建状态、可运行状态、运行状态、恢复状态和终止状态

7. Thread类中能运行线程体的方法是（　　）。

A. start()　　B. resume()　　C. init()　　D. run()

8. 在线程同步中，为了唤醒另一个等待的线程，可以使用方法（　　）。

A. sleep()　　B. wait()　　C. notify()　　D. join()

9. 为了得到当前正在运行的线程，可使用（　　）方法。

A. getName()　　B. Thread.CurrentThread()

C. sleep()　　D. run()

10. 以下（　　）不属于线程的状态。

A. 就绪状态　　B. 运行状态　　C. 挂起状态　　D. 独占状态

11. 当线程被创建后，其所处的状态是（　　）。

A. 阻塞状态　　B. 运行状态　　C. 就绪状态　　D. 新建状态

12. wait()方法首先是（　　）类的方法。

A. Object　　B. Thread.　　C. Runnable　　D. File

13. ThreadLocal主要用于实现线程对象的（　　）。

A. 安全性　　B. 并发性　　C. 维护性　　D. 实现性

三、问答题

1. 什么是线程的生命周期？线程在它的生命周期中都有哪些状态？

2. 如何改变线程的状态？run()方法的作用与start()方法的作用有什么不同？

3. 什么是线程的优先级？它的主要用途是什么？

4. 什么叫多线程？Java 支持多线程有何意义？
5. 调用 join()方法有何作用？
6. 针对线程安全性，请比较 ThreadLocal 与线程同步机制的实现特点。

四、编程题

1. 编写程序实现：程序运行后共有 3 个线程，分别输出 10 次线程的名称：main，thread-0，thread-1。
2. 编写一个应用程序，创建三个线程分别显示各自的时间。
3. 请编写程序，程序运行后共有 3 个线程，通过 ThreadLocal 实现数据的安全性。

第11章 反射机制

反射就是把Java类中的各种成分映射成相应的Java类。例如用一个Class类对象表示一个Java类中的组成部分：成员变量、方法、构造方法、包等信息。就像汽车是一个类，汽车中的发动机、变速箱等也是一个个的类。表示Java的Class类显然要提供一系列的方法，来获得其中的变量、方法、构造方法，修饰符、包等信息，这些信息就是用相应的类的实例对象来表示，它们是Field、Method、Constructor、Package等。

一个类中的每个成员都可以用相应的反射API类的一个实例对象来表示。

11.1 反射的概念

在计算机科学领域，反射是指一类应用，它们能够自描述和自控制。也就是说，这类应用通过采用某种机制来实现对自己行为的描述（self-representation）和监测（examination），并能根据自身行为的状态和结果，调整或修改应用所描述行为的状态和相关的语义。

反射机制也被应用到了视窗系统、操作系统和文件系统中。反射本身并不是一个新概念，它可能会使我们联想到光学中的反射概念，尽管计算机科学赋予了反射概念新的含义，但是，从现象上来说，它们确实有某些相通之处，这些有助于我们的理解。同一般的反射概念相比，计算机科学领域的反射不单单指反射本身，还包括对反射结果所采取的措施。所有采用反射机制的系统（即反射系统）都希望使系统的实现更开放。可以说，实现了反射机制的系统都具有开放性，但具有开放性的系统并不一定采用了反射机制，开放性是反射系统的必要条件。一般来说，反射系统除了满足开放性条件外，还必须满足原因连接（Causally-connected）。所谓原因连接是指对反射系统自描述的改变能够立即反映到系统底层的实际状态和行为上的情况，反之亦然。开放性和原因连接是反射系统的两大基本要素。

Java中，反射是一种强大的工具。它使用户能够创建灵活的代码，这些代码可以在运行时装配，无须在组件之间进行源代码链接。反射允许用户在编写与执行时，使程序代码能够接入装载到JVM中的类的内部信息，而不是源代码中选定的类协作的代码。这使反射成为构建灵活应用的主要工具。但需注意的是：如果使用不当，反射的成本很高。

1. 反射机制的定义

反射机制是在运行状态中，对于任意一个类，都能够知道这个类的所有属性和方法；对于任意一个对象，都能够调用它的任意一个方法和属性；这种动态获取的信息以及动态调用对象的方法的功能称为Java语言的反射机制。

2. 反射机制的功能

反射机制主要提供了以下功能：

（1）在运行时判断任意一个对象所属的类。

（2）在运行时构造任意一个类的对象。

（3）在运行时判断任意一个类所具有的成员变量和方法。

（4）在运行时调用任意一个对象的方法。

（5）生成动态代理。

3. 反射机制的优点

Java 的反射机制的优点就是增加程序的灵活性，避免将程序写死到代码里。例如：实例化一个 person()对象，不使用反射，new person();如果想变成实例化其他类，那么必须修改源代码，并重新编译。使用反射：class.forName("person").newInstance()；而且这个类描述可以写到配置文件中，如 .xml，这样如果想实例化其他类，只要修改配置文件的“类描述”就可以了，不需要重新修改代码并编译。

11.2　Class 对　象

11.2.1　认识 Class 对象

当 JVM 查找并加载指定的类时，利用 JVM 内部类加载机制，即在需要的时候（懒加载）将.class 文件加载到内存中，并在堆内存中创建唯一的 Class 对象。要有这样的意识：加载 Person.class 的同时也会为其创建一个对应的 Class 对象。

Class 对象是 JVM 生成用来保存对应类的信息的，除此之外，完全可以把 Class 对象看成一般的实例对象，事实上，所有的 Class 对象都是类 Class 的实例。

通过 Class 对象可以得到类的信息，在运行时可以构造任意一个类的对象，访问一个 Java 对象的属性、方法，甚至可以轻易改变一个私有成员。

Class 类是在 Java 语言中定义一个特定类的实现。一个类的定义包含成员变量、成员方法，还有这个类实现的接口，以及这个类的父类。Class 类的对象用于表示当前运行的 Java 应用程序中的类和接口。基本的 Java 类型（boolean、byte、char、short、int、long、float 和 double）和 void 类型也可表示为 Class 对象。

Java 程序在运行时，Java 运行时系统一直对所有的对象进行运行时类型标识。这项信息记录了每个对象所属的类。虚拟机通常使用运行时类型信息选准正确方法去执行，用来保存这些类型信息的类是 Class 类的对象。Class 类的对象封装一个对象和接口运行时的状态，当装载类时，Class 类型的对象自动创建。

Class 没有公共构造方法。Class 对象是在加载类时由 Java 虚拟机以及通过调用类加载器中的 defineClass 方法自动构造的，因此不能显式地声明一个 Class 对象。

虚拟机为每种类型管理一个独一无二的 Class 对象。也就是说，每个类（型）都有一个 Class 对象。运行程序时，Java 虚拟机（JVM）首先检查所要加载的类对应的 Class 对象是否已经创建。如果没有创建，JVM 就会根据类名查找.class 文件，并将其 Class 载入 Class 对象。一般内存中某个类的 Class 对象用来创建这个类的所有对象。

11.2.2　得到一个实例对象对应的 Class 对象的三种方式

（1）实例对象.getClass()

说明：对类进行静态初始化、非静态初始化；返回 Class 的对象，可取得引用运行时真正所指的对象（因为子对象的引用可能会赋给父对象的引用变量中）所属类的 Class 的对象。

```
Dog dog = new Dog();
Class d = dog.getClass()
```

（2）Class.forName(“类名字符串”)

说明：装入类，并做类的静态初始化，返回 Class 的对象（注：类名字符串是包名+类名）。

```
try {
            Class dog=Class.forName("Dog");
        } catch (ClassNotFoundException e) {
            e.printStackTrace();
        }
```

（3）类名.class

说明：JVM 将使用类装载器，将类装入内存（前提是类还没有装入内存），不做类的静态初始化工作，返回 Class 的对象。

```
Class dog3=Dog.class;
Object o=dog3.newInstance();
```

11.2.3　获取标准类对应的 Class 对象的三种方式

（1）通过标准类对象的 getClass()方法取得与该标准类对应的反射对象：

```
Date d=new Date();
   Class c4=d.getClass();
```

（2）通过类 Class 的静态方法 forName()取得与该标准类对应的反射对象:

```
Class c5=Class.forName("java.util.Date");
```

（3）通过标准类的 class 属性取得与该标准类对应的反射对象：

```
 Class c6=Date.class;
```

11.2.4　Class 类的常用方法

（1）getName()

getName()方法以 String 的形式返回此 Class 对象所表示的实体（类、接口、数组类、基本类型或 void）名称。

（2）newInstance()

newInstance()方法调用默认构造器（无参数构造器）初始化新建对象。

（3）getClassLoader()

返回该类的类加载器。

（4）getComponentType()

返回表示数组组件类型的 Class。

（5）getSuperclass()

返回表示此 Class 所表示的实体（类、接口、基本类型或 void）的超类的 Class。

（6）isArray()

判定此 Class 对象是否表示一个数组类。详细方法可参看 API

【例 11-1】获取反射对象的几种方式。

定义员工类：Employee.java。

```
public class Employee
{  //静态初始化块
    static
    {
        System.out.println("Employee 类被加载");
    }
    public String tostring()
    {
        return("Employee 对象被创建");
    }
}
```

测试代码：ReflectTest01.java。

```
import java.util.*;
import  java.text.*;
public class ReflectTest01
{public static void main(String[] args)throws Exception
{ Class c1=Class.forName("Employee");
Class c2=Employee.class;
Object o=c2.newInstance();
Employee e=new Employee();
Class c3=e.getClass();
//Employee 类的反射对象只有一个
System.out.println(c1==c2);
System.out.println(c3==c2); //获取标准类反射对象的几种方式
Class c4=Class.forName("java.util.Date");
Class c5=Date.class;
Date d=new Date();
Class c6=d.getClass();
System.out.println(c4==c5);
System.out.println(c5==c6);
/*取得 class 类型的对象之后，通过无参的构造方法创建该类的的对象 */
Object o1=c1.newInstance();//调用了 Employee 类的无参的构造方法
System.out.println(o1);
Object o2=c4.newInstance();
if (o2 instanceof Date)
{ Date t=(Date)o2;
SimpleDateFormat spd=newSimpleDateFormat("yyyy-MM-ddhh:mm:ss");;
System.out.println(spd.format(t));}
}
}
```

运行结果：

```
Employee 类被加载
True
True
True
Employee@757aef
2019-01-20 02:43:27
```

说明：

（1）加载类时 JVM 创建与该类对应的反射对象。

（2）一个类的反射对象只有一个。

（3）可以通过反射对象的 newInstance()方法调用对应类的无参的构造方法创建对象。

11.3 通过 Class 类对象创建 Java 对象

11.3.1 调用对应类的无参的构造方法创建对象

当我们创建某一个类的 Class 对象时，可利用该类 Class 对象的 newInstance()方法创建一个同该类一样类型的新对象。

newInstance()方法调用默认构造器（无参数构造器）初始化新建对象。

例如：例 11-1 中代码：

```
Class c1=Class.forName("Employee");
Object o1=c1.newInstance();;
```

说明：

（1）o1 存放实际创建对象的地址。

（2）若该类没有提供无参的构造器则抛出实例化异常。

11.3.2 调用对应类的有参的构造方法创建对象

该种方式创建对象的步骤为：

（1）先获取操作类的 Class 对象。

（2）使用 Class 对象的 getConstructor(parameterTypes)方法，获取该对象的构造方法的对象。

（3）使用构造方法对象的 newInstance(initargs)方法就可以实例化一个对象。

【例 11-2】 利用反射机制创建对象。

```
//定义人员类代码: Person.java
public class Person {
   private String name;
   private int age;
   public Person(String name, int age) {
      this.name=name;
      this.age=age;
   }
   public Person() {
   }
   public String getName() {
      return name;
   }
   public void setName(String name) {
      this.name=name;
   }
   public int getAge() {
      return age;
   }
   public void setAge(int age) {
      this.age=age;
   }
}
//调用对应类的无参的构造方法创建对象代码: ReflectTest01.java
public class ReflectTest01{
   public static void main(String[] args)throws Exception{//声明要创建对象的类全称
```

```
        Class classType = Class.forName("Person");
        Object obj = classType.newInstance();
        System.out.println("使用反射机制创建出来的对象是否是 Person 类的对象: "
        + (obj instanceof Person));
        }
    }
```

运行结果：

```
使用反射机制创建出来的对象是否是 Person 类的对象: true
//演示调用对应类的有参的构造方法创建对象代码: ReflectTest02.java
import java.lang.reflect.Constructor;
public class ReflclassReflectTest02
{public static void main(String[] args) throws Exception
{
 Class classType = Person.class;
 Constructor con = classType.getConstructor(String.class, int.class);
 Object obj = con.newInstance("tom", 23);
 System.out.println("使用constructor对象的newInstance方法调用有参构造方法创建对象的
信息: " + ((Person) obj).getName());
 }
}
```

运行结果：

```
使用 constructor 对象的 newInstance()方法调用有参构造方法创建对象的信息: tom
```

说明：

（1）constructor 对象的 newInstance()方法也可以调用对应类的无参的构造方法创建对象：

```
Constructor con1 = classType.getConstructor();
 Object obj1 = con1.newInstance();
```

（2）事实上，Class 的 newInstance()方法内部调用 Constructor 的是 newInstance()方法。这也是众多框架，如 Spring、Hibernate、Struts 等使用后者的原因。

11.4 利用反射机制获取类属性

11.4.1 利用反射机制获取某类属性封装至 Field 对象

在 Class 中提供了 4 个相关的方法获得类型的属性：

```
getField(String name):Field
getFields():Field[]
getDeclaredField(String name):Field
getDeclaredFields():Field[]
```


说明：

（1）getField()用于返回一个指定名称的属性，但是这个属性必须是公有的，这个属性可以在父类中定义。如果是私有属性或者是保护属性，那么就会抛出异常，提示找不到这个属性。

（2）getFields()则是返回类型中的所有公有属性，所有的私有属性和保护属性都找不到。

（3）getDeclaredField()获得在这个类型的声明中定义的指定名称的属性，这个属性必须是在这个类型的声明中定义，但可以使用私有的和保护的。

（4）getDeclaredFields()获得在这个类型的声明中定义的所有属性，私有属性和保护属性都会被返回，但是所有父类的属性都不会被返回。

【例 11-3】通过反射机制封装某类属性至 Field 对象。

```
//定义A类
public class A {
  public int a1;
  private int a2;
}
//定义B类
public class B extends A {
    public int b1;
    private int b2;
}
//定义测试类 ReflectTest03.java
import java.lang.reflect.*;
public class ReflectTest03
{
    public static void main(String[] args)throws Exception
    {
        Class bclass=B.class;
            Field field=bclass.getField("b1");
        System.out.println("输出的子类公有属性");
        System.out.println("输出的属性为: "+field.getName());
        System.out.println("-----------------");
        //不能得到私有和保护的属性
        //Field field1=bclass.getField("a2");
        Field[] fields=bclass.getFields();
        System.out.println("输出的子类和父类公有属性");
        for(Field f:fields)
          {System.out.println("输出的属性为: "+f.getName());
        }
        System.out.println("-----------------");
           //只能输出的子类公有，保护和私有属性"
        field=bclass.getDeclaredField("b1");
        System.out.println("输出的子类公有属性");
        System.out.println("输出的属性为: "+field.getName());
            field=bclass.getDeclaredField("b2");
        System.out.println("输出的子类私有属性");
        System.out.println("输出的属性为: "+field.getName());
        System.out.println("-----------------");
        System.out.println("输出的子类的所有属性包括私有和保护的属性");
        fields=bclass.getDeclaredFields();
        for(Field f:fields)
        {System.out.println("输出的属性为: "+f.getName());
        }

    }
}
```

运行结果：

```
输出的子类公有属性
输出的属性为: b1
-----------------
```

```
输出的子类和父类公有属性
输出的属性为: b1
输出的属性为: a1
----------------
输出的子类公有属性
输出的属性为: b1
输出的子类私有属性
输出的属性为: b2
----------------
 输出的子类的所有属性包括私有和保护的属性
 输出的属性为: b1
 输出的属性为: b2
```

说明:如果利用 B 的类型类调用 getFields,那么会返回 b1 和 a1 两个属性,如果调用 getField("b2")则会报错；如果调用 getDeclaredFields 则会返回 b1 和 b2，如果调用 getDeclaredField("a1")则会报错。

11.4.2 通过反射机制为对象特定属性设值

在 Java 的反射机制中，所有的属性都使用 Field 封装，利用 Field 可以获得属性的信息、修改属性值。

Field 对象有以下方法：

```
set(Object obj, Object value): void //为 obj 对象的相应属性设定新值
get(Object obj): Object //从 obj 对象中取得 Field 对象表示的属性值
setAccessible(true) //打破封装访问 private 属性
```

【例 11-4】通过反射机制修改对象属性值。

```
//用户类代码 : User,java
public class User
{ private String id;
public int age;
protected String addr;
booleansex;
}
//测试代码: ReflectTest05,java
import java.lang.reflect.*;
 public class  ReflectTest05
{
   public static void main(String[] args)throws Exception
   {
       Class c=Class.forName("User");
       Field fid1=c.getDeclaredField("id");//获得 User 的 id 的属性
       Field fid2=c.getDeclaredField("age");//获得 User 的 age 的属性
       Field fid3=c.getDeclaredField("sex");//获得 User 的 sex 的属性
       Field fid4=c.getDeclaredField("addr");//获得 User 的 addr 的属性
       //通过反射机制创建对象
       Object o=c.newInstance();

       fid1.setAccessible(true); //打破封装访问 private 属性 id
       fid1.set(o,"110");         //给 id 属性设值
       fid2.set(o,23);            //给 age 属性设值
```

```
        fid3.set(o,true);          //给age属性设值
        fid4.set(o,"beijing");     //给addr属性设值

        Object sid1=fid1.get(o);//获得User的id的属性值
        Object sid2=fid2.get(o);//获得User的age的属性值
        Object sid3=fid3.get(o);//获得User的sex的属性值
        Object sid4=fid4.get(o);//获得User的addr的属性值

        System.out.println(sid1);//显示User的id的属性值
        System.out.println(sid2);//显示User的age的属性值
        System.out.println(sid3);//显示User的sex的属性值
        System.out.println(sid4);//显示User的addr的属性值
    }
}
```

运行结果：

```
110
23
True
beijing
```

说明：

（1）通过setAccessible(true)方法可以访问对象的私有属性。

（2）如果属性的类型是基本类型，还可以使用一些便捷的set和get操作，例如getInt、setInt，你可以根据自己的需要调用相应的方法。具体方法应用可参见API。

11.5 通过反射机制取得对象的方法

通过反射调用方法的步骤：

（1）先找到方法所在类的Class对象。

（2）找到需要被获取的方法封装到Method对象中。

（3）通过Method对象的invoke()方法调用该方法。

11.5.1 动态获取一个对象的方法

Class类对象中创建Method对象的常用方法：

（1）public Method[] getMethods()：获取包括自身和继承过来的所有的public方法。

（2）public Method[] getDeclaredMethods()：获取自身所有的方法（不包括继承的，和访问权限无关）。

（3）public Method getMethod(String methodName,Class<?>...parameterTypes)：表示调用指定的一个公共的方法（包括继承的方法）。

参数：

① methodName：表示被调用方法的名字。

② parameterTypes：表示被调用方法的参数的Class类型，如String.class。

（4）public Method getDeclaredMethod(String methodName,Class<?>...parameterTypes)：表示调用本类中的指定的方法（包括默认权限和private权限方法）。

参数：

① methodName：表示被调用方法的名字。

② parameterTypes：表示被调用方法参数的 Class 类型，如 String.class。

总结：

（1）四个方法中，不带 Declared 的方法能获取自身类和父类的所有 public 方法。

（2）带 Declared 的方法能获取自身所有方法但不能获取父类中的方法。

（3）只有通过方法签名才能找到唯一的方法，方法签名=方法名+参数列表（参数类型、参数个数、参数顺序）。

【例 11-5】动态获取一个对象的方法。

```
//父类代码: P.java
public class  P
{
   public void t1()
   {System.out.println("父类 t1 方法被调用");}
      void t2(){System.out.println("父类 t2 方法被调用");}
      private void t3(){System.out.println("父类 t3 方法被调用");}
}
//子类代码: People.java
public class People extends P
{
   public void sayHi() {
   System.out.println("sayHi()");
}
public void sayHello(String name) {
   System.out.println("sayHello(String name)"+"name="+name);
}
private void sayGoodBye(String name, int age) {
   System.out.println("sayGoodBye(String name, int age)"+"name=" + name +"age="
+age);
}
}
//测试类代码: MethodDemo.java
Class 类对象中创建 Method 对象的常用方法代码: MethodDemo.java
import java.lang.reflect.*;
public class MethodDemo
{
   public static void main(String[] args) throws Exception {
   Class clazz=People.class;
   //获取类自身及父类所有 public 方法
   Method ms[]=clazz.getMethods();
   for (Method m : ms) {
      System.out.println(m.getName());
   }
   System.out.println("---------------------------");
   //获取类自身所有方法(不会获取父类方法)
   ms=clazz.getDeclaredMethods();
   for (Method m : ms) {
      System.out.println(m.getName());
   }
   System.out.println("---------------------------");

   //只能获取父类中的 public 方法，无法获取到父类的默认权限和 private 权限方法
   Method m=clazz.getMethod("t1", null);//public void  P.t1()
   System.out.println(m.getName());
```

```
    System.out.println("---------------------------");
    //只能获取子类中的public方法，无法获取到子类的默认权限和private权限方法
    m=clazz.getMethod("sayHello", String.class);
    System.out.println(m.getName());
    System.out.println("---------------------------");
//获取类自身private权限方法
    m=clazz.getDeclaredMethod("sayGoodBye", String.class,int.class);
    System.out.println(m.getName());
    }
}
```

输出结果：

```
sayHello
sayHi
t1
hashCode
getClass
wait
wait
wait
equals
notify
notifyAll
toString
--------------
sayHello
sayGoodBye
sayHi
--------------
t1
--------------
sayHello
--------------
sayGoodBye
```


11.5.2 通过Method对象调用其封装的方法

1. 调用普通方法

在Method类中用以下方法完成目标方法的调用：

```
public Object invoke(Object obj,Object... args)
```

表示调用当前Method所表示的方法。参数：

（1）Obj：表示被调用方法所属对象。

（2）args：表示调用方法传递的实际参数。

如：m.invoke(方法所属对象,newobject[]{实际参数});，m为封装方法的Method对象。

2. 调用私有方法

在调用私有方法之前，应该设置该方法为可访问的，例如，sayGoodByeMethod 封装的方法为私有的，可以采用以下方法设置该方法为可访问的：

```
sayGoodByeMethod.setAccessible(true);
```

3. 调用静态方法

使用反射调用静态方法：

```
public Object invoke(Object obj,Object... args);
```

如果 Method 对象封装的方法是静态的，那么可以忽略指定的 obj 参数，将 obj 参数设置为 null 即可。

4．调用可变参数的方法

为了解决可变参数问题，我们使用 Object 的一维数组把实际参数包装起来。

【例 11-6】反射调用静态方法、可变参数的方法和私有方法。

```
import java.lang.reflect.*;
import java.util.*;
public class VarArgsMethodDemo
{
    public static void main(String[] args) throws Exception {

    Class clazz=Class.forName("VarArgsMethodDemo");
    Object o=clazz.newInstance();
    Method m=clazz.getMethod("sum", int[].class);
    m.invoke(null, new int[]{1,2,3});//yes
    System.out.println("--------------------------");
    m=clazz.getMethod("toStr", String[].class);
    m.invoke(null, new Object[]{new String[]{"tom ","tony"," 18"}});
    System.out.println("--------------------------");
    m=clazz.getDeclaredMethod("hello", null);
    //设置该私有方法为可访问的
    m.setAccessible(true);
    m.invoke(o,null);
    }
//可变参数底层就是数组
//基本数据类型
public static int sum(int ...args) {
    int sum=0;
    for (int i : args) {
        sum+=i;
    }
    System.out.println(sum);
    return sum;
}
//引用数据类型
public static void toStr(String ...args) {
    for (String s:args )
    {System.out.println(s);
    }
}
//私有方法
private  void hello()
    {System.out.println("hello");
}
}
```

输出结果：

```
6
-----
tom
tony
 18
-----
Hello
```

【例 11-7】反射技术动态调用方法。

```
//定义实体类 CustomerService.java
public class CustomerService
{   //登录
    public String login(String uname,String upass)
    { if("admin".equals(uname)&&"123".equals(upass))
        return "login sucesses";
    else
        return "login error";
    }
  //退出
  public String logout(String uname,String upass)
  {
    return "系统已经安全退出";

  }
}
//定义测试类验证反射机制取得对象的具体方法
/*以前:
CustomerService cs=new CustomerService();
boolean isSuccess=cs.login("admin","123");
 */
import java.lang.reflect.*;
public class ReflectTest07
{
    public static void main(String[] args)throws Exception
    {
        //获取类的反射对象
    Class c=Class.forName("CustomerService");
    //取得方法名
    String methodName=args[0];
    //获取某个特定的方法通过方法名+形参列表
    Method m=c.getDeclaredMethod(methodName,String.class,String.class);
//通过反射机制执行特定的方法
  Object o=c.newInstance();
  //调用 o 对象的 m 封装的 login 方法，传递"admin","123"参数，返回值为 returnValue
  Object returnValue=m.invoke(o,"admin","123");
  System.out.println(returnValue);
    }
}
```

输出结果：

```
输入：java ReflectTest07 login
输出：login sucesses
```

11.6 通过反射获取类的构造方法创建对象

通过反射获取类的构造方法创建对象通常经过以下步骤：

（1）获取目标类的 Class 对象。

（2）获取目标类的构造器。

（3）调用构造器，创建目标对象。

11.6.1 通过反射获取类的构造方法

Class 类获取构造器方法：

（1）public Constructor[] getConstructors()：该方法只能获取当前 Class 所表示类的所有 public 修饰的构造器。

（2）public Constructor[] getDeclaredConstructors()：获取当前 Class 所表示类的所有的构造器，和访问权限无关。

（3）public Constructor getConstructor(Class<?>... parameterTypes)：获取当前 Class 所表示类中指定的一个 public 的构造器。

参数：parameterTypes 表示构造器参数的 Class 类型。

（4）public Constructor getDeclaredConstructor(Class<?>...parameterTypes)：获取当前 Class 所表示类中指定的一个的构造器，和访问权限无关。

【例 11-8】获取构造器。

定义实体类 User.java。

```
Public
c class User
{
    public User()
    {System.out.println("User()");}
    public User(String name)
    {System.out.println("User(String name)" + "name = "+name);}
    private User(String name, int age)
     {System.out.println("User(String name, int age)" + "name = "+name+"  age = 
"+age);}
}
```

定义测试类完成构造器的获取。

```
import java.lang.reflect.*;
public class ConstructorDemo
{
    public static void main(String[] args) throws Exception {
    //找到被调用构造器所在类的Class对象
    Class clz=User.class;
    //获取所有构造器
    Constructor[] cs=clz.getDeclaredConstructors();
    for (Constructor constructor : cs) {
        System.out.println(constructor);
    }
    System.out.println("--------------------------");
    //获取指定公有带参数构造器（获取指定公有构造器）
```

```
    Constructor c=clz.getConstructor(String.class);
    System.out.println(c);
    System.out.println("----------------------------");
    //获取指定公有无参数构造器(获取指定公有构造器)
    c = clz.getConstructor();
    System.out.println(c);
    System.out.println("----------------------------");
    //获取指定私有构造器
    c=clz.getDeclaredConstructor(String.class,int.class);
    System.out.println(c);
  }
  }
```

输出结果:

```
public User(java.lang.String)
private User(java.lang.String,int)
public User()
----------------------------
public User(java.lang.String)
----------------------------
public User()
----------------------------
private User(java.lang.String,int)
```


11.6.2 通过 Constructor 对象调用构造器，创建目标对象

常用方法为 public T newInstance(Object...initargs)：如调用带参数的构造器，只能使用该方式。

参数：initargs 表示调用构造器的可变实际参数。

返回：创建的实例，T 表示 Class 所表示类的类型。

如果一个类中的构造器可以直接访问，同时没有参数，那么可以直接使用 Class 类对象中的 newInstance()方法创建对象。

```
    public Object newInstance()
```

【例 11-9】通过 Constructor 对象调用构造器，创建目标对象。

```
import java.lang.reflect.*;
public class ConstructorDemo1{
public static void main(String[] args) throws Exception {
    //找到被调用构造器所在类的Class对象
    Class clz=User.class;
    //获取指定公有带参数构造器(获取指定公有构造器)
    Constructor c=clz.getConstructor(String.class); //
    //实例化对象
    c.newInstance("tom");
    System.out.println("----------------------------");
    //获取指定公有无参数构造器(获取指定公有构造器)
    c=clz.getConstructor();
    //实例化对象
    c.newInstance();
    System.out.println("----------------------------");
    //直接调用Class类的newInstance方法构造对象
    clz.newInstance();
    System.out.println("----------------------------");
    //获取指定私有构造器
```

```
        c=clz.getDeclaredConstructor(String.class,int.class);
        //设置私用方法可访问（否则会抛出异常）
        c.setAccessible(true);
        //实例化对象
        c.newInstance("tony",18);
    }
}
```

输出结果：

```
User(String name) name = tom
----------------------------
User()
----------------------------
User()
----------------------------
User(String name, int age)   name = tony  age = 18
```

说明：

（1）若目标类的构造方法为 private，则必须通过 setAccessible(true); 设置私用方法的可访问。

（2）如使用无参的构造方法创建对象 Class 的 newInstance()和 Constructor 的 newInstance()方法，均可创建目标对象，事实上，Class 的 newInstance()方法内部调用 Constructor 的 newInstance()方法。

11.7　通过反射获取某个类的父类和接口

1. 通过反射获取某个类的父类

使用 Class 对象获取其父类的方法为：

```
Class<? super T> getSuperclass()
```

如：Class superclass=c.getSuperclass();，其中 c 为子类对应的 Class 对象，superclass 为父类对应的 Class 对象。

2. 通过反射获取某个类实现的所有接口

使用 Class 对象获取某个类实现所有接口方法为 Class[] getInterfaces()。

如：Class[] ins=c.getInterfaces();，其中 c 为类对应的 Class 对象，Class[]对象封装的是类实现所有接口对应的 Class 对象。

【例 11-10】反射机制获取 String 类的父类和父接口。

```
import java.lang.reflect.*;
public class  ReflectTest10
{
    public static void main(String[] args)throws Exception
    {//获取子类的 Class 对象
    Class c=Class.forName("java.lang.String");
  //获取父类
  Class superclass=c.getSuperclass();
  System.out.println("父类的名字:"+superclass.getName());
  //获取父接口
  Class[] ins=c.getInterfaces();
  System.out.println("实现的接口:");
  for(Class in:ins)
    {System.out.println(in.getName());
       }
    }
```

```
}
```

输出结果：

```
父类的名字: java.lang.Object
实现的接口:
java.io.Serializable
java.lang.Comparable
java.lang.CharSequence
```


11.8 反射的应用

11.8.1 通过反射机制从属性文件中取得类并创建对应对象

在实际项目开发时，类信息通常配置在外部文件中，而调用的方法也要从用户的请求中获取。如果用传统的方法创建对象和调用方法很难满足这样的要求。一个通常的解决方案就是采用反射技术，在运行时从文件中读取类信息动态创建对象，从请求中获取方法完成动态的方法调用。

【例 11-11】动态对象的创建和动态方法调用。


```
//实体类 Dog.java
public class  Dog
{
  public void cry()
  {System.out.println("wangwang...");}
  public String toString()
  {return "Dog对象被创建";}
}

//实体类 Bird.java
public class  Bird
{ public void cry()
  {System.out.println("jiujiu...");}
  public String toString()
  {return "Bird对象被创建";}
}

属性文件: classInfo.properties
className=Dog

//测试文件 Test01.java
import java.io.*;
import java.util.*;
import java.lang.reflect.*;
public class Test01
{
    public static void main(String[] args)throws Exception
    { String methodName=args[0];
    //创建属性对象
      Properties p=new Properties();
    //创建流对象
    FileInputStream fis=new FileInputStream("classInfo.properties");
    //加载
    p.load(fis);
```

```
        //关闭流
        fis.close();
        //通过 key 获取 value
        String className=p.getProperty("className");
        //加载类创建映射对象
        Class c=Class.forName(className);
        //创建对象
        Object o=c.newInstance();
        System.out.println(o);
        //动态调用方法
        Method m=c.getMethod(methodName,null);
        m.invoke(o,null);
        }
    }
```

输出结果：

```
输入: java Test01cry
输出: Dog 对象被创建
wangwang...
```

说明：本例从属性文件取得类信息，从命令行中取得方法名。通过反射技术动态创建类对象，完成动态方法的调用。

本程序的执行过程：

（1）从命令行中取得方法名存入 methodName 变量中。

（2）创建 Properties 对象。

（3）通过流对象从 classInfo.properties 文件中读取数据到 Properties 对象中。

（4）从 Properties 对象中取得类名。

（5）通过反射机制加载类并创建对应的 Class 对象。

（6）通过 Class 对象创建出目标对象。

（7）把方法封装到 Method 对象中。

（8）通过 Method 对象的 nvoke()方法调用目标对象的方法。

11.8.2 通过反射机制实现 JDK 的动态代理

如何把一个功能（如安全性检查）在不修改目标对象源码的情况下，动态加入目标对象的方法中，是 Spring 框架的 AOP 技术要解决的问题。而 AOP 则采用的是 JDK 的动态代理技术实现这一功能。

JDK 的动态代理技术就是对实现接口的目标对象，动态生成和目标对象实现相同接口的代理对象，当调用代理对象的方法时，代理对象自动调用 invoke()方法把新增功能植入到目标对象对应的方法中。

【例 11-12】 JDK 的动态代理。

```
//定义目标类的接口代码: UserManager.java
public interface UserManager {
  public void addUser(String username, String password);
  public void deleteUser(int id);
  public void modifyUser(int id, String username, String password);
  public String findUserById(int id);
}
//定义目标类: UserManagerImpl.java
public class UserManagerImpl implements UserManager {
public void addUser(String username, String password) {
        System.out.println("-------UserManagerImpl.addUser()----------");
```

```
    }
    public void deleteUser(int id) {
       System.out.println("-------UserManagerImpl.deleteUser()----------");
    }
    public String findUserById(int id) {
       System.out.println("-------UserManagerImpl.findUserById()----------");
       return null;
    }
    public void modifyUser(int id, String username, String password) {
       System.out.println("-------UserManagerImpl.modifyUser()----------");
    }
    }
//创建动态代理类代码 InvocationHandlerr.java
import java.lang.reflect.InvocationHandler;
import java.lang.reflect.Method;
import java.lang.reflect.Proxy;
public class SecurityHandler implements InvocationHandler {
private Object targetObject;
      public Object newProxy(Object targetObject) {
      this.targetObject = targetObject;
        System.out.println("----------newProxy()---------------");
       /**
        * 第一个参数设置代码使用的类装载器，一般采用和目标类相同的类装载器
        * 第二个参数设置代理类实现的接口，和目标类实现同一个接口
        * 第三个参数设置回调对象，当代理对象的方法被调用时，
        * 会委派给该参数指定对象的 invoke()方法
        */
       return Proxy.newProxyInstance(targetObject.getClass().getClassLoader(),
                                targetObject.getClass().getInterfaces(),
                                this);
    }
    public Object invoke(Object proxy, Method method, Object[] args)
          throws Throwable {
       checkSecurity();
       Object ret=null;
       try {
          ret=method.invoke(this.targetObject, args);
          }catch(Exception e) {
          e.printStackTrace();
          throw new java.lang.RuntimeException(e);
       }
       return ret;
    }
private void checkSecurity() {
       System.out.println("----------checkSecurity()---------------");
    }
    }
//测试类代码 Client.java
public class Client {
public static void main(String[] args) {
SecurityHandler handler=new SecurityHandler();
UserManager userManager=(UserManager)handler.newProxy(new UserManagerImpl());
userManager.addUser("张三", "123");
```

```
userManager.deleteUser(1);
    }
}
```

输出结果：

```
----------newProxy()---------------
----------checkSecurity()---------------
-------UserManagerImpl.addUser()----------
----------checkSecurity()---------------
-------UserManagerImpl.deleteUser()----------
```

说明：若使用 JDK 的动态代理技术，目标对象必须实现接口，代理对象在运行中动态生成。

本程序的执行过程：

（1）在主方法中创建了 SecurityHandler 类型的对象，该对象实现了 InvocationHandler 接口，实现了该接口的 invoke()方法。

（2）创建 UserManagerImpl 目标对象。

（3）执行 SecurityHandler 类型的对象 newProxy()方法传入 UserManagerImpl 目标对象的地址在 newProxy()方法中。

① 首先把 UserManagerImpl 目标对象的地址赋值给 SecurityHandler 对象的关联属性 targetObject，使其指向目标对象。

② 调用 Proxy 类的静态方法 newProxyInstance()，向该方法传递目标对象的类加载器、目标对象的接口，以及调用 newProxy()方法 SecurityHandler 对象的地址 this。

③ 通过 Proxy 类的静态方法 newProxyInstance()创建代理对象，该代理对象和目标对象实现同一个接口，并且该代理对象拥有 ecurityHandler 对象的地址 this（ecurityHandler 对象实现了 InvocationHandler 接口，实现了该接口的 invoke()方法）。

（4）调用代理对象的方法。

```
userManager.addUser("张三", "123");
```


在该方法中：

① 把方法名通过反射机制封装到 method 对象中，把该方法的实参封装到 object 数组对象中。

② 调用该代理对象 this 所指对象的 invoke()方法，把封装方法名的 method 对象和封装方法实参的 object 数组对传给该 invoke()方法。

（5）在 invoke 方法中：

① 执行新增的方法（如：安全性检查）。

② 通过 method 对象的 invoke()方法，执行目标对象的相应方法。

```
method.invoke(this.targetObject, args);
```

③ 调用目标对象 method 封装的方法，传入 object 数组对象封装的实参。相当于：

```
    targetObject. addUser("张三", "123");
```

④ 返回目标对象方法的返回值。

11.9 应用案例

【案例】利用反射机制，完成 DTO 的数据封装。

数据传输对象（Data Transfer Object，DTO），是一种设计模式之间传输数据的软件应用系统。数据传输目标往往是数据访问对象从数据库中检索数据。我们要给 App 端提供用户信息，将要用到的数据封装到 UserModel，然后利用反射提交给前端。

```
    /**
     * 获取用户资料
     * @param userId
     */    @RequestMapping(value=Router.User.GET_USER_BASIC_INFORMATION,method=
RequestMethod.POST)
        @ResponseBody
        public Response get_user_basic_information(@RequestParam("userId") int
userId) {
            log.info("infoMsg:--- 获取用户资料开始");
            Response reponse=this.getReponse();
            UserModel model=new UserModel();
            try {
                UserEntity user=appUserService.findById(userId);
                if(user!=null) {
                    mergeEneity(user, model);
                }
                log.info("infoMsg:--- 获取用户资料结束");
                return reponse.success(model);
            } catch (Exception e) {
                log.error("errorMsg:{--- 获取用户资料失败: " + e.getMessage() +
"---}");
                return reponse.failure(e.getMessage());
            }
        }
        /**
         * 合并俩个对象，并验证get()、set()方法是否一致
         * @param targetBean
         * @param sourceBean
         */
        public static Object mergeEneity(Object targetBean, Object sourceBean){
            if(targetBean==null || sourceBean==null){
                return targetBean;
            }
            Method[] sourceBeanMethods=sourceBean.getClass().getMethods();
            Method[] targetBeanMethods=targetBean.getClass().getMethods();
            for(Method m : sourceBeanMethods){
                if(m.getName().indexOf("get")>-1){
                    String set=m.getName().replaceFirst("g", "s");

                    for(Method t : targetBeanMethods){
                        if(set.equals(t.getName())){
                            try {
                                Object res=m.invoke(sourceBean);
                                if(null!=res){
                                    t.invoke(targetBean, res);
                                }
                                break;
                            } catch (IllegalAccessException e) {
                                e.printStackTrace();
                            } catch (IllegalArgumentException e) {
                                e.printStackTrace();
                            } catch (InvocationTargetException e) {
```

```
                                        e.printStackTrace();
                                    }
                                }
                            }
                        }
                    }
                    return targetBean;
                }
```

小　结

本章介绍了反射机制的使用背景、Class 类的概念和获取 Class 类对象的几种方式、通过 Class 类对象创建目标对象的方法，以及利用反射机制动态修改目标对象属性的方法。

重点讲解了如何动态调用目标对象方法的技术、通过反射技术获取目标类的父类，以及所有的接口的技术，并完成了实际应用。

尽管利用反射技术可以在程序运行时动态创建目标对象、动态修改目标对象的属性和动态调用目标对象的方法，可以在不修改源代码的情况下适应用户不断变化的需求，对提高程序的灵活性和可维护性方面起着不可替代的作用，但是反射机制的缺点也是非常明显，首先就是反射机制打破了程序的封装性，反射机制也会降低程序的执行效率、降低程序的可读性，因此希望读者不要滥用反射。

习　题

一、填空题

1. 要获得类对象，有三种不同的方式，分别为.class、getClass、__________。

2. 通过反射创建 Java 对象既可以通过 Class 的 newInstance 方法，也可以通过__________方法。

3. 利用反射机制获取类属性的四种方式为：getField(String name)、getFields()、getDeclaredField (String name)、__________________。

4. 用__________、getDeclaredMethods()、getMethod()、getDeclaredMethod()方法可动态获取一个对象。

5. 通过 Method 对象可以调用普通方法、_____方法、静态方法和可变参数的方法。

6. 通过_________方法、getDeclaredConstructors()方法、getConstructor()方法、getDeclaredConstructor()方法获取类的构造方法。

7. 反射技术通过__________方法获取某个类父类。

8. 反射技术通过__________方法实现某个类的所有接口。

9. JDK 的动态代理只能为__________的目标类做代理。

二、选择题

1. 在反射技术获取 Class 对象时，（　　）将类装入内存不完成静态初始化。

   A. 实例对象.getClass()　　B. Class.forName(“类名字符串”)

   C. 类名.class　　D. 都可以

2. 反射机制获取类属性的（　　）可以获取类的私有属性。

   A. getField()方法　　B. getFields()方法

   C. getDeclaredField()方法　　D. getName()方法

3. 反射机制动态获取一个对象的（　　）可以获取类的私有方法。

A. getMethods()方法　　B. getName()方法

C. getMethod()方法　　D. getDeclaredMethod()方法

4. 反射机制（　　）可获取类的私有构造方法。

A. getConstructors()方法　　B. getDeclaredConstructor()方法

C. getConstructor()方法　　D. getClass()方法

5. 对类对象的说法，以下正确的是（　　）。

A. 通过类对象，可以创建类的对象

B. 通过类对象，可以获得该类的私有方法

C. 通过类对象，可以获得父类的方法

D. 同一个类的多个对象对它们调用 getClass()方法，返回的是同一个类对象

6. 在反射机制中（　　）可以设定访问私有属性。

A. setAccessible()方法　　B. set()方法

C. getDeclaredField()方法　　D. setField()方法

7. 在反射机制中，（　　）可以设定访问私有方法。

A. getDeclaredMethod()方法　　B. setAccessible()方法

C. invoke()方法　　D. forName()方法

8. 在反射机制中，（　　）方法可以设定访问私有构造方法。

A. getConstructor()方法　　B. newInstance()方法

C. setAccessible()方法　　D. getName()方法

9. 反射机制可以（　　）。

A. 提高程序的可读性　　B. 可以完成对象的动态创建

C. 提高程序的执行效率　　D. 提高程序的可维护性

10. Spring 框架通常使用（　　）创建对象。

A. new　　B. factory　　C. 文件　　D. 反射

三、问答题

1. Java 中的反射作用是什么？
2. 为什么要避免在热点代码中使用返回 Method 数组的 getMethods 和 getDeclaredMethods?
3. 反射的意义是什么？
4. Class 对象放在哪里的？
5. 简述反射的特点。
6. 描述 JDK 的动态代理的执行过程。
7. 反射机制实现方法是什么？
8. Java 中识别对象和类信息的两种方法是什么？

四、编程题

1. 请编写 Java 程序，通过反射机制创建对象，要求对象类型从命令行中输入。
2. 通过反射机制取得 String 类的所有方法。
3. 使用反射机制实现 "everybodyHello ".indexOf("Hello");代码功能。
4. 编写程序完成工厂的动态装配。

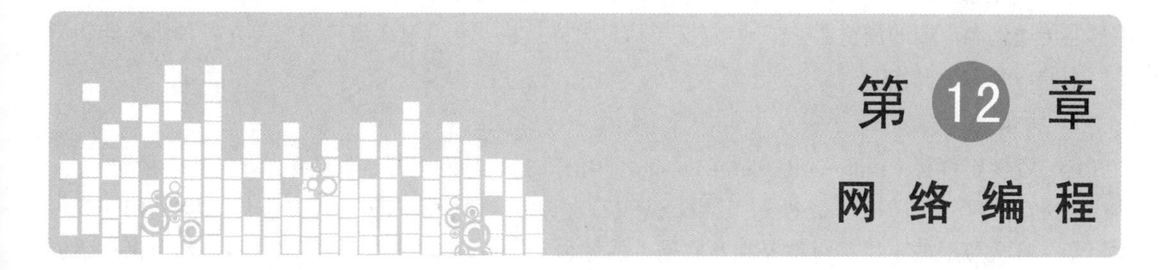

从 Java 的发展史来看，Java 的流行与计算机网络的发展息息相关。Java 程序可以运行在多种平台上，它不仅适应多种网络通信协议，而且编写起来相当简单。本章介绍相关的网络知识与 Java 网络程序的实现。

12.1 基础知识

在互联网上有着不同的操作系统和不同的硬件体系结构，它们之间要通信必须有一些约定，即网络通信协议。它对速率、传输内容、代码结构、出错控制等制定相关的标准。

开放式系统互联（Open System Interconnect，OSI）参考模型把网络通信的工作分为了 7 层，分别是物理层、数据链路层、网络层、传输层、会话层、表示层和应用层。

从 OSI 参考模型来看，人们可以很容易地讨论和学习协议的规范细节，层间的标准接口方便了工程模块化，创建了一个更好的互边环境，同时降低了复杂度，每层利用紧邻的下层服务，是作为一个框架来协调和组织各大层所提供的服务。OSI 参考模型并没有提供一个可以实现的方法，它描述了一些概念，是对协调进程间通信标准的制定。

传输控制协议/因特网互联协议（Transmission Control Protocol/Internet Protocol，TCP/IP）由网络层的 IP 协议和传输层的 TCP 协议组成，它是一种计算机间的通信规则，它规定了计算机之间通信的所有细节。与 OSI 不同的是，TCP/IP 协议采用了 4 层结构。这 4 层分别是：网络接口层、网络层、传输层和应用层，每一层也是利用它的下一层所提供的网络来完成自己的工作。

TCP/IP 协议可以实现异构网络互联，TCP 是面向连接的可靠数据传输协议，TCP 重发一切没有收到的数据，它能检查数据内容的准确性，保证数据分组的正确顺序，以及信息传递的正确性。IP 协议是网络层的主要协议，支持网络间的数据报通信。它提供的主要功能有无连接数据传送、数据报路由选择和差错控制。IP 负责信息的实际传递，它用 IP 地址来标识源地址和目的地址。为了确保 Internet 上每台主机在通信时唯一识别，每台主机的 IP 地址都是唯一的。IPv4 地址是由 32 位二进制数构成的，共分成 4 段，每段 8 位，中间以圆点分隔开。例如：192.168.0.1。下一代 IP 协议是 IPv6，它是由 64 位二进制数构成的。对于人们而言，如果要记住 IP 地址来访问主机还是比较困难的，从而引出域名解析（DNS），把相应的 IP 地址映射到方便记忆的域名。

用户数据包协议（User Datagram Protocol，UDP）是 OSI 参考模型中一种无连接的传输层协议，提供面向事务的简单不可靠信息传送服务。它与 TCP 的差异是：TCP 是面向连接的协议，在传递数据之前必须和目标结点建立连接，然后再传送数据，传送完毕之后关闭连接，而 UDP 是一种无连接协议，无须事先建立连接即可直接传递带有目标结点地址的数据报。数据报（Datagraph）是面向非连接的，每个数据报都是一个独立的地址，它包括完整的源地址或目标地址，它可以在网络上沿任何可能的路径传往目的地，而能否到达则不能保证。

超文本传输协议（Hyper Text Transfer Protocol，HTTP）允许将超文本标记语言（HTML）文档从服务器传送到客户端的浏览器。HTTP定义了信息怎样被格式化、怎么被传输以及在各种服务器和浏览器中的命令响应操作。

1．URL

统一资源定位符（Uniform Resource Locator，URL）是因特网上标准的资源地址，它一般包括：<协议名>://<主机>：<端口>/<路径>。其中，协议有文件传送协议（FTP）、超文本传送协议（HTTP），主机指是存放资源的主机，也就是在互联网上的域名，端口是程序运行的窗口。端口都是以整数标识的，常用的端口有80、21、1433等。为了避免与操作系统程序端口冲突，在编写网络程序时建议选取1024以外的端口。

2．URI

通用资源标志符（Uniform Resource Identifier）可以定位Web上各种资源，例如，HTML文档、图像、视频片段、程序等。URI包括统一资源名称（URN）和统一资源定位符（URL）。

3．Socket

Socket（套接字）用于描述IP地址和端口号，它是一个通信链的句柄，在Internet上的主机一般会运行多个服务软件，同时提供几种网络服务，每种服务都要开一个Socket，并绑定到一个端口上，不同的端口对应于不同的服务。在Java中，Socket提供了两种通信方式：有连接方式的TCP套接字和无连接方式的UDP数据报。TCP和UDP具有相同的角色，但实现方法不同，它们都接收传输协议数据包，并将数据向上传送到表示层。然而，TCP是将消息分解成数据包并在接收端以正确的顺序重新装配，它还处理对遗失的数据包发送重传请求。而UDP不提供装配和重传请求功能，它只是向上传递信息包，位于上面的层必须确保消息是完整且正确地装配。在数据传送方面，TCP要比UDP更安全、可靠，但是在网络资源开销方面，UDP要比TCP更小。

4．网络编程分类

在Java的系统软件包Java.NET中，提供了相关的类和方法来实现网络编程。它的主要通信模式分为：URL通信模式、InetAddress通信模式、Socket通信模式和Datagram通信模式。其中：URL通信模式是面向应用层的，通过URL对网络上的数据进行读取和输出；InetAddress通信模式是面向网络层，它用于标识网络的硬件资源；Socket通信模式是面向传输层，它是最常用的网络通信方式；Datagram通信模式也是面向传输层，它跟日常生活中的电子邮件系统一样，只管发送数据报，不负责该数据报能否安全到达，但是它的传输开销较小，它一般较多应用在视频通信中。

12.2 URL编程

上一节已经介绍了URL的基本概念，我们通过URL可以访问Internet上的文件和资源，在Java中访问网络资源是通过URL类来完成的。该类位于Java.NET包中，如果要使用URL类中的方法来进行网络通信，则需要创建URL类的实例。以下是URL的主要构造方法。

（1）URL(String spec)：根据 String 表示形式创建 URL 对象。

（2）URL(String protocol, String host, int port, String file)：根据指定 protocol、host、port 号和 file 创建 URL 对象。

（3）URL(String protocol, String host, String file)：根据指定的 protocol 名称、host 名称和 file 名称创建 URL。

（4）URL(URL context, String spec)：通过在指定的上下文中对给定的 spec 进行解析创建 URL。

【例 12-1】编写一个 URLDemo 类，读取 SUN 公司官网的服务器信息及首页内容。

```
import java.io.*;
import Java.NET.*;

class URLDemo{
    public static void main(String []args)throws Exception{
 URL url=new URL ("http://www.sun.com");
 System.out.println ("Authority="+ url.getAuthority ());
 System.out.println ("Default port=" +url.getDefaultPort ());
 System.out.println ("File=" +url.getFile ());
 System.out.println ("Host=" +url.getHost ());
 System.out.println ("Path=" +url.getPath ());
 System.out.println ("Port=" +url.getPort ());
 System.out.println ("Protocol=" +url.getProtocol ());
 System.out.println ("Query=" +url.getQuery ());
 System.out.println ("Ref=" +url.getRef ());
 System.out.println ("User Info=" +url.getUserInfo ());
 System.out.print ('\n');
 InputStream is=url.openStream ();
 int ch;
 while ((ch=is.read ())!=-1)
 System.out.print ((char) ch);
 is.close ();
  }
}
```

程序的运行结果如下：

```
C:\>javac URLDemo.java
C:\>java URLDemo
Authority = www.sun.com
Default port = 80
File =
Host = www.sun.com
Path =
Port = -1
Protocol = http
Query = null
Ref = null
User Info = null
… 以下省略了大量的 SUN 公司网站首页的 html 代码…
```


12.3 InetAddress 编程

Java.NET.InetAddress 类是 Java 的 IP 地址封装类，内部隐藏了 IP 地址，可以通过它很容易地使用主机名以及 IP 地址，一般供各种网络类使用。该类直接由 Object 类派生并实现了序列化接口，用两个字段表示一个地址：hostName 与 address。hostName 包含主机名，address 包含 IP 地址。InetAddress 下有 2 个子类：Inet4Address 和 Inet6Address，它们分别来处理 IPv4 地址和 IPv6 地址。

一些常用方法如下：

（1）byte[] getAddress()：返回指定对象 IP 地址的以网络字节为顺序的 4 个元素的字节数组。

（2）static InetAddress getByName(String hostname)：使用 DNS 查找 hostname 的 IP 地址，并返回。

（3）static InetAddress getLocalHost()：返回本地计算机的 InetAddress。

（4）String getHostName()：返回指定 InetAddress 对象的主机名。

（5）String getHostAddress()：返回指定 InetAddress 对象的主机地址的字符串形式。

分析：

```
InetAddress addr=InetAddress.getByName("java.sun.com");
System.out.println(addr);
```

以上代码将打印网址域名为 java.sun.com 的对应 IP 地址，因此，在网络编程中，我们可以很方便地使用 InetAddress 类实现 IP 地址的各种操作。

【例 12-2】InetAddress 的示例。

```
import Java.NET.*;
public class InetAddressDemo{
   public static void main(String[] args)throws Exception{
      //根据域名来获取对应的 InetAddress 实例
      InetAddress ip=InetAddress.getByName("www.sun.com");
      //获取该 InetAddress 实例的 IP 字符串
      System.out.println(ip.getHostAddress());
      //根据原始 IP 来获取对应的 InetAddress 实例
      byte[] ipArray={127,0,0,1};
      InetAddress local=InetAddress.getByAddress(ipArray);
      //获取该 InetAddress 实例的全限定域名
      System.out.println(local.getCanonicalHostName());
   }
}
```

程序显示结果如下：

```
C:\>javac InetAddressDemo.java
C:\>java InetAddressDemo
137.254.16.113
127.0.0.1
```

12.4　Socket 编程

Java 在包 Java.NET 中提供了两个类，Socket 和 ServerSocket，分别用来表示双向连接的客户端和服务端，它使用起来很方便。其构造方法分别如下：

（1）Socket(InetAddress address, int port)：创建一个流套接字并将其连接到指定 IP 地址的指定端口号。

（2）Socket(InetAddress address, int port, InetAddress localAddr, int localPort)：创建一个套接字并将其连接到指定远程地址上的指定远程端口。

（3）Socket(String host, int port)：创建一个流套接字并将其连接到指定主机上的指定端口号。

（4）ServerSocket(int port)：创建绑定到特定端口的服务器套接字。

（5）ServerSocket(int port, int backlog)：利用指定的 backlog 创建服务器套接字，并将其绑定到指定的本地端口号。

（6）ServerSocket(int port, int backlog, InetAddress bindAddr)：使用指定的端口、侦听 backlog 和要绑定到的本地 IP 地址创建服务器。

建立一个最简单的 Socket 的连接如下：

```
Socket client=new Socket("127.0.0.1",8888);
ServerSocket server=new ServerSocket(8888);
```

建议选择 1 024 以后的端口号，因为在 1~1 024 之间很多端口都是系统保留端口。

Socket 通信模式如图 12-1 所示。

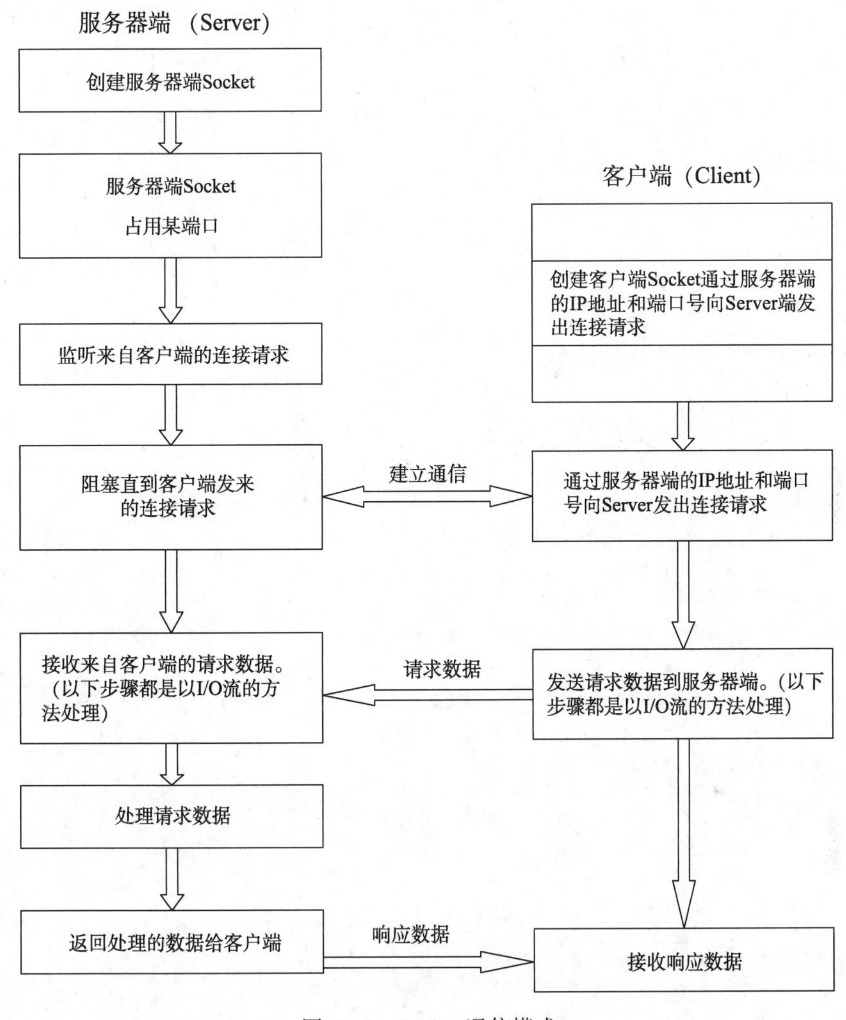

图 12-1　Socket 通信模式

【例 12-3】Socket 通信实例。

服务器端程序：Server.java。

```
import Java.NET.*;
import java.io.*;
public class Server{
      public static void main(String []args){
         try{
         ServerSocket ss=new ServerSocket(9999);
         System.out.println("服务器正在 9999 端口监听...");
         Socket s=ss.accept();
         System.out.println(s.getInetAddress().getHostAddress()+"客户端已成功
连接到服务器");
         //从网络上读到客户端
BufferedReader br=new BufferedReader(new InputStreamReader(s.getInputStream()));
```

```
            PrintWriter pw=new PrintWriter(s.getOutputStream());
            //从键盘读到网络
    BufferedReader br1=new BufferedReader(new InputStreamReader(System.in))
            while(true){
                String s1=br.readLine();
                System.out.println("Client:"+s1);
                String s2=br1.readLine();
                pw.println(s2);
                pw.flush();
            }
        }catch(Exception e){
        }
    }
}
```

客户端：Client.java。

```
import Java.NET.*;
import java.io.*;
public class Client{
        public static void main(String []args){
            try{
            Socket s=new Socket("127.0.0.1",9999);
            System.out.println("客户端已成功连接！");
            //从键盘上读到网络
            BufferedReader br=new BufferedReader(new InputStreamReader(System.in));
            PrintWriter pw=new PrintWriter(s.getOutputStream());
            //从网络上读到屏幕
            BufferedReader br1=new BufferedReader(new InputStreamReader(s.getInput
Stream()));
            while(true){
                String s1=br.readLine();
                if("exit".equals(s1)) break;
                pw.println(s1);
                pw.flush();
                String s2=br1.readLine();
                System.out.println("Server:"+s2);
            }
        }catch(Exception e){}
    }
}
```

程序运行结果如图 12-2 所示。

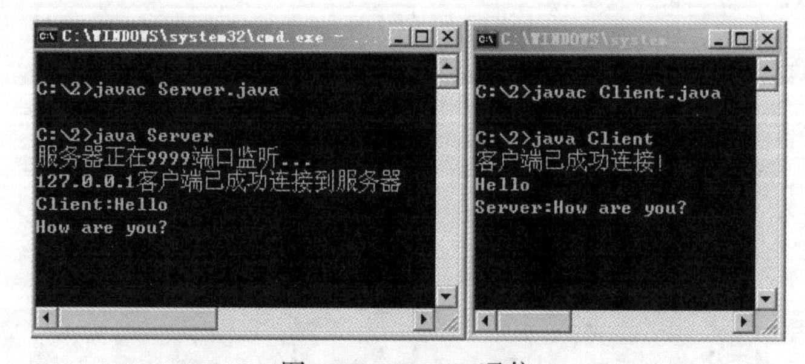

图 12-2　Socket 通信

以上程序建立了一个服务器端，它一直在 9999 端口监听，当有客户端的 Socket 连接时，服务器端的 accept()方法会返回该客户端的 Socket 对象，这样服务器端和客户端建立通信。具体实施步骤图 12-1 中已指明，但这个程序只能单向对话，有点像以前的对讲机，没有实现同步通信。如果要实现同步通信就得使用多线程实现。参考代码如下：

```
import Java.NET.*;
import java.io.*;
//定义一个从键盘读到网络的类
class FromKeyBoardToNet extends Thread{
        //从当前的 Socket 里面读
        private Socket s=null;
        public FromKeyBoardToNet(Socket s){
              this.s=s;
        }
        public void run(){
           //从键盘上读到网络
           try{
        BufferedReader br=new BufferedReader(new InputStreamReader(System.in));
        PrintWriter pw=new PrintWriter(s.getOutputStream());
        while(true){
              String s1=br.readLine();
              if("exit".equals(s1)) break;
              pw.println(s1);
              pw.flush();
           }
        }catch(Exception e){}
    }
}
//定义一个从网络读到屏幕的类
class FromNetToScreen extends Thread{
        //从当前的 Socket 里面读
        private Socket s=null;
        public FromNetToScreen(Socket s){
              this.s=s;
        }
        public void run(){
        try{
        while(true){
        //从网络上读到屏幕
        BufferedReader br1=new BufferedReader(new InputStreamReader(s.getInput
Stream()));
                  String s2=br1.readLine();
                  System.out.println(s2);
           }
        }catch(Exception e){}
    }
}
public class ServerClient{
        public static void main(String []args)throws Exception{
            System.out.println("请输入\"server\"或者是\"client\"");
            String s0 = new BufferedReader(new InputStreamReader(System.in)).readLine();
            if("server".equals(s0)){
               System.out.println("请输入服务器端的监听端口号。建议选取 1024 以外的端口。");
               String s2 = new BufferedReader(new InputStreamReader(System.in)).
```

```
readLine();
                int port=Integer.parseInt(s2);
                ServerSocket ss=new ServerSocket(port);
                System.out.println("服务器正在"+port+"端口监听...");
                while(true){
                    Socket  s=ss.accept();
                    System.out.println("客户端:"+s.getInetAddress().getHostAddress()+
"成功连接到本服务器。");
                    new FromKeyBoardToNet(s).start();
                    new FromNetToScreen(s).start();
                    }
                }else if("client".equals(s0)){
                    System.out.println("请输入连接服务器的 ip 地址和端口号，中间以\",\"
分隔开来，例如：192.168.0.1,9999");
                    String s3=new BufferedReader(new InputStreamReader(System.in)).
readLine();
                    String []a=s3.split(",");
                    Socket s=new Socket(a[0],Integer.parseInt(a[1]));
                System.out.println("客户端已成功连接！");
                new FromKeyBoardToNet(s).start();
                new FromNetToScreen(s).start();
            }else{
                System.out.println("输入不合法！");
        }
    }
}
```


12.5　Datagram 编程

Datagram 称作数据报表或称数报式数据传输技术，它是利用 UDP 通信协议进行用户和服务器间的数据传递，但 Java 虚拟机将 UDP 底层通信细节隐藏，编程人员不必顾及其通信协议和过程，只需利用 Java.NET 包中提供的 API 类 DatagramSocket 和 DatagramPacket 进行程序设计，调用适当的方法，实现用户-服务器编程。其中，DatagramSocket 用于在程序之间建立传送数据报的通信连接，DatagramPacket 则用来表示一个数据报。

DatagramPacket 的构造方法如下：

DatagramPacket（byte buf[],intlength）;

DatagramPacket(byte buf[], int length, InetAddressaddr, int port);

DatagramPacket(byte[] buf, int offset, int length);

DatagramPacket(byte[] buf, int offset, int length,InetAddress address, int port);

其中，buf 中存放数据报数据，length 为数据报中数据的长度，addr 和 port 指明目的地址，offset 指明了数据报的位移量。

在接收数据前，应该采用上面的第一种方法生成一个 DatagramPacket 对象，给出接收数据的缓冲区及其长度。然后调用 DatagramSocket 的方法 receive()等待数据报的到来，receive()将一直等待，直到收到一个数据报为止。

```
DatagramPacket packet=new DatagramPacket(buf, 256);
 Socket.receive (packet);
```

发送数据前，也要先生成一个新的 DatagramPacket 对象，这时要使用上面的第二种构造方法，在给出存放发送数据的缓冲区的同时，还要给出完整的目的地址，包括 IP 地址和端口号。发送数据是通过 DatagramSocket 的 send()方法实现的，send()根据数据报的目的地址来寻径，以传递数据报。

```
DatagramPacket packet=new DatagramPacket(buf, length,address, port);
Socket.send(packet);
```

在构造数据报时，要给出 InetAddress 类参数。类 InetAddress 在包 Java.NET 中定义，用来表示一个 Internet 地址，我们可以通过它提供的类方法 getByName()从一个表示主机名的字符串获取该主机的 IP 地址，然后再获取相应的地址信息。

【例 12-4】Datagram 通信实例。

服务器端代码：DatagramServer.java。

```
import Java.NET.*;
import java.io.*;
public class DatagramServer {
    private DatagramPacket receivePacket,sendPacket;
    private DatagramSocket socket;
    public static void main(String[] args) {
        DatagramServer server=new DatagramServer();
        try{
            server.createSocket();
            while(true){
                server.waitForPacket();
                server.sendBackToClient();
            }
        }
        catch(SocketException e){
            System.err.println("Failed to create datagram socket.");
        }
        catch(IOException e){
            System.err.println("IOException occurred.");
        }
        finally{
            server.close();
        }
    }
    private void createSocket() throws SocketException{
        socket=new DatagramSocket(5000);
        System.out.println("Server created.");
    }
    private void waitForPacket() throws IOException{
        byte[] data=new byte[60];
        receivePacket=new DatagramPacket(data,data.length);
        socket.receive(receivePacket);
        System.out.println("Received packet from host:"+receivePacket.getAddress()
                +"\nHost port:"+receivePacket.getPort()+"\nPacket length:"
                +receivePacket.getLength()+"\nContaining:\n\t"+
                new String(receivePacket.getData(),0,receivePacket.getLength()));
    }
    private void sendBackToClient() throws IOException{
        sendPacket=new DatagramPacket(receivePacket.getData(),receivePacket.
getLength(),receivePacket.getAddress(),receivePacket.getPort());
        socket.send(sendPacket);
```

```
        System.out.println("Send packet back to client.");
    }
    private void close(){
        socket.close();
    }
}
```

客户端代码：DatagramClient.java。

```
import Java.NET.*;
import java.io.*;
public class DatagramClient {
    private DatagramSocket socket;
    private DatagramPacket receivePacket,sendPacket;
    private BufferedReader in=new BufferedReader(new InputStreamReader(System.
in));
    public static void main(String[] args) {
        DatagramClient client=new DatagramClient();
        boolean condition;
        try{
            client.creatSocket();
            while(true){
                condition=client.sendPacket();
                if(!condition){
                    client.close();
                    System.exit(0);
                }
                client.receiveEchoFromServer();
            }
        }
        catch(SocketException e){
            e.toString();
        }
        catch(IOException e){
            e.toString();
        }
    }
     private  void creatSocket() throws SocketException{
        socket=new DatagramSocket();
    }
   boolean sendPacket() throws IOException{
        byte[] data=new byte[60];
        String message=new String();
        System.out.println("Send the following to server:");
        message=in.readLine();
        //当客户端输入exit时结束通信
        if(message.equals("exit"))
            return false;
        else{
            data=message.getBytes();
            sendPacket=new DatagramPacket(data,data.length,InetAddress.getLocalHost(),
5000);
            socket.send(sendPacket);
            return true;
        }
```

```
    }
  private  void receiveEchoFromServer() throws IOException{
      byte[] data=new byte[60];
      receivePacket=new DatagramPacket(data,data.length);
      socket.receive(receivePacket);
      System.out.println("Echo from server host:"+receivePacket.getAddress()+
            "\nHost port:"+receivePacket.getPort()+"\nPacket length:"+
            receivePacket.getLength()+"\nContaining:\n\t"+
          new String(receivePacket.getData(),0,receivePacket.getLength()));
    }
  private void close(){
      socket.close();
      try{
         in.close();
      }
      catch(IOException e){
         System.err.println("IOException in close DataInputStream.");
      }
   }
  }
```

程序运行如图 12-3 所示。

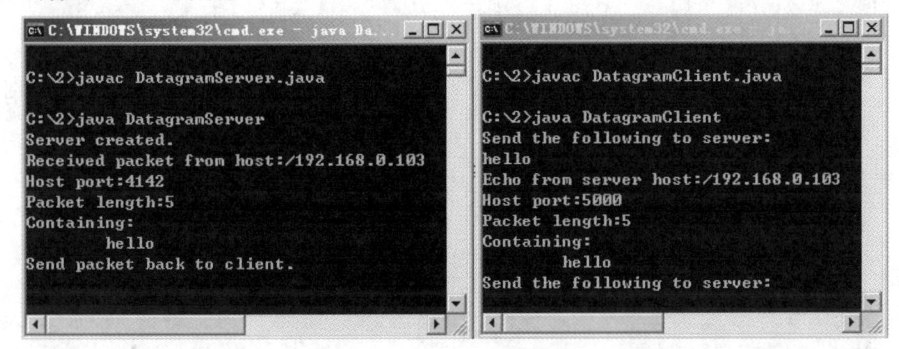

图 12-3　Datagram 通信

12.6　应 用 案 例

【案例】用 Swing 组件制作聊天小程序界面，再利用 Socket 实现通信功能。

```
import java.awt.*;
import java.awt.event.*;
import javax.swing.*;
import Java.NET.*;
import java.io.*;
public class Chat extends JFrame implements ActionListener, Runnable{
   private TextArea ta;
   private JTextField ip;
   private JTextField port;
   private JButton btn_server;
   private JButton btn_client;
   private JTextField send_text;
   private JButton btn_send;
   private Socket skt;
```

```
    public Chat(){
        this.setBounds(100,100,500,400);
        Container cc=this.getContentPane();
        JPanel p1=new JPanel();
        cc.add(p1, BorderLayout.NORTH);
        ta=new TextArea();
        cc.add(ta, BorderLayout.CENTER);
        JPanel p2=new JPanel();
        cc.add(p2, BorderLayout.SOUTH);
        p1.add(new JLabel("IP: "));
        ip=new JTextField("127.0.0.1", 10);
        p1.add(ip);
        p1.add(new JLabel("Port: "));
        port=new JTextField("9999", 4);
        p1.add(port);
        btn_server=new JButton("监听");
        p1.add(btn_server);
        btn_client=new JButton("连接");
        p1.add(btn_client);
        p2.setLayout(new BorderLayout());
        send_text=new JTextField("请输入.");
        p2.add(send_text, BorderLayout.CENTER);
        btn_send=new JButton("发送");
        p2.add(btn_send, BorderLayout.EAST);
        btn_server.addActionListener(this);
        btn_client.addActionListener(this);
        btn_send.addActionListener(this);
        setDefaultCloseOperation(JFrame.EXIT_ON_CLOSE);
    }
    public void run(){
    try{
        BufferedReader br=new BufferedReader(new InputStreamReader(skt.getInput
Stream()));
        while(true){
            String s=br.readLine();
            if(s==null) break;
            ta.append(s + "\n");
        }
    }
    catch(Exception e){
        e.printStackTrace();
    }
  }
    public void actionPerformed(ActionEvent e){
        if(e.getSource()==btn_server){
            doServer();
        }
        if(e.getSource()==btn_client){
            doClient();
        }
        if(e.getSource()==btn_send){
            doSend();
        }
    }
```

```
    public void doServer(){
        try{
            ServerSocket server=new ServerSocket(Integer.parseInt(port.getText()));
            skt=server.accept();
            ta.append("连接成功! \n");
            new Thread(this).start();
        }
        catch(Exception e){
            ta.append("服务器启动失败! \n");
        }
    }
    public void doClient(){
        try{
            skt=new Socket(ip.getText(), Integer.parseInt(port.getText()));
            ta.append("连接成功! \n");
            new Thread(this).start();
        }
        catch(Exception e){
            ta.append("连接失败! \n");
        }
    }
    public void doSend(){
        try{
            PrintWriter pw=new PrintWriter(skt.getOutputStream());
            String s=send_text.getText();
            if(s==null) return;
            pw.println(s);
            pw.flush();
        }
        catch(Exception e){
            ta.append("发送失败! \n");
        }
    }
    public static void main(String[] args){
        new Chat().setVisible(true);
    }
}
```

运行界面如图 12-4 所示。

图 12-4　聊天界面

小　结

Java是由于互联网的发展而壮大的，本章介绍了网络通信的基础知识，还介绍了Java的URL、InetAddress、Socket和Datagram编程。IP地址和端口为网络通信的应用提供了一个地址标识，Java网络程序是网络体系的最上层（应用层），它通过套接字访问底层网络。关于网络通信协议TCP/IP和UDP，TCP/IP应用比UDP广泛，例如：HTTP协议、FTP和SMTP等协议都是建立在TCP/IP协议上的。UDP协议一般使用在一些视频传播和网络游戏等方面。

习　题

一、填空题

1. 因为Internet上的每一台计算机必须能够唯一地标志出来，因此标准化的第一个部分就是____________地址。

2. Java的网络API所提供的基本网络类，它们都包含在____________包中。

3. Java的网络API所提供的基本网络类，其中，____________类提供了许多构造方法，可以利用它们创建该类的一个对象。

4. Java中，当两个程序需要通信时，可以通过使用____________类建立套接字连接。

5. Java中，服务器端的程序使用____________类建立接收客户套接字的服务器套接字。

6. 在Internet上，主机有两种方式表示地址：____________和IP地址。

7. Java中为了获取Internet上主机的地址，我们可以使用InetAddress类的____________方法。

8. 基于____________的通信和基于TCP的通信不同，前者信息传递更快，但不提供可靠性保证，但有时候人们需要较快速地传输信息，就可以考虑前者协议。

二、选择题

1. Java提供的类InetAddress来进行有关Internet地址的操作（　　）？

   A. Socket　　B. ServerSocket　　C. DatagramSocket　　D. InetAddress

2. InetAddress类中，（　　）方法可实现正向名称解析。

   A. isReachable()　　B. getHostAddress()　　C. getHosstName()　　D. getByName()

3. 为了获取远程主机的文件内容，当创建URL对象后，需要使用（　　）方法获取信息。

   A. getPort()　　B. getHost　　C. openStream()　　D. openConnection()

4. Java程序中，使用TCP套接字编写服务端程序的套接字类是（　　）。

   A. Socket　　B. ServerSocket　　C. DatagramSocket　　D. DatagramPacket

5. ServerSocket的监听方法accept()的返回值类型是（　　）。

   A. void　　B. Object　　C. Socket　　D. DatagramSocket

6. ServerSocket的getInetAddress()的返回值类型是（　　）。

   A. Socket　　B. ServerSocket　　C. InetAddress　　D. URL

7. 当使用客户端套接字Socket创建对象时，需要指定（　　）。

   A. 服务器主机名称和端口　　B. 服务器端口和文件

   C. 服务器名称和文件　　D. 服务器地址和文件

8. 使用流式套接字编程时，为了向对方发送数据，则需要使用（　　）方法。

   A. getInetAddress()　　B. getLocalPort()

C. getOutputStream()   D. getInputStream()

9. 使用 UDP 套接字通信时，常用（　　）类把要发送的信息打包。

A. String   B. DatagramSocket   C. MulticastSocket   D. DatagramPacket

10. 使用 UDP 套接字通信时，（　　）方法用于接收数据。

A. read()   B. receive()   C. accept()   D. Listen()

11. 若要取得数据包的中源地址，可使用（　　）语句。

A. getAddress()   B. getPort()   C. getName()   D. getData()

三、问答题

1. 现有字符串 S="hello,java!"，则以此字符串生成待发送 DatagramPacket 包 dgp 的语句是什么？

2. 介绍使用 java ServerSocket 创建服务器端 ServerSocket 的过程。

3. 写出一种使用 Java 流式套接式编程时创建双方通信通道的语句。

4. 对于建立功能齐全的 Socket，其工作过程包含哪四个基本的步骤？

5. 简述基于 TCP 及 UDP 套接字通信的主要区别。

6. 写出 DatagramSocket 的常用构造方法。

7. 介绍 DatagramPacket 的常用构造方法。

8. 在接收端接收数据报的主要语句有哪些？

四、编程题

1. 请编写 Java 程序，访问 http://www.baidu.com 所在的主页文件。

2. 从键盘上输入主机名称，编写类似 ping 的程序，测试连接效果。

3. 设服务器端程序监听端口为 8629，当收到客户端信息后，首先判断是否是“BYE”，若是，则立即向对方发送“BYE”，然后关闭监听，结束程序；若不是，则在屏幕上输出收到的信息，并由键盘上输入发送到对方的应答信息。请编写程序完成此功能。

4. TCP 客户端需要向服务器端 8629 发出连接请求，与服务器进行信息交流，当收到服务器发来的是“BYE”时，立即向对方发送“BYE”，然后关闭连接；否则，继续向服务器发送信息。

第 13 章 利用 JDBC 访问数据库

使用数据库对数据资源进行管理，可以减少数据的冗余度，节省数据的存储空间，实现数据资源的充分共享，为用户提供管理数据的简便手段。JDBC（Java dataBase Connectivity）是 Java 语言为了支持 SQL 功能而提供的与数据库相联的用户接口，JDBC 中包括了一组由 Java 语言书写的接口和类，它们都是独立于特定的 DBMS（Database Management System，数据库管理系统），或者说它们可以和各种数据相关联。有了 JDBC 以后，程序员可以方便地在 Java 语言中使用 SQL 语言，从而使 Java 应用程序或 Java applet 可以实现对分布在网络上的各种关系数据库的访问。使用了 JDBC 以后，程序员可以将精力集中于上层的功能实现，而不必关心底层与具体的 DBMS 的连接和访问过程。

本章以实例讲解为主线，介绍数据库的基本概念、基本的 SQL 语句以及在 Java 程序中如何实现数据库的操作。

13.1 SQL 简 介

JDBC 最重要的功能是允许用户在 Java 程序中嵌入 SQL 语句，以实现对关系数据库的访问。本节中将介绍一些有关数据库的基本概念，并简单介绍 SQL 语言。

13.1.1 数据模型

所有的数据库系统都是基于某种数据模型而建立的。所谓数据模型就是数据库的逻辑结构。传统的数据模型分为层次数据模型、网状数据模型、关系数据模型。

1. 层次数据模型

在现实世界中，有很多事物是按层次组织起来的，例如：动植物的分类、图书的分类等。层次数据模型的提出，首先是为了模拟这种层次关系。层次关系用树状结构表示实体之间联系，它能描述一对多的关系。层次数据模型是以记录为数据的存储单位。

层次模型必须满足两个条件：

（1）只有一个根结点。

（2）根以外的其他结点有且只有一个父结点。

对于非层次的数据，使用层次数据模型来表示会造成大量的数据冗余或使用大量指针使之效率下降。层次 DBMS 提供用户的数据模型和数据库语言比较低级，数据独立性差，使用层次 DBMS 是不方便的。

2. 网状数据模型

与层次数据模型类似，在网状数据模型中，也是以记录为数据的存储单位。但是，与层次数据模型不同，数据项不一定是简单的数据类型，也可以是多值的和复合的数据。

网状模型必须满足两个条件：

（1）可以有两个以上结点无父结点。

（2）至少存在一个结点，此结点有多于一个父结点。

网状数据模型对于层次和非层次结构的事物都能比较自然地模拟，这点比层次数据模型要强。在关系数据模型出现以前，网状 DBMS 要比层次 DBMS 运用得广泛。

3. 关系数据模型

关系数据库支持的数据模型是关系模型。关系模型的基本条件是其关系模式中每个属性值必须是一个不可分割的数据量。关系数据库中数据结构一般是张两维表，必须满足如下条件：

（1）表中每一列必须是基本数据项，而不是组合项。

（2）表中每一列必须具有相同的数据类型。

（3）表中的每一列必须有一个唯一的属性名。

（4）表中不应有内容相同的行。

（5）行与列的顺序均不影响表中所表示的信息含义。

关系数据库管理系统一般向用户提供数据检索、数据插入、数据删除、数据修改四种基本操作功能。

本章的例子实现对仓库货物的添加、查询等操作，使用 SQL Server 2000 数据库。数据库名为 dbGoods，用户名为：sa，密码为空，货物表名为 Goods。Goods 表的结构如表 13-1 所示。涉及的字段包括货物编号、货物名称、货物数量。

表 13-1 Goods 表的结构

列 名 称	数 据 类 型	描 述
GoodsNO	Varchar	货物编号，主键
GoodsName	Varchar	货物名称
GoodsQuantity	Numeric	货物数量

向表中添加数据：{A001，watch，10}、{A002，book，20}、{A003，knife，15}。

13.1.2 SQL 语言简介

SQL 语言具有数据定义、数据操纵以及控制等功能。1986 年，SQL 语言被确定为关系数据库语言的国际标准。SQL 语言有两种使用方式：通过联机交互方式由终端用户作为语言使用，或作为子语言嵌入主语言中使用。

JDBC 允许用户在 Java 程序中嵌入 SQL 语言。下面对 SQL 语言的各项功能进行简单介绍。

1. 数据定义功能

数据定义功能主要包括定义基表、定义索引和定义视图三个部分。

1）基表的定义、删除和修改

（1）定义基表。定义基表的一般形式如下：

```
CREATE TABLE <表名> (<列名><数据类型>[列级完整性约束条件]
                       [，<列名><数据类型>[列级完整性约束条件]]...
                       [，<表级完整性约束条件>]);
```

（2）修改基表。使用 ALTER TABLE 可修改已建立好的基表。其一般格式为：

```
ALTER TABLE <表名>
[ ADD<新列名><数据类型>[完整性约束]]
```

```
[DROP<完整性约束名>]
[MODIFY <新列名><数据类型>];
```

（3）删除基表

用 DROP TABLE 语句可以删除指定的表。基本形式如下：

```
DROP TABLE <表名>
```

2）建立索引、取消索引

为了提供多种存取路径和一定条件下的快速存取，我们可以对基表建立若干索引。建立索引和取消索引的语句形式如下。

（1）建立索引。

```
CREATE [UNIQUE] INDEX <索引名>
ON <表名> ([<列名>[<顺序>]][,<列名>[<顺序>]]...);
```

其中若出现 UNIQUE，表示不允许两个元组在给定索引中有相同的值。<顺序>若为 ASC 表升序，为 DESC 为降序，缺省时为 ASC。

（2）删除索引。

```
DROP INDEX <索引名>
```

3）视图的定义

（1）创建视图。

```
CREATE VIEW 视图名[(字段名[, 字段名]...)] AS 子查询
```

（2）删除视图。

```
DROP VIEW 视图名
```

2．数据操纵功能

数据操纵功能主要包括 SELECT 语句、INSERT 语句、DELETE 语句和 UPDATE 语句。

（1）查询语句。SQL 语言提供了 SELECT 语句对数据库进行查询。基本形式如下：

```
SELECT [ALL|DISTINCT]<目标列表达式>[,<目标列表达式>]…
FROM <表名>[,<表名或视图名>] …
[WHERE <条件表达式>]
[GROUP BY <列名 1>[Having<条件表达式>]]
[Order BY <列名 2>[ASC|DESC]];
```

如果有 GROUP BY 子句，则将结果按<列名 1>的值进行分组。如果有 Having 子句，则只有满足指定条件的组才输出。ORDER BY 子句给出检索结构的顺序。

SQL 还有一些简单的统计功能

① COUNT：集合元素个数的统计。

② SUM：集合元素的和。

③ MAX（MIN）：集合中的最大（最小）元素。

④ AVG：集合元素的平均值。

此外，SQL 语言允许对多个数据库进行连接查询。

有关 SELECT 语句其他功能的使用，请读者自行查阅相关书籍。

（2）INSERT 语句。用户使用 INSERT 语句可以实现对数据库增加记录的功能。基本形式如下：

```
INSERT
INTO <表名>[(<字段名> [, <字段名>]...)]
VALUES (<常量> [, <常量>]...);
```

（3）DELETE 语句。用户使用 DELETE 语句可以实现对数据库的基本删除功能。基本形式如下：

```
DELETE
FROM <表名>
[WHERE<条件>];
```

（4）UPDATE 语句。使用 UPDATE 语句可以实现对数据库的基本修改功能。基本形式如下：

```
UPDATE <表名>
SET <列名>=<表达式> [, <列名>=<表达式>]...
[WHERE <条件>];
```

13.2 JDBC 概 述

Java 语言具有的健壮性、安全性、可移植性、易理解性及自动下载等特点，使它成为一种适用于数据库应用的基本语言。在此基础上建立的 JDBC 支持基本 SQL 语句，提供多样化的数据库连接方式，为各种不同的数据库提供统一的操作界面。

JDBC 由一组 Java 语言编写的类和接口组成，使用内嵌式的 SQL，主要实现三方面的功能：建立与数据库的连接，执行 SQL 声明以及处理 SQL 执行结果。JDBC 支持基本的 SQL 功能，使用它可方便地与不同的关系型数据库建立连接，进行相关操作，并无须再为不同的 DBMS 分别编写程序。

JDBC 的主要类包为以下两个：

（1）java.sql 包：这个包中的类和接口主要针对基本的数据库编程服务，如生成连接、执行语句等，同时也有一些高级的处理。

（2）javax.sql 包：它主要为数据库方面的高级操作提供了接口和类。

13.2.1 JDBC 支持的两种模型

在与数据库的连接操作中，JDBC 支持两种不同的模型。这两种模型根据用户与数据库的关系层次不同，分别称为两层模型和三层模型。

1. 两层模型

两层模型中，Java 的应用程序（Applet 或 Application）直接与数据库联系。用户的 SQL 声明被提交给数据库，执行的结果回送给用户，如图 13-1 所示。这种模型具有客户机/服务器结构，用户的机器如同客户机，存放数据库的机器则如同服务器，连接两者的可以是局域网，也可以是广域网。

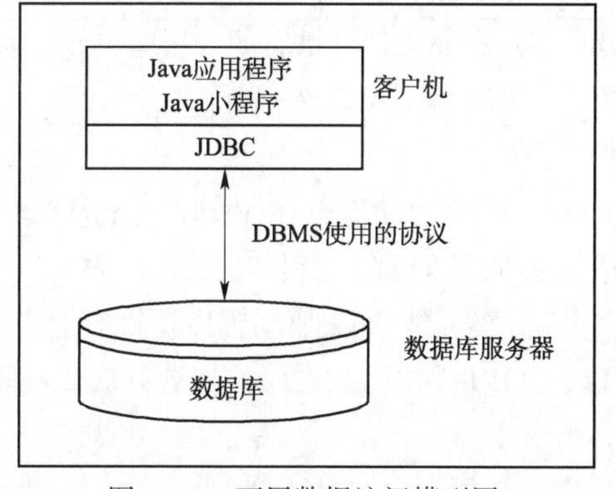

图 13-1　两层数据访问模型图

2. 三层模型

在三层模型中，用户不直接与数据库联系。用户的命令首先发送给一个“中间层”，中间层再将SQL 声明发给 DMBS。执行的结果也同样由中间层转交，如图 13-2 所示。三层模型的好处是，可以通过中间层保持对存取权限和公有数据允许修改类型的控制，便于安全管理。同时，用户可以使用一种较为友善的高层 API，由中间层转化为恰当的低层命令，保证较好地运行功效。

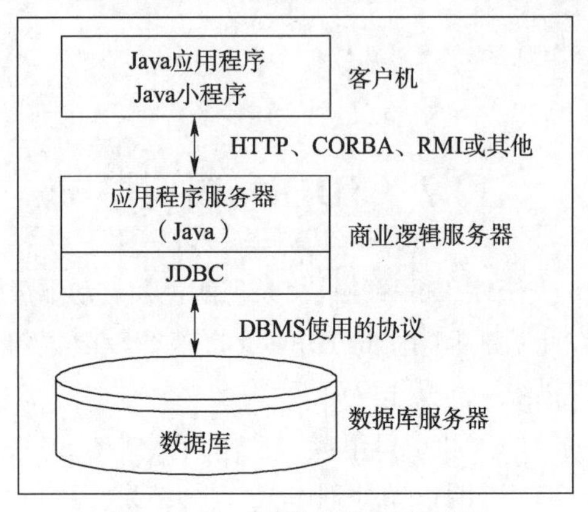

图 13-2　三层数据访问模型图

13.2.2　JDBC 的四种驱动类型

JDBC 的 4 种驱动类型为 JDBC-ODBC 桥、本地 API、JDBC 网络纯 Java 驱动程序、本地协议纯 Java 驱动程序。

1. JDBC-ODBC 桥

JDBC-ODBC 桥产品利用 ODBC 驱动程序提供 JDBC 访问。在服务器上必须可以安装 ODBC 驱动程序。

2. 本地 API

这种类型的驱动程序把客户机 API 上的 JDBC 调用转换为 Oracle、Sybase、Informix、DB2 或其他 DBMS 的调用。要求在客户机上装有相应 DBMS 的驱动程序。

3. JDBC 网络纯 Java 驱动程序

这种驱动程序将 JDBC 转换为与 DBMS 无关的网络协议，之后这种协议又被某个服务器转换为一种 DBMS 协议。这种网络服务器中间件能够将它的纯 Java 客户机连接到多种不同的数据库上。有关 DBMS 的协议由各数据库厂商决定。这种驱动器可以联接到不同的数据库上，最为灵活。目前一些厂商已经开始添加 JDBC 的这种驱动器到已有的数据库中介产品中。要注意的是，为了支持广域网存取，需要增加有关安全性的措施，如防火墙等。

4. 本地协议纯 Java 驱动程序

这种类型的驱动程序将 JDBC 调用直接转换为 DBMS 所使用的网络协议。这将允许从客户机机器上直接调用 DBMS 服务器，是 Intranet 访问的一个很实用的解决方法。

第 1 类和第 2 类驱动程序在直接的纯 Java 驱动程序还没有上市前会作为过渡方案来使用。第 3 类和第 4 类驱动程序将成为 JDBC 访问数据库的首选方法。4 种驱动类型的比较如表 13-2 所示。

表 13-2　4 种驱动类型的比较

连 接 方 法	用于所有平台的 Java	网络连接方式
JDBC-ODBC 桥	否	直接连接
本地 API	否	直接连接
JDBC 网络的纯 Java 驱动程序	客户端—是；服务器—否	间接连接
本机协议纯 Java 驱动程序	是	直接连接

13.2.3　JDBC 4.0 简介

JDK 6.0 版本中对 JDBC 进行了增强。新 JDBC 为 JDBC 4.0 版本，增强功能的主要目标是提供更为简单的设计方式和更好的开发人员体验。JDBC 4.0 中加入的主要功能包括：自动加载 JDBC 驱动程序类、连接管理增强、支持 RowId SQL 类型、使用 Annotations 的 DataSet SQL 实现、处理增强的 SQL 异常、支持 SQL XML、对大对象（BLOB/CLOB）的改进支持和 National Character Set Support。

目前，对 JDBC 4.0 支持的数据库驱动程序并不多，在 JDK 6.0 中捆绑了 Apache Derby 数据库，这是一个完全用 Java 实现的关系型数据库，同时必须在 Apache License, Version 2.0 规范下使用。所以 Apache Derby 数据库可以在任何存在合适的 Java 虚拟机（JVM）的地方运行。这意味着 DERBY 实际上可以在任何操作系统上运行，也可以在三个 Java 平台的任何一个上运行。Derby 软件绑定在 Java 档案（JAR）文件中，只有 2 MB 大小。由于内存占用小，所以 Derby 数据库可以容易地与应用程序绑定在一起。

可以用两种方式使用 Derby 数据库：

（1）作为内嵌的数据库，用户并不知道数据库的存在。应用程序使用数据库，二者在同一个 JVM 中运行，而数据库把数据保存在本地文件系统中。在内嵌模型中，数据库只与运行在同一 JVM 中的应用程序通信。

（2）作为客户机-服务器连接，是许多商业厂商使用的更传统的模型。在这种模型中，应用程序通过网络连接与数据库通信，应用程序和数据库分别在各自的 JVM 中运行。数据库服务器可以与多个客户机应用程序通信。

13.3　JDBC 访问数据库的步骤

一般的，JDBC 程序访问数据库的步骤有以下四步：

（1）与数据库建立连接。

（2）发送查询、更新等 SQL 语句到数据库，执行 SQL 语句。

（3）对返回结果进行处理。

（4）关闭连接。

1．与数据库建立连接

1）加载数据库驱动程序类

该工作由 Class 类的静态方法 forName 完成，它加载相应的驱动程序类，并创建该类的一个实例。每种数据库的驱动程序都应该提供一个实现 java.sql.Driver 接口的类，简称 Driver 类。如要加载 SQL Server 2000 数据库驱动类，采用如下语句：

```
Class.forName("com.microsoft.jdbc.sqlserver.SQLServerDriver");
```

成功加载后，会将 Driver 类的实例注册到 DriverManager 类中，如果加载失败，将抛出 ClassNotFoundException 异常，即未找到指定 Driver 类的异常。

2）声明一个 Connection 接口的对象

java.sql.Connection 接口代表与特定数据库的连接，在连接的上下文中可以执行 SQL 语句并返回结果。建立与数据库之间的连接，也就是创建一个 Connection 的实例，如：

```
Connection conn;
```

3）使用 DriverManager 类的静态方法建立数据库连接

java.sql.DriverManager 类负责管理 JDBC 驱动程序的基本服务，是 JDBC 的管理层，作用于用户和驱动程序之间，负责跟踪可用的驱动程序，并在数据库和驱动程序之间建立连接，以及处理驱动程序登录时间限制、登录和跟踪消息的显示等工作。

使用 DriverManager 类的静态方法 getConnection()建立数据库连接，该方法主要形式如下：

```
Connection getConnection(String url,String user,String password)
```

其中：

（1）JDBC URL 字符串语法格式：

```
jdbc: <subprotocol>: <subname>
```

① jdbc：表示协议。

② <subprotocol>：子协议，主要用于识别数据库驱动程序。

③ <subname>：子名，专门的驱动程序。

（2）user：数据库用户，连接是为该用户建立的。

（3）password：用户的密码。

例如：

```
conn=DriverManager.getConnection("jdbc:microsoft:sqlserver://127.0.0.1:14433;
DatabaseName=dbGoods","sa","");
```

当调用 DriverManager 类的 getConnection()方法请求建立数据库连接时，DriverManager 类将试图定位一个适当的 Driver 类，并检查定位到的 Driver 类是否可以建立连接，如果可以则建立连接并返回，如果不可以则抛出 SQLException 异常。

2. 执行 SQL 语句

建立数据库连接的目的是与数据库进行通信，实现方法为执行 SQL 语句，但是通过 Connection 实例并不能执行 SQL 语句，还需要通过 Connection 实例创建 Statement 实例，Statement 实例又分为 3 种类型：

（1）Statement 实例：创建向数据库发送 SQL 语句的 Statement 对象，该类型的实例只能用来执行静态的 SQL 语句。例如：

```
Statement stmt = conn.createStatement();
```

（2）PreparedStatement 实例：PreparedStatement 继承 Statement。该类型的实例增加了执行动态 SQL 语句的功能，用于带有一个或多个参数的 SQL 语句。在 SQL 语句执行前，这些参数将被赋值。

（3）CallableStatement 实例：CallableStatement 继承 PreparedStatement。该类型的实例增加了执行数据库存储过程的功能。

Statement 接口提供了三种执行 SQL 语句的方法，使用哪一个方法由 SQL 语句所产生的内容决定：

（1）executeQuery 用于产生单个结果集的语句。例如：

```
ResultSet rs = stmt.executeQuery("Select * From Goods");
```

（2）executeUpdate 用于执行 INSERT、UPDATE、DELETE 和 CREATE TABLE 语句。例如：

```
stmt.executeUpdate("DELETE FROM Goods WHERE GoodsName='knife'");
```

返回值是一个整数，表示受影响的行数（即更新计数），比如修改了多少行、删除了多少行等。对于 CREATE TABLE 等语句，因不涉及行的操作，所以 executeUpdate 的返回值总为零。

（3）Execute 用于执行返回多个结果集（ResultSet 对象）、多个更新计数或二者组合的语句。例如，执行某个已存储过程或动态执行 SQL，这时有可能出现多个结果。

3. 处理返回结果

查询结果作为结果集（ResultSet）对象返回后，我们可以从 ResultSet 对象中提取结果。ResultSet 包含符合 SQL 语句执行结果的所有行。ResultSet 提供了方法对结果进行操作，主要方法如下：

（1）next()方法：将光标向下移动一行。所以第一次调用 next()方法时便将光标指向第一行，以后每一次对 next()的成功调用都会将光标移向下一行。

（2）get×××方法。使用相应类型的 get×××方法可以从当前行指定列中提取不同类型的数据。例如，提取 VARCHAR 类型数据时就要用 getString()方法，而提取 FLOAT 类型数据的方法是 getFloat()。

允许使用列名或列序号作为 get×××方法的参数，例如：

```
String s = rs.getString("GoodsName");
String s = rs.getString(2);//提取当前行的第 2 列数据
```

这里的列序号指的是结果集中的列序号，而不是原表中的列序号。

4. 关闭连接

在建立 Connection、Statement 和 ResultSet 实例时，均需占用一定的数据库和 JDBC 资源，所以每次访问数据库结束后，应该及时销毁这些实例，释放它们占用的所有资源，方法是通过各个实例的 close()方法，例如：

```
rs.close();
stmt.close();
conn.close();
```

5. JDBC 的数据访问格式

上面对 JDBC 访问数据库的步骤进行了详细的说明，总结 JDBC 访问数据库的格式如下：

```
//装载驱动程序
Class.forName("JDBC 驱动程序");
//连接数据库
Connection conn=DriverManager.getConnection("相应 JDBC 驱动程序");
//执行 SQL 语句
Statement stmt=conn.createStatement();
ResultSet rs=stmt.executeQuery("DQL 语句");    //如果是数据查询
(stmt.executeUpdate("DML 语句");                //如果是数据操作
//处理返回结果
while(rs.next()) {
      rs.getXXX ("字段名");
}
//关闭连接
rs.close();
stmt.close();
conn.close();
```

13.4 JDBC数据类型及类型转换

13.4.1 JDBC的数据类型

JDBC的sql包中除了与数据库连接有关的抽象接口及与驱动器有关的DriverManager类型外，还定义了若干数据类，用以代表数据库中可能用到的SQL类型。下面对它们逐一进行简略介绍。

1. Date类

sql包中的日期Date类是util包中Date类的子类，实际上也是util.Date类的子集。它只处理年月日，而忽略小时和分秒，用以代表SQL的DATE信息。

Date类的构造方法为：

```
public Date(int year, int mouth, int day)
```

其中，参数格式同util.Date类的构造方法一样，年参数为所需设定的年份减去1900所得的整数值，月参数为0~11，日参数为1~31。如1998年1月23日所对应创建日期类的方法调用为：

```
Date d=new Date(98,0,23);
```

Date类还提供两个与String类互相转换的方法，分别是：

```
public static Date valueOf(String s)//将字符串类参数转换为日期类对象。其中String类参数S的格式为"年-月-日"，加"1997-04-12"
public String toString()//将日期类对象转换为String类对象表示，同样采用"年-月-日"的格式
```

2. sql.Time

该类是util.Date类的子类，也是它的一个子集。在Time类里，只处理小时和分秒，代表SQL的TIME类型。它与sql.Date合起来才表示完整的util.Date类信息。

Time类的构造方法为：

```
public Time(int hour,int minute,int second)
```

其中，小时参数值为0~23，分秒参数取值均为0~59。

与sql.Date一样，Time类也定义了两个与String类互相转换的函数ValueOf()和String()。不同的是，String类对象的格式为“小时：分：秒”，如“12：26：06”。

3. sql.Timestamp

这个类也是util.Date类的子类，其中除了包含年月日、小时和分秒和信息之外，还加入了纳秒信息（nanosecond），1纳秒即1毫微秒。Timestamp类用来代表SQL时间戳（Timestamp）类型信息。

Timestamp类的构造方法为：

```
public Timestamp(int year, int mouth, int date, int hour, int minute, int second, int nano)
```

其中，纳秒参数的取值为0~999,999,999，其余各参数同前。

Timestamp类特别定义了设置和获得纳秒信息的方法，分别是：

```
public getnanos()              //获取时间戳的纳秒部分
public void setNanos(int n)  //以给定数值设置时间戳的纳秒部分
```

4. sql.Types

Types类是Object类的直接子类。在这个类中以静态常量的形式定义了可使用的SQL的数值类型。具体的类型名和含义如表13-3所示。其中，OTHER用来代表数据库定义的特殊数据，可以用getObject()或setObject()方法将其映射为一个Java的Object对象。

表 13-3 Types 中定义的 SQL 类型

类型名	含　义	类型名	含　义
BIGINT	长整型数	BINARY	二进制数
BIT	比特数	CHAR	字符型
DATE	日期型	DECIMAL	十进制数
DOUBLE	双精度数	FLOAT	浮点数
INTEGER	整数	LONGVARBINARY	可变长型二进制数
LONGVARCHAR	可变长型字符	NULL	空类型
NUMERIC	数值型	OTHER	其他类型
REAL	实数	SMALLINT	短整型
TIME	时间类型	TIMESTAMP	时间戳类型
TINYINT	微整型	VARBINARY	可变二进制数
VARCHAR	可变字符型		

13.4.2 SQL 数据类型与 Java 数据类型的转换

由于 SQL 数据类型与 Java 的数据类型不一致，因而在使用 Java 类型的应用程序与使用 SQL 类型的数据库之间进行读写类型转换。前面介绍的 ResultSet 类的 get×××()方法就是其中的转换方法。

调用 get×××()方法将存放在 ResultSet 对象中的 SQL 类型的数据转换为指定的 Java 类型。在一般情形下，SQL 类型相对应的 Java 类型如表 13-4 所示。

表 13-4 SQL 类型一般所对应的 Java 类型

SQL 类型	Java 类型	SQL 类型	Java 类型
CHAR	java.lang.String	VARCHAR	java.lang.String
LONGVARCHAR	java.lang.String	NUMERIC	java.lang.Bignum
DECIMAL	java.lang.Bignum	BIT	boolean
TINYINT	byte	SMALLINT	short
INTEGER	int	BIGINT	long
REAL	float	FLOAT	double
DOUBLE	double	BINARY	byte[]
VARBINARY	byte[]	LONGVARBINARY	byte[]
DATE	java.sql.Date	TIME	java.sql.Time
TIMESTAMP	java.sql.Timestamp		

在使用时，可以指定将 SQL 类型转换为某个需要的特定类型而不遵循表 13-4。例如，在结果集中的某个 FLOAT 型数值，依标准转换，应使用 getDouble()方法获取，但实际上按用户的不同需求也可以使用 getFloat()、getInt()，甚至 gefByte()方法获取，但是有可能影响数值精确度。

13.5 应用案例

【案例】实现对仓库货物的添加、查询等操作。

本例使用 SQL Server 2000 的 JDBC 驱动程序访问数据库，所以首先从网上下载 msbase.jar、mssqlserver.jar、msutil.jar 三个 jar 文件，将这三个 jar 文件加入到环境变量中。也可以将以上三个文件复制至 JVM 机所在的 Java_HOME\jre\lib\ext 目录下，不过不建议这样操作。

源程序如下：

```
import java.awt.*;
import java.awt.event.*;
import javax.swing.*;
import javax.swing.table.*;
import java.util.*;
import java.sql.*;
public class GoodsManager{
   public static void main(String[] args){
      new GoodsFrame();
   }
}
/*****************主窗口*************************/
class GoodsFrame extends JFrame implements ActionListener   {
   JMenuBar menuManagerBar;
   JMenu menuManager;
   JMenuItem menuSelect,menuAdd,menuDelete,menuModify,menuExit;
   String driverName="com.microsoft.jdbc.sqlserver.SQLServerDriver";
   String dbURL="jdbc:microsoft:sqlserver://localhost:1433;DatabaseName=
dbGoods";
   String userName="sa";
   String userPwd="";
   Connection dbConn;
   Statement stmt;
GoodsFrame(){
      createMenu();
      connetionDB();
      setTitle("货物管理");
      getContentPane().setLayout(null);
      setLocation(200,200);
      setSize(400,300);
      setVisible(true);
      setDefaultCloseOperation(JFrame.EXIT_ON_CLOSE);
   }
   void createMenu(){
      menuManagerBar=new JMenuBar();
      menuManager=new JMenu("货物管理");
      menuSelect=new JMenuItem("查询货物");
      menuAdd=new JMenuItem("添加货物");
      menuDelete=new JMenuItem("删除货物");
      menuModify=new JMenuItem("修改货物信息");
      menuExit=new JMenuItem("退出");
      menuManager.add(menuSelect);
      menuManager.add(menuAdd);
      menuManager.add(menuDelete);
      menuManager.add(menuModify);
      menuManager.addSeparator();
      menuManager.add(menuExit);
      menuManagerBar.add(menuManager);
      setJMenuBar(menuManagerBar);
      menuSelect.addActionListener(this);
      menuAdd.addActionListener(this);
```

```
        menuDelete.addActionListener(this);
        menuModify.addActionListener(this);
        menuExit.addActionListener(this);
    }
public void connetionDB(){
        try {
            Class.forName(driverName);        //装载驱动程序
            //连接数据库
dbConn=DriverManager.getConnection(dbURL, userName, userPwd);
            stmt=dbConn.createStatement();   //创建Statement对象
}
catch (Exception e) {
            e.printStackTrace();
        }
    }
    public void actionPerformed(ActionEvent e){
        if(e.getSource()==menuSelect){
            SelectGoods selectFrame=new SelectGoods(stmt);
            selectFrame.setVisible(true);
        }
        else {
            if(e.getSource()==menuAdd){
                AddGoods addFrame=new AddGoods(stmt);
                addFrame.setVisible(true);
            }
            else{
                if(e.getSource()==menuDelete) {
                    DeleteGoods deleteFrame=new DeleteGoods(stmt);
                    deleteFrame.setVisible(true);
                }
                else{
                    if(e.getSource()==menuModify) {
                        ModifyGoods modifyFrame=new ModifyGoods(stmt);
                        modifyFrame.setVisible(true);
                    }
                    else{
                        if(e.getSource()==menuExit) {
                        System.exit(0);
}
                }
            }
        }
    }
}
/******************选择窗口*************************/
class SelectGoods extends JFrame implements ActionListener{
    Statement selectStmt;
    ResultSet rs;
    SelectGoods(Statement stmt){
        DefaultTableModel tableModel=new DefaultTableModel();
        String[] tableHeads={"货物编号", "货物名称", "数量"};
        Vector cell ;
        Vector row=new Vector();
```

```
        Vector tableHeadName=new Vector();
        selectStmt=stmt;
        for (int i=0; i<tableHeads.length; i++) {
            tableHeadName.add(tableHeads[i]);
        }

        try {
            rs=selectStmt.executeQuery("select*from Goods");//查询语句
            while(rs.next()){//操作结果集
                cell=new Vector();
                cell.add(rs.getString("GoodsNO"));
                cell.add(rs.getString("GoodsName"));
                cell.add(rs.getInt("GoodsQuantity"));
                row.add(cell);
            }
        }
        catch (Exception e) {
            e.printStackTrace();
        }

        tableModel.setDataVector(row, tableHeadName);
        JTable table=new JTable(tableModel);
        table.setRowHeight(20);
        table.setCursor(new Cursor(12));
        getContentPane().setLayout(null);
        JScrollPane scrollPane=new JScrollPane(table);
        scrollPane.setBounds(10,10,380,250);
        scrollPane.setCursor(new Cursor(12));
        this.getContentPane().add(scrollPane);
        setTitle("查询货物");
        getContentPane().setLayout(null);
        setLocation(220,220);
        setSize(400,300);
    }
    public void actionPerformed(ActionEvent e){
        dispose();
    }
}
/******************添加窗口************************/
class AddGoods extends JFrame implements ActionListener{
    Statement addStmt;
    JLabel goodsNOLabel;
    JLabel goodsNameLabel;
    JLabel goodsQuantityLabel;
    JTextField goodsNOTextField;
    JTextField goodsNameTextField;
    JTextField goodsQuantityTextField;
    JButton submitButton;
    JButton resetButton;

    AddGoods(Statement stmt){
        addStmt=stmt;
        goodsNOLabel=new JLabel("货物编号:");
```

```
        goodsNOLabel.setBounds(110,30,80,20);
        this.getContentPane().add(goodsNOLabel);
        goodsNOTextField=new JTextField();
        goodsNOTextField.setBounds(190,30,100,20);
        this.getContentPane().add(goodsNOTextField);
        goodsNameLabel=new JLabel("货物名称:");
        goodsNameLabel.setBounds(110,70,80,20);
        this.getContentPane().add(goodsNameLabel);
        goodsNameTextField=new JTextField();
        goodsNameTextField.setBounds(190,70,100,20);
        this.getContentPane().add(goodsNameTextField);
        goodsQuantityLabel=new JLabel("货物数量:");
        goodsQuantityLabel.setBounds(110,110,80,20);
        this.getContentPane().add(goodsQuantityLabel);
        goodsQuantityTextField=new JTextField();
        goodsQuantityTextField.setBounds(190,110,100,20);
        this.getContentPane().add(goodsQuantityTextField);
        submitButton=new JButton("提交");
        submitButton.setBounds(110,180,60,30);
        this.getContentPane().add(submitButton);
        resetButton=new JButton("重置");
        resetButton.setBounds(230,180,60,30);
        this.getContentPane().add(resetButton);
        submitButton.addActionListener(this);
        resetButton.addActionListener(this);
        setTitle("添加货物");
        getContentPane().setLayout(null);
        setLocation(240,240);
        setSize(400,300);
    }
    public void actionPerformed(ActionEvent ae){
        String strGoodsNO,strGoodsName;
        int intGoodsQuantity;
        strGoodsNO=goodsNOTextField.getText();
        strGoodsName=goodsNameTextField.getText();
        intGoodsQuantity=Integer.parseInt(goodsQuantityTextField.getText());
        if(ae.getSource()==submitButton){
            try {
            //插入语句
            addStmt.executeUpdate("insert into goods values('"
+strGoodsNO+"','"+strGoodsName+"',"+intGoodsQuantity+")");
            }
            catch (Exception e) {
                e.printStackTrace();
            }
        }
        else{
            if(ae.getSource()==resetButton) {
                goodsNOTextField.setText("");
                goodsNameTextField.setText("");
                goodsQuantityTextField.setText("");
            }
        }
```

```
    }
}
/******************删除窗口**************************/
class DeleteGoods extends JFrame implements ActionListener{
    Statement deleteStmt;
    JLabel goodsNOLabel;
    JTextField goodsNOTextField;
    JButton deleteAllButton;
    JButton deleteOneButton;
    DeleteGoods(Statement stmt){
        deleteStmt=stmt;
        goodsNOLabel=new JLabel("货物编号:");
        goodsNOLabel.setBounds(60,40,80,20);
        this.getContentPane().add(goodsNOLabel);
        goodsNOTextField=new JTextField();
        goodsNOTextField.setBounds(140,40,100,20);
        this.getContentPane().add(goodsNOTextField);
        deleteOneButton=new JButton("删除");
        deleteOneButton.setBounds(50,90,90,30);
        this.getContentPane().add(deleteOneButton);
        deleteAllButton=new JButton("全部删除");
        deleteAllButton.setBounds(150,90,90,30);
        this.getContentPane().add(deleteAllButton);
        deleteAllButton.addActionListener(this);
        deleteOneButton.addActionListener(this);
        setTitle("删除货物");
        getContentPane().setLayout(null);
        setLocation(260,260);
        setSize(300,200);
    }
    public void actionPerformed(ActionEvent ae){
        String strGoodsNO;
        String message="确定删除"+goodsNOTextField.getText()+"的信息? ";
        strGoodsNO=goodsNOTextField.getText();
        if(ae.getSource()==deleteOneButton){
            int resOne=JOptionPane.showConfirmDialog(this,message,"删除信息",
JOptionPane.OK_CANCEL_OPTION);
            if(resOne==JOptionPane.OK_OPTION){
                try {
                    //删除语句
                    deleteStmt.executeUpdate("
delete from goods where GoodsNO='"+strGoodsNO+"'");
                }
                catch (Exception e)
                {
                    e.printStackTrace();
                }
            }
        }
        else{
            if(ae.getSource()==deleteAllButton) {
                    int resAll=JOptionPane.showConfirmDialog(this,"是否全部删除? ",
"删除信息",JOptionPane.OK_CANCEL_OPTION);
```

```
                if(resAll==JOptionPane.OK_OPTION){
                    try {
                        //删除语句
                        deleteStmt.executeUpdate("delete from goods");
                    }
                    catch (Exception e)
                    {
                        e.printStackTrace();
                    }
}
                }
            }
        }
}
/*****************修改窗口************************/
class ModifyGoods extends JFrame implements ActionListener{
    Statement modifyStmt;
    ResultSet rs;
    JLabel goodsNOLabel;
    JLabel goodsNameLabel;
    JLabel goodsQuantityLabel;
    JTextField goodsNOTextField;
    JTextField goodsNameTextField;
    JTextField goodsQuantityTextField;
    JButton selectButton;
    JButton modifyButton;
    ModifyGoods(Statement stmt){
        modifyStmt=stmt;
        goodsNOLabel=new JLabel("货物编号:");
        goodsNOLabel.setBounds(110,30,80,20);
        this.getContentPane().add(goodsNOLabel);
        goodsNOTextField=new JTextField();
        goodsNOTextField.setBounds(190,30,100,20);
        this.getContentPane().add(goodsNOTextField);
        goodsNameLabel=new JLabel("货物名称:");
        goodsNameLabel.setBounds(110,70,80,20);
        this.getContentPane().add(goodsNameLabel);
        goodsNameTextField=new JTextField();
        goodsNameTextField.setBounds(190,70,100,20);
        this.getContentPane().add(goodsNameTextField);
        goodsQuantityLabel=new JLabel("货物数量:");
        goodsQuantityLabel.setBounds(110,110,80,20);
        this.getContentPane().add(goodsQuantityLabel);
        goodsQuantityTextField=new JTextField();
        goodsQuantityTextField.setBounds(190,110,100,20);
        this.getContentPane().add(goodsQuantityTextField);
        selectButton=new JButton("查询");
        selectButton.setBounds(110,180,60,30);
        this.getContentPane().add(selectButton);
        modifyButton=new JButton("修改");
        modifyButton.setBounds(230,180,60,30);
        this.getContentPane().add(modifyButton);
        selectButton.addActionListener(this);
```

```
        modifyButton.addActionListener(this);
        setTitle("修改货物信息");
        getContentPane().setLayout(null);
        setLocation(280,280);
        setSize(400,300);
    }
        public void actionPerformed(ActionEvent ae){
        String strGoodsNO,strGoodsName;
        int intGoodsQuantity;
        strGoodsNO=goodsNOTextField.getText();
        if(ae.getSource()==selectButton){
            try {
                //查询语句
                rs=modifyStmt.executeQuery("
    select * from Goods where GoodsNO='"+strGoodsNO+"'");
                while(rs.next())//操作结果集{
                    goodsNOTextField.setText(rs.getString("GoodsNO"));
                    goodsNameTextField.setText(rs.getString("GoodsName"));
                    goodsQuantityTextField.setText(rs.getString("GoodsQuantity"));
                }
            }
            catch (Exception e) {
                e.printStackTrace();
            }
        }
        else{
            if(ae.getSource()==modifyButton) {
                strGoodsNO=goodsNOTextField.getText();
                strGoodsName=goodsNameTextField.getText();
                intGoodsQuantity=Integer.parseInt(goodsQuantityTextField.
getText());
                String message="确定修改"+strGoodsNO+"的信息？";
                int resOne=JOptionPane.showConfirmDialog(this,message,"修改信息",
    JOptionPane.OK_CANCEL_OPTION);
                if(resOne==JOptionPane.OK_OPTION){
                    try {
                        //修改语句
                        modifyStmt.executeUpdate("update  goods set GoodsName='"
    +strGoodsName+"',GoodsQuantity='"+intGoodsQuantity+"'where GoodsNO='"+strGoods
NO+"'");
                    }
                    catch (Exception e) {
                        e.printStackTrace();
                    }
                }
            }
        }
    }
}
```

运行程序后，弹出主窗口如图 13-3 所示。

（1）单击“货物管理”菜单中的“查询货物”子菜单，弹出“查询货物”子窗口，如图 13-4 所示，显示数据库中所有货物的信息。

（2）单击“添加货物”子菜单，弹出“添加货物”子窗口，添加“A004，computer，1”信息，如图 13-5 所示，单击“提交”按钮，将信息添加到数据库。再次查询，会发现多出一条信息，如图 13-6 所示。

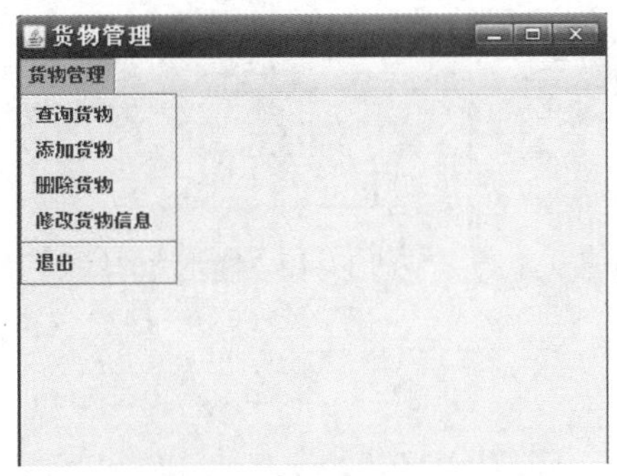

图 13-3　主窗口

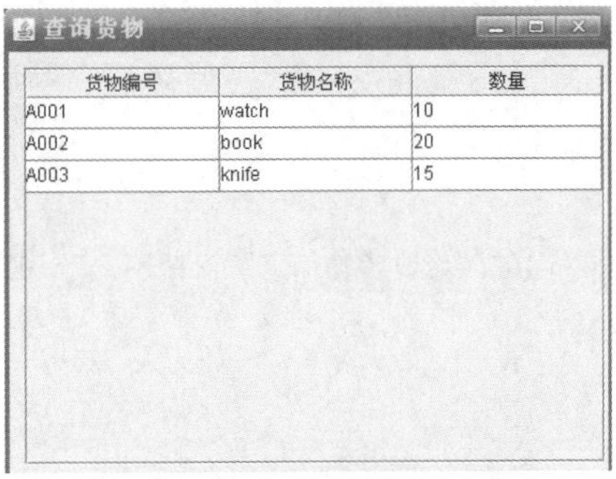

查询货物

货物编号	货物名称	数量
A001	watch	10
A002	book	20
A003	knife	15

图 13-4　“查询货物”窗口

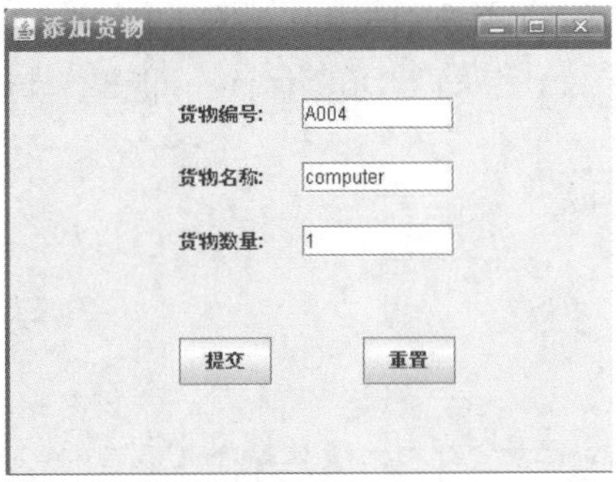

添加货物

货物编号: A004

货物名称: computer

货物数量: 1

提交　重置

图 13-5　“添加货物”窗口

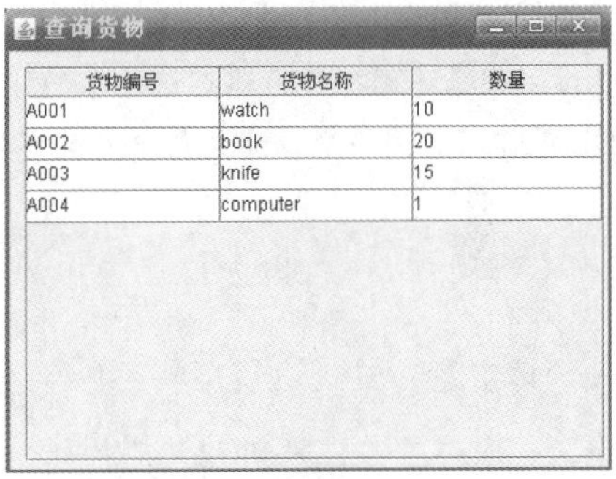

查询货物

货物编号	货物名称	数量
A001	watch	10
A002	book	20
A003	knife	15
A004	computer	1

图 13-6　添加货物后的信息

（3）单击“删除货物”子菜单，弹出“删除货物”子窗口，可删除一条信息，也可删除全部信息，如图 13-7 所示。删除一条信息，需在编辑框中输入相应的货物编号，如输入“A002”，单击“删除”按钮，弹出删除货物提示框，如图 13-8 所示，单击“确定”按钮将删除“A002”所有相关信息。再次查询，会发现“A002”的信息已被删除，如图 13-9 所示。

单击“全部删除” 按钮将会删除所有货物信息。

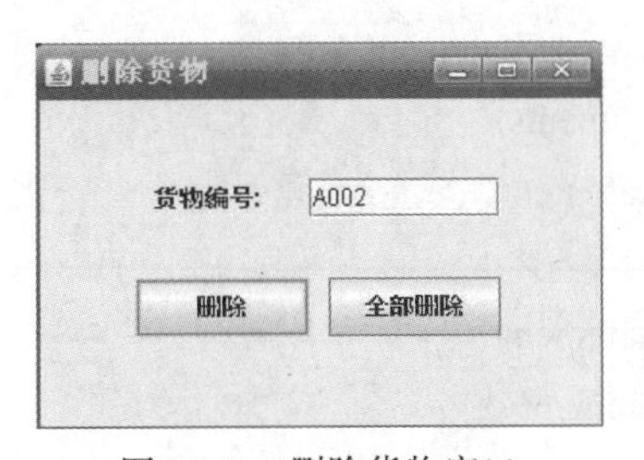

图 13-7　删除货物窗口

图 13-8　提示信息

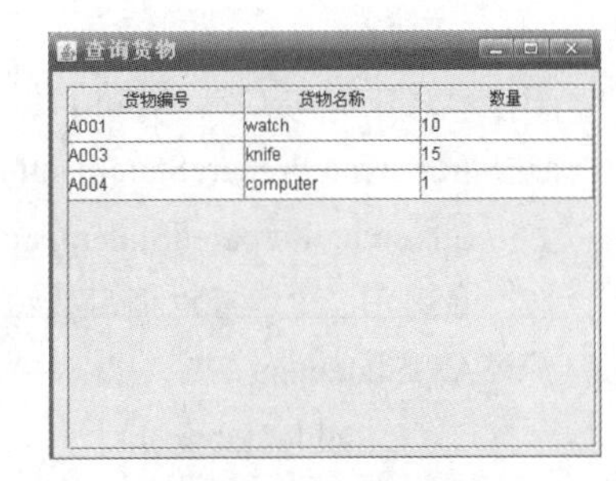

查询货物

货物编号	货物名称	数量
A001	watch	10
A003	knife	15
A004	computer	1

图 13-9　删除后的信息

（4）单击“修改货物信息”子菜单，弹出“修改货物信息”子窗口，可修改某条货物的信息。修改货物信息，首先需在“货物编号”编辑框中输入相应的货物编号，如输入“A001”，单击“查询”按钮，“A001”货物的信息显示在编辑框中，如图 13-10 所示。将“watch”改为“watchs”，“10”改为“12”，然后单击“修改”按钮将弹出“修改信息”提示框，如图 13-11 所示，单击“确定”按钮，修改“A001”相关信息。再次查询，会发现“A001”的信息已被修改，如图 13-12 所示。

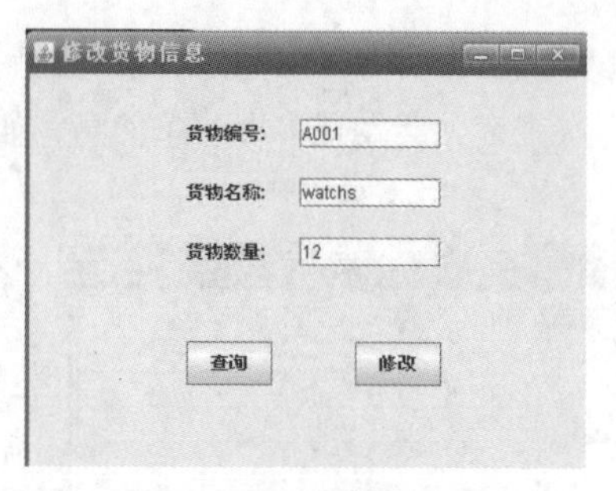

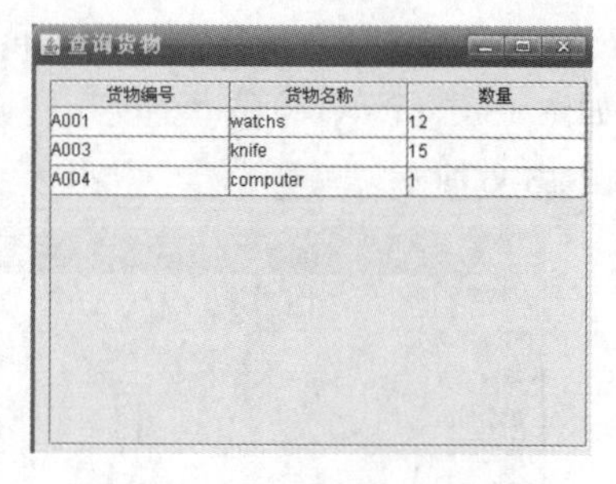

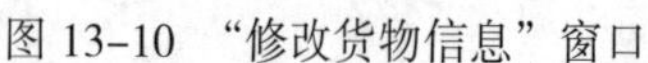

图 13-10 “修改货物信息”窗口　　图 13-11 提示信息　　图 13-12 修改后的信息

小　结

本章详细介绍了 Java 的数据库接口 JDBC，说明了建立数据库连接、执行 SQL 声明以及获取执行结果的完整过程，还列出了 Java 数据类型与数据库数据类型的对应和转换，并通过实例演示利用 JDBC 访问数据库的操作。通过这一章的学习，读者可以掌握如何使用 JDBC 和 java.sql 包括进行各种 SQL 操作，对网络数据库的用户尤为有用。

习　题

一、填空题

1. ______________是 Java 数据库连接 API，它能完成 3 件事，即与一个数据库建立连接、向数据库发送 SQL 语句、处理数据库返回的结果。

2. Java 中，若向同一个 Access 设计的数据库建立连接，首先配置一个______________数据源。

3. 一个_____________，可以执行多个 SQL 语句，进行批量更新。这多个语句可以是 DELETE、UPDATE、INSERT 等或兼有。

4. Java 数据库操作基本流程：取得数据库连接、________________、处理执行结果、释放数据库连接。

二、选择题

1. 使用下面的 Connection 的（　　）方法可以建立一个 PreparedStatement 接口。
   A. createPrepareStatement()　　B. prepareStatement()
   C. createPreparedStatement()　　D. preparedStatement()

2. 在 JDBC 中，可以调用数据库存储过程的接口是（　　）。
   A. Statement　　B. PreparedStatement
   C. CallableStatement　　D. PrepareStatement

3. 下面的描述正确的是（　　）。
   A. PreparedStatement 继承自 Statement
   B. Statement 继承自 PreparedStatement
   C. ResultSet 继承自 Statement
   D. CallableStatement 继承自 PreparedStatement

4. 下面的描述错误的是（　　）。
   A. Statement 的 executeQuery()方法会返回一个结果集

B. Statement 的 executeUpdate()方法会返回是否更新成功的 boolean 值

C. 使用 ResultSet 中的 getString()可以获得一个对应于数据库中 char 类型的值

D. ResultSet 中的 next()方法会使结果集中的下一行成为当前行

5. 如果数据库中某个字段为 numberic 型，可以通过结果集中的（　　）方法获取。

A. getNumberic()　　B. getDouble()

C. setNumberic()　　D. setDouble()

6. 要使用 Java 程序访问数据库，则必须首先与数据库建立连接，在建立连接前，应加载数据库驱动程序，该语句为（　　）。

A. Class.forName("sun.jdbc.odbc.JdbcOdbcDriver")

B. DriverManage.getConnection("","","")

C. Result rs= DriverManage.getConnection("","","').createStatement()

D. Statement st= DriverManage.getConnection("","","").createStaement()

7. 要使用 Java 程序访问数据库，则必须首先与数据库建立连接，该语句为（　　）。

A. Class.forName("sun.jdbc.odbc.JdbcOdbcDriver")

B. DriverManage.getConnection("","","")

C. Result rs= DriverManage.getConnection("","","").createStatement()

D. Statement st= DriverManage.getConnection("","","").createStaement()

8. Java 程序与数据库连接后，需要查看某个表中的数据，使用（　　）语句。

A. executeQuery()　　B. executeUpdate()

C. executeEdit()　　D. executeSelect()

9. Java 程序与数据库连接后，需要查看某个表中的数据，使用（　　）语句。

A. executeQuery()　　B. executeUpdate()

C. executeEdit()　　D. executeSelect()

三、问答题

1. 简述 class.forName()的作用。
2. 写出几个在 JDBC 中常用的接口。
3. 简述对 Statement,PreparedStatement,CallableStatement 的理解。
4. 在 JDBC 编程时为什么要养成经常释放连接的习惯？
5. 简单写一下编写 JDBC 程序的一般过程。
6. 写出 Java 程序中用 Statement 来执行 SQL 查询与更新的语句。

四、编程题

设有一 Access 数据库的 ODBC 数据源为 source，用户名为 tester，密码为 1234。

数据库中表 person 的数据如下：

ID	name
1	smith
2	hl

请用 JDBC-ODBC 桥来连接数据库，输出数据库中所有数据，并插入一条记录（3，”dh”）到数据库中。